Jürgen Grässlin

Das Daimler-Desaster

Jürgen Grässlin

Das Daimler-Desaster

Vom Vorzeigekonzern zum Sanierungsfall?

Droemer

www.juergengraesslin.com

Besuchen Sie uns im Internet:
www.droemer.de

Die Folie des Schutzumschlags sowie die Einschweißfolie
sind PE-Folien und biologisch abbaubar.
Dieses Buch wurde auf chlor- und säurefreiem Papier gedruckt.

Bildredaktion: Sylvie Busche (Ltg.), Margit Schultzke
Umschlaggestaltung: ZERO Werbeagentur, München
Umschlagabbildung: PhotoPool / Rolf Braun, ddp / Johannes Eisler,
VarioPress, Zero Artwork
Satz: Adobe InDesign im Verlag
Druck und Bindung: Ebner & Spiegel, Ulm
Printed in Germany
ISBN-13: 978-3-426-27267-1
ISBN-10: 3-426-27267-9

5 4 3 2

Gewidmet all denen,
die in der Ära Schrempp-Kopper
als Beschäftigte ihren Arbeitsplatz
oder als Aktionäre ihr Geld
bei der DaimlerChrysler AG verloren,
weil Vorstand und Aufsichtsrat
versagten.

»DaimlerChrysler wird das
innovativste, profitabelste und das
weltweit am besten aufgestellte Unternehmen
seiner Branche werden.«
Jürgen E. Schrempp,
Vorstandsvorsitzender, über seine Vision (1998)

»Warum soll ich jemanden
in die Wüste schicken,
der besser ist als seine Kollegen?«
Hilmar Kopper,
Aufsichtsratsvorsitzender,
über Jürgen E. Schrempp (2004)

»Die von Herrn Grässlin im Hinblick
auf die DaimlerChrysler-Fusion
aufgestellten Behauptungen sind falsch
und entbehren jeder Grundlage.«
Der Vorstand der DaimlerChrysler AG
zu den Gegenanträgen
des Aktionärs Jürgen Grässlin (2001)

Inhalt

Vorwort: DaimlerChrysler – eine Baustelle mit Brandherden

Stellen Sie sich einen Vorstandsvorsitzenden vor, der ungeahnte Erfolge verspricht, dessen Fehlentscheidungen jedoch zu einem dramatischen Wert- und Arbeitsplatzverlust führen. Einen Vorstandsvorsitzenden, der dafür über die Jahre hinweg von seinem zwanzigköpfigen Aufsichtsrat mit wiederholter Vertragsverlängerung, schätzungsweise gut 40 Millionen Euro Gehaltszuwendungen und Aktienoptionen in nie da gewesener Höhe belohnt wird.

Bei der DaimlerChrysler AG ist das passiert. Dabei ist dieses Unternehmen nicht eines unter vielen, sondern *der* Vorzeigekonzern der Bundesrepublik – gewesen. Denn was unter dem Vorstandsvorsitzenden Jürgen Erich Schrempp und dem Aufsichtsratschef Hilmar Kopper aus dem Nobelkonzern wurde, sieht so aus, als wäre er erheblich ins Schlingern geraten: Die gewagte Übernahme von Chrysler, die milliardenschwere Beteiligung bei Mitsubishi und damit das Scheitern der »Welt AG«, die größte Mercedes-Rückrufaktion aller Zeiten, die katastrophalen Verkaufszahlen vom Smart bis hin zum Maybach, die jahrelangen Graumarktgeschäfte, der eklatante Einbruch des Aktienkurses, der dramatische Abbau von Arbeitsplätzen, der überstürzte Schrempp-Rücktritt, die schamlose Bereicherung der Führungsebene über Optionsrechte – ein Desaster jagte das nächste. Zu Recht wurde Schrempp von der *Business Week* angesichts dieser Bilanz zum »schlechtesten Manager« weltweit gewählt. *Der Herr der Sterne* mutierte zum *Herrn der Scherben* und durfte zum Jahresende 2005 gehen.

Dass sich Jürgen E. Schrempp trotz einer derartigen Häufung von Misserfolgen jahrelang im Amt halten konnte, ist maßgeblich darauf zurückzuführen, dass der Aufsichtsrat unter Hilmar Kopper versagte und seine Kontrollfunktion nicht hinreichend erfüllte. Jetzt ist der Vorstandsvorsitzende gegangen, und der verantwortliche Aufsichtsratschef soll bleiben? Nein, auch Kopper soll gehen!

Schrempp hinterlässt eine Baustelle, auf der gleich an mehreren Stellen offene Brände ausgebrochen sind. Wer zum Löschen der Brände und zur Sanierung der DaimlerChrysler AG beitragen will, muss die Missstände schonungslos analysieren und schmerzhafte Entscheidungen treffen. Insbesondere müssen die Schlüsselfragen beantwortet werden:

- Welche Verantwortung tragen Jürgen E. Schrempp und Hilmar Kopper für das Ausmaß des Daimler-Desasters?
- Wurden die Aktionäre und die Öffentlichkeit über die wahre Lage des Unternehmens getäuscht?
- Kann der neue Vorstandsvorsitzende Dieter Zetsche angesichts seiner Rolle in der Vergangenheit unbelastet an die Aufgabe herantreten, den Konzern zu sanieren?
- Was muss geschehen, damit DaimlerChrysler wieder zu dem Vorzeigekonzern wird, der Daimler-Benz einst war?

Zur Klärung dieser Fragen will dieses Buch in pointierter Form beitragen.

Teil I:
Das Welt-AG-Desaster

eins. Das Übernahme-Desaster

»Der Zusammenschluss von DaimlerChrysler ist zum Vorbild geworden. Diese Anerkennung spüren wir täglich.«
Jürgen E. Schrempp bei der Hauptversammlung im Mai 1999

Die Hochzeit im Himmel

18. September 1998. An diese Rede des Vorstandsvorsitzenden werden sich die 15 000 Aktionärinnen und Aktionäre der Daimler-Benz AG noch lange erinnern, manche ein Leben lang. Denn was Jürgen E. Schrempp den Anteilseignern an diesem Freitag in der Stuttgarter Hanns-Martin-Schleyer-Halle versprach, übertraf alles bisher Dagewesene. »Meine Damen und Herren, Sie schreiben heute Geschichte«, erklärte Schrempp bei der so genannten Fusionshauptversammlung der Daimler-Benz AG mit der Chrysler Corporation. »Jeder von uns weiß um die Bedeutung des heutigen Tages: Eine großartige Tradition und eine faszinierende Zukunft treffen sich an diesem Ort. Mit dem vorgeschlagenen Zusammenschluss von Daimler-Benz mit Chrysler stoßen zwei der traditionsreichsten Automobil- und Transportunternehmen der Welt in eine neue Dimension vor – zum Nutzen unserer Kunden, Aktionäre und Mitarbeiter.«

Nie zuvor hatten ein deutscher und ein amerikanischer Konzern einen Zusammenschluss dieser Größenordnung gewagt. Gründe dafür gab es aus Sicht des Daimler-Chefs mehr als genug. »Meine Damen und Herren, vielleicht geht es Ihnen jetzt so wie uns nach der gründlichen Analyse der strategischen Optionen für Daimler-Benz: Wir können uns der Logik dieses Zusammenschlusses nicht entziehen. Die beiden Unternehmen, ihre Produkte, ihre Menschen – wir passen zusammen. DaimlerChrysler wird das innovativste, profitabelste und das weltweit am besten aufgestellte Unternehmen seiner Branche werden.«

Diese Fusion, fuhr Schrempp fort, sei »ein Signal für die Menschen in Deutschland, in Europa und Amerika. Ein Signal, gemeinsam Verantwortung zu übernehmen und sich gemeinsam den großen gesellschaftlichen Herausforderungen zu stellen. Wir nehmen die Herausforderungen an.«

Gekonnt schlug er den Bogen von einer neuen Zukunft, in die Daimler und Chrysler »als Pioniere gehen« sollten, zurück in die Vergangenheit: »Doch genau hier knüpfen wir auch an die Tradition unserer Gründer an. Karl Benz, Gottlieb Daimler und Walter Chrysler hatten für das, was sie taten, ebenfalls kein Vorbild. Auch sie hatten den Mut, bequeme Positionen zu verlassen. Auch sie mussten Widerstände überwinden. Aber sie hatten ein Ziel und wussten, wie sie es erreichen wollten [...]. Wir sind diesem Vorbild verpflichtet.«

»Sie, die Aktionärinnen und Aktionäre dieses Unternehmens, stehen heute vor der weitreichendsten Entscheidung seit dem Zusammenschluss von Daimler und Benz im Jahr 1926«, nahm Schrempp die andächtig lauschenden Zuhörer mit auf eine Zeitreise, denn »Geschichte wird greifbar«. Auch wenn die wenigsten Aktionäre Näheres zum Zusammenschluss der Daimler-Motoren-Gesellschaft mit der Benz Cie am 28. und 29. Juni 1926 oder zur Historie der Chrysler Corporation gewusst haben dürften, schufen Schrempps Worte die richtige Stimmung.

Siebzig Jahre zuvor war der Zusammenschluss von Daimler und Benz unter weitaus schwierigeren Rahmenbedingungen erfolgt. Dem damaligen Vorstand war es in erster Linie um die Deckung der Verluste aus der Zeit der Interessengemeinschaft und die Bildung neuer Reserven gegangen. Dank der Liquiditätssicherung eines Bankenkonsortiums unter Führung der Deutschen Bank konnte die Firmenverschmelzung halbwegs erfolgreich über die Bühne gebracht werden. Vom gemeinsamen Grundkapital der beiden Vorgängerfirmen in Höhe von rund 57,3 Millionen Reichsmark blieben gerade mal 36,4 Millionen Reichsmark übrig. Die Fertigungsanlagen der neuen Daimler-

Benz AG waren angesichts der geringen Kapazitätsauslastungen völlig überdimensioniert und in den Jahren 1927 und 1928, den ersten beiden Jahren nach der Fusion, lediglich zu 60 beziehungsweise 58 Prozent ausgelastet.

Ganz anders die Situation im September 1998. Wollte man dem deutschen und dem amerikanischen Vorstandsvorsitzenden Glauben schenken, dann war der geplante Zusammenschluss von Daimler-Benz mit der Chrysler Corporation das Gebot der Stunde. Sicher hätten viele Aktionärinnen und Aktionäre Schrempp noch tagelang zuhören mögen, wie der Herr der Sterne in höheren Sphären schwelgte: »Den Operating Profit haben wir im ersten Halbjahr auf 3,8 Milliarden DM verdoppelt.« – »Die Renditevorgabe von 12 Prozent erreichen wir bereits in diesem Jahr.« – »Und die Umsatzprognose für 1998 haben wir von 134 Milliarden DM auf 140 Milliarden DM angehoben.« – »Per August 1998 stiegen der Absatz um 29 Prozent auf 573 600 Fahrzeuge und der Umsatz um 23 Prozent auf fast 41 Milliarden DM.« – »Auch das ein Rekord.« – »Die Nutzfahrzeuge sind wieder eine stabile Ertragssäule des Unternehmens.« – »Hauptwachstumsträger sind die Märkte in Nordamerika und Europa.« – »In den ersten acht Monaten ist der Absatz um 20 Prozent auf 311 400 Fahrzeuge gestiegen, bei einem deutlichen Umsatzplus von 21 Prozent auf 29,6 Milliarden DM.« – »Diese Geschäftsentwicklung zeigt eindrucksvoll: Ihr Unternehmen geht aus einer Position der Stärke in den Zusammenschluss.«

Jetzt lag es an den Aktionären, Schrempps Worten Glauben zu schenken und die Aktien zugunsten der neu zu schaffenden DaimlerChrysler AG umzutauschen. »Wir bitten Sie um Ihr Vertrauen. Sie haben es jetzt in der Hand, diese einzigartige Chance für DaimlerChrysler Wirklichkeit werden zu lassen. Lassen Sie uns gemeinsam Geschichte schreiben. Vielen Dank.«

All das waren mit viel Beifall bedachte Worte wie von einem anderen Stern. Freude schöner Daimler-Funken, Aktionäre in Elysium.

*

Die beiden Vorstandsvorsitzenden Jürgen E. Schrempp und Robert J. Eaton sowie der Aufsichtsratsvorsitzende Hilmar Kopper sprühten an diesem Tag derart vor Optimismus, dass die wenigen kritischen Stimmen so gar nicht zu dem beschworenen Aufbruch ins neue Jahrtausend passen wollten. Bei der rund vierzehnstündigen Hauptversammlung in Stuttgart machten die Kritischen AktionärInnen ihrem Namen alle Ehre und suchten auf die mit der Fusion verbundenen Gefahren aufmerksam zu machen: Mehr als 70 Prozent der Unternehmenszusammenschlüsse würden scheitern, die Aktionärsdemokratie werde verletzt, risikolose Aktienoptionen förderten die Selbstbereicherungsmentalität der Vorstände, deren Gehälter drohten exorbitant zu steigen, bis zu 100 000 Arbeitsplätze seien gefährdet, der Umweltschutz komme unter die Räder, die Rüstungssparte Dasa werde weiter wachsen – doch all diese Warnungen verpufften weitgehend wirkungslos (siehe Infokasten S. 21).

Als der Würzburger Wirtschaftsprofessor Ekkehard Wenger während seines zweiten Redebeitrags von anderen Aktionären ausgepfiffen wurde, beschwerte sich der für seine scharfen Attacken bekannte Konzernkritiker bei Hilmar Kopper. Wenger vermutete hinter den Angriffen gegen seine Person von Daimler engagierte Claqueure, was nicht belegbar war. »Was hier rumsitzt, kann mit Recht als Pöbel bezeichnet werden«, wetterte er, woraufhin ihm Kopper das Mikrofon abdrehte. Als Vertreter der Deutschen Bank, dem größten Daimler-Anteilseigner, stand Kopper dem Aufsichtsrat vor und leitete diese Außerordentliche Hauptversammlung mit dem ihm eigenen Feingefühl.

Zeitgleich tagten die Chrysler-Aktionäre in Wilmington (Delaware). Während des nur zwei Stunden dauernden Aktionärstreffens in den USA wandte sich die siebzigjährige jüdische Anteilseignerin Evelyn Y. Davis in ihrer Rede direkt an Robert J. Eaton: »Bob, du verkaufst die Firma an einen Kriegsverbrecher.« Damit spielte sie auf Zehntausende von Zwangsarbeitern an, die während des Nationalsozialismus in Daimler-Werken unter zumeist menschenunwürdigen Lebensbedingungen ausgebeutet wurden, was auch bei der Stuttgarter Hauptversammlung thematisiert wurde.

Die Kritik ging ins Leere, die Proteste verpufften. Am Ende des Tages stimmten 99,89 Prozent des bei der Außerordentlichen Hauptversammlung in Stuttgart vertretenen Grundkapitals für den Firmenzusammenschluss, in Wilmington waren es 97,5 Prozent.

*

Argumente gegen den Zusammenschluss von Daimler-Benz und Chrysler

In einer bei der Fusionshauptversammlung verteilten Infoschrift warnten die Kritischen AktionärInnen Daimler-Benz (KAD) vor den Folgen der Fusion und führten unter anderem folgende Punkte an:

»1. Unternehmensgröße
Über 70 Prozent der Fusionen verfehlen ihr Ziel. Eine Vielzahl von Fusionen sind gescheitert. Die beiden Giganten der Automobilbranche, General Motors und Ford, haben ›gerade wegen ihrer Größe‹ Schwierigkeiten, auf aktuelle Entwicklungen schnell und richtig zu reagieren. [...]

[...]

3. Aktienoptionen
Das Topmanagement ist der eigentliche Gewinner der Fusion. Risikolose Aktienoptionen fördern die Selbstbereicherung von Schrempp, Eaton & Co. Doch wer nur auf die Börse starrt, kann die eigene Firma aus den Augen verlieren. [...]

4. Arbeitsplätze
Nach Ansicht des baden-württembergischen IG-Metall-

Bezirksleiters Gerhard Zambelli kostet die Fusion langfristig Arbeitsplätze. [...] IG-Metall-Betriebsrat Gerd Rathgeb nennt Zahlen: 100 000 Arbeitsplätze stünden auf dem Spiel.

5. Umweltschutz
Die Fusion bremst die ehedem unzureichenden Bemühungen um die Ökologisierung der DB-Produktpalette. Statt eine technisch machbare Halbierung des Kraftstoffverbrauchs umzusetzen, wird die Pkw-Palette um Dinosaurier-Fahrzeuge von gestern erweitert. [...]

6. Daimler-Benz Areospace
[...] Die Gefahr besteht, dass Daimler durch Kooperationen, Zukäufe oder Übernahmen auch amerikanischer Rüstungsfirmen noch mehr Geld mit dem Verkauf und Export todbringender Waffen verdienen will. [...]«

»In wenigen Jahren möchten wir Ihnen berichten können: DaimlerChrysler ist eines der ertrags- und wachstumsstärksten Unternehmen zu Beginn des 21. Jahrhunderts.« An diesen Zielen müsse sich die gesamte Mannschaft messen können, warb der Daimler-Chef um die Zustimmung seiner Aktionäre: »Wenn Sie in den nächsten Tagen die Unterlagen von Ihrer Bank erhalten – tauschen Sie Ihre Aktien!« Die dreißig Tage seien entscheidend. »Schon der Umtausch von 75 Prozent aller ausgegebenen Daimler-Benz-Aktien lässt den Zusammenschluss Wirklichkeit werden. Unser Ziel sind aber 90 Prozent. Das bringt Ihnen und dem gesamten Unternehmen die größten Vorteile.«

Mit überwältigender Mehrheit folgten die Daimler-Aktionäre den Appellen der Unternehmensführungen. Rund 98 Prozent der Daimler-Benz-Aktien wurden in DaimlerChrysler-Aktien umgetauscht. Der Megamerger, der größte Zusammenschluss in der deutsch-amerikanischen Wirtschaftsgeschichte, wurde Wirklichkeit.

Nachdem der Kurs seit der Hauptversammlung im September von 74,75 Euro auf zwischenzeitlich 53,07 Euro im Oktober 1998 eingebrochen war, zog der Wert der fusionierten Daimler-Aktie deutlich an, als sie zum ersten Mal an den Börsen gehandelt wurde. Am 17. November 1998 – dem »Day One« – feierte das Unternehmen den Start der DaimlerChrysler-Aktie (DCX) auf einem Kursniveau von 71,17 Euro und die Notierung an den großen Börsenplätzen der Welt. »Der Auftakt von DaimlerChrysler als gemeinsames Unternehmen« war gelungen. In einer gemeinsamen Erklärung verkündeten die beiden Vorstandsvorsitzenden Schrempp und Eaton: »Wir sind stolz darauf, dass DaimlerChrysler mit diesem Start die Schranken der Finanzmärkte sprengt, da das Unternehmen erstmals weltweit die gleichen Aktien handelt, sei es in den USA, Deutschland oder in weiteren Märkten der Welt.« Und das Unternehmen ließ verlautbaren: »Diese globale Aktie ist Ausdruck der Vorreiterrolle von DaimlerChrysler als Weltkonzern über Grenzen hinweg.«

*

Ende 1998 zogen die beiden DaimlerChrysler-Vorsitzenden Schrempp und Eaton eine erste positive Zwischenbilanz: »Wir erwarten im nächsten Jahr die ersten substantiellen positiven Auswirkungen des Zusammenschlusses. Unsere Integrations-Teams sind auf dem richtigen Weg, um die Synergie-Projekte zu definieren und zu starten.«

Vierzehn Tage später erklärte Schrempp bei einem Vortrag auf dem Detroiter »Automotive News Congress« die Fusion für erfolgreich beendet: »Wir haben die Fusion in Rekordzeit und mit einem hervorragenden Gemeinschaftsgeist abgeschlossen.« Der »einzigartige Zusammenschluss« und die Integration könnten »jetzt mit voller Kraft« vorangetrieben werden, so der Daimler-Chef Mitte Januar 1999.

Co-Chairman Robert J. Eaton nutzte seine Rede, um die weitere Konsolidierung der Branche anzusprechen. Derzeit gebe es weltweit etwa vierzig Automobilunternehmen, »aber nur zehn erzielen einen Gewinn, und davon wiederum verdienen vielleicht nur die Hälfte ihre Kapitalkosten«. Die Zahl der Autoproduzenten würde kleiner werden, »soviel ist sicher«. Eaton schätzte, dass es weltweit zu diesem Zeitpunkt Überkapazitäten in Höhe von rund 22 Millionen Fahrzeugen gebe. Mit anderen Worten: Um zu überleben, mussten die großen Fische die kleinen fressen. Und keine Frage, DaimlerChrysler war einer von den Riesenhaien.

*

Bei der Hauptversammlung im Mai 1999 konnte der DaimlerChrysler-Chef seinen Aktionären eine Bilanz auftischen, die es in sich hatte: »Meine Damen und Herren, wir stehen heute vor Ihnen, um Ihnen zu berichten: DaimlerChrysler ist großartig gestartet. Der Wert Ihres Unternehmens wächst – in 1998 allein um 30 Milliarden Euro. Jeden Monat haben wir rund 1600 neue Arbeitsplätze geschaffen, jeden Tag haben 12 000 Fahrzeuge unsere Fabriken verlassen, jede Stunde, rund um die Uhr und rund um den Globus, wurden eine Million unserer Aktien gehandelt. Und dies ist erst der Anfang«, versprach Schrempp den staunenden Aktionären. »Wir erwarten für dieses Jahr erneut einen Absatzrekord in der Geschichte unserer stolzen Marken.« Erstmals sollte mit Mercedes-Benz »die Schallmauer« von einer Million verkaufter Automobile durchbrochen werden. Der Zusammenschluss von DaimlerChrysler sei »zum Vorbild geworden«. die Anerkennung »spüren wir täglich«. Denn mittlerweile »klopfen andere Unternehmen und Beratungsfirmen bei uns an, um von unseren Erfahrungen bei der Integration zu lernen«.

Abschließend verkündete der Herr der Sterne: »In den nächsten zehn Jahren wollen wir den Umsatz von DaimlerChrysler verdoppeln.« Schrempp versprach den Aktionären: »Ihr Unternehmen wird aber nicht nur größer, sondern wertvoller. Dieser

Wertzuwachs zeigt sich in steigender Profitabilität und in nachhaltigem, profitablem Wachstum.«

Jürgen E. Schrempp hatte den Zenit seiner Karriere erklommen, die »Hochzeit, die im Himmel gemacht wurde«, hatte ihren Höhepunkt erreicht.

Schrempp wäre klug beraten gewesen, unter dem tosenden Applaus der DaimlerChrysler-Aktionäre an diesem Tag seinen Hut zu nehmen. Wäre er nicht der Versuchung der Macht erlegen, so wäre er als der mutigste und erfolgreichste deutsche Manager aller Zeiten in die Annalen der Wirtschaftsgeschichte eingegangen. Schrempp aber gab sich mit dem Erreichten nicht zufrieden. Er wollte mehr als nur den drittgrößten Autokonzern der Welt führen, unter ihm sollte DaimlerChrysler zur Nummer eins aufsteigen. Das aber war keine mutige, sondern eine vermessene Vision.

*

> »Die Struktur, die wir jetzt mit Chrysler (als allein stehender Abteilung) haben, war immer die Struktur, die ich wollte.«
>
> *Jürgen E. Schrempp im Oktober 2000*

Merger of Unequals

Seit der Verschmelzung der beiden Autokonzerne sah sich Jürgen E. Schrempp mit dem Vorwurf konfrontiert, nicht einen »Merger of Equals«, den Zusammenschluss zweier gleicher Partner, sondern eine Übernahme der Chrysler Corporation durch Daimler-Benz inszeniert zu haben – was ein Skandal gewesen wäre.

»Das höre ich immer wieder«, hielt Schrempp im Februar 1999 dagegen. »Diese Verschmelzung war von Beginn an ein Merger of Equals. Aber nun sind wir eine Firma mit zwei Hauptsitzen.« Da der Vorstand viele unnötige Doppelbesetzungen aufwies, war klar, dass Köpfe rollen würden.

Die Ausgangssituation 1998 war scheinbar paritätisch: DaimlerChrysler bestand aus zwei formal gleichberechtigten Unternehmen mit zwei Vorstandsvorsitzenden, sieben beziehungsweise acht weiteren Vorständen und zwei Firmensitzen, einem in Stuttgart und einem in Auburn Hills. Die Amtssprache sollte Englisch sein. »Wichtig ist für mich in erster Linie, wie die Eigentümer des Unternehmens denken.« Diese bestünden zu 44 Prozent aus Amerikanern, zu 44 Prozent aus Europäern und zu 12 Prozent aus Aktionären aus der restlichen Welt, stellte Schrempp die Ausgewogenheit der Aktionärsstruktur heraus.

Alles schien aufs Beste geregelt, doch eines hatte die US-Seite wohl falsch eingeschätzt: Sie nahmen den Aufsichtsrat und dessen Kompetenzen nicht ernst genug. In dem mit Hilmar Kopper, Dr. rer. pol. Manfred Schneider, Bernhard Walter und Karl Feuerstein besetzten Präsidialausschuss entschieden seit der so genannten »Fusion unter Gleichen« vier Deutsche über die Personalangelegenheiten des Vorstands. Auch wenn die Besetzung des Präsidialausschusses in den kommenden Jahren wechselte und Erich Klemm Feuersteins Amt übernahm, so änderte sich nichts an der Tatsache, dass die deutsche Seite mit vier zu null Stimmen Personalpolitik betrieb. Auch im Aufsichtsrat selbst dominierten die deutschen Vertreter von Anfang an und bestimmten den Kurs im Sinne der Stuttgarter.

Schlimmer noch: Man konnte den Eindruck gewinnen, dass Schrempp es von Anfang an im Sinn gehabt habe, Chrysler als untergeordnete Abteilung einzugliedern und nicht als gleichberechtigten Partner zu behandeln. Robert J. Eaton bekam dies von Anfang an zu spüren. Hätte sich der Amerikaner die Mühe gemacht, sich ein wenig mit Schrempps Werdegang zu befassen, hätte er gewusst, dass Schrempp einen anderen über oder auch nur neben sich kaum jemals geduldet hatte. Warum also sollte er jetzt vor Theodor R. Cunningham, Thomas T. Stallkamp, Robert J. Eaton, James P. Holden oder Thomas C. Gale bei Chrysler Halt machen?

Zum 30. September 1999 verließ Theodor R. Cunningham den Vorstand, in dem er für die Chrysler Trucks und den Vertrieb Lateinamerika zuständig gewesen war. Chrysler-Chef Thomas T. Stallkamp, der als Schrempps Thronfolger gehandelt wurde, stichelte in US-Medien gegen den Daimler-Chrysler-Merger: »Ich kenne Big Bangs, die nicht funktioniert haben.« Zum Jahresende 1999 wurde er freigestellt. Für Robert J. Eaton, dessen Bestellung ursprünglich für drei Jahre, also bis 2001, terminiert gewesen war, folgte keine zwei Jahre nach der »Hochzeit im Himmel« die vorzeitige Scheidung. »Jetzt ist der richtige Zeitpunkt gekommen, mich in den Ruhestand zu verabschieden«, erklärte der Co-Chairman bereits im Januar 2000, zwei Monate danach durfte er gehen. Sein Abgang soll mit einer Abfindung in Höhe von rund 70 Millionen Dollar versüßt worden sein.

Längst war die Machtbalance im Vorstand aus dem Gleichgewicht geraten, war die Germanisierung der Führungsspitze eingeleitet worden. James P. Holden, der als neuer Chrysler-Chef bis 2003 bestellt war, durfte im November 2000 vorzeitig seinen Hut nehmen. »Es gab kein klares Konzept«, begründete Schrempp Holdens Abgang.

Am 17. November 2000 traf sich der Aufsichtsrat zu einer außerordentlichen Sitzung. Auf Schrempps Vorschlag hin stimmte das Kontrollgremium den Veränderungen im Vorstand zu: Mit Dieter Zetsche übernahm erstmals ein Deutscher die Führung der Chrysler Group, Wolfgang Bernhard wurde zum neuen Chief Operating Officer in Detroit und zum stellvertretenden Vorstandsmitglied berufen. No Problem, meinte der Vorstandsvorsitzende. »Dieter Zetsche ist als Nachfolger von Holden schon längst akzeptiert. Der Pass spielt keine Rolle mehr.« Managementwechsel seien bei der Führung eines Unternehmens eben »unvermeidlich«. Und sollte »jemand an einem bestimmten Platz nicht die erforderliche Kompetenz« zeigen, dann müsse man handeln.

Zum Jahresende schied dann auch Thomas C. Gale aus dem Daimler-Vorstand aus, der für die Produktentwicklung und das Design der Chrysler Group verantwortlich gewesen war.

Ende des Jahres 2000 zählte der DaimlerChrysler-Vorstand

mit Jürgen E. Schrempp einen deutschen Vorstandsvorsitzenden und zehn weitere Mitglieder – von denen nur noch zwei die US-amerikanische Seite vertraten: Thomas W. Sidlik, Vorstand für den Chrysler-Einkauf und das operative Geschäft bei Jeep, und Gary C. Valade, zuständig für den weltweiten Einkauf. Wie hatte Schrempp anderthalb Jahre zuvor doch gesagt: »Im Moment spiegelt diese Besetzung unsere Struktur wider.« Jetzt spiegelte die Besetzung die wahren Machtverhältnisse wider.

*

30. Oktober 2000. In der ihm eigenen Offenheit teilte Jürgen E. Schrempp seine ureigensten Gedanken zum »Merger of Equals« mit. Im Interview mit der *Financial Times* erklärte der Daimler-Chef: »Ich bin ein Schachspieler, ich spreche normalerweise nicht über den zweiten oder dritten Zug. Die Struktur, die wir jetzt mit Chrysler (als allein stehender Abteilung) haben, war immer die Struktur, die ich wollte.« Klarer hätte der Freiburger nicht sagen können, was sein Ziel gewesen war. »Wir mussten einen Umweg machen, und das war aus psychologischen Gründen notwendig.« Denn »wenn wir gesagt hätten, Chrysler wird eine Abteilung, hätte auf deren Seite jeder gesagt: Wir kommen so auf keinen Fall ins Geschäft. Aber es ist genau das, was ich wollte. Von der Struktur am Anfang haben wir uns zu dem entwickelt, was wir heute sind.«

Schrempps Interview sorgte für Aufsehen, in den USA erntete er heftige Kritik. »Zwei Leute aus Stuttgart kamen und übernahmen Chrysler«, erklärte der Großaktionär Kirk Kerkorian das Geschehene, »alles passte zusammen.« Kerkorian entschloss sich zur Klage gegen DaimlerChrysler. »Zu einer Fusion unter Gleichen gehören Vertrauen und Ehrlichkeit«, und genau die waren seiner Ansicht nach nicht im Mindesten gegeben.

*

»Meine Damen und Herren, ›Speed, Speed, Speed‹ ist ein Markenzeichen dieser Integration.«
Jürgen E. Schrempp auf der Hauptversammlung im Mai 1999

Das Chrysler-Desaster

»Wir wollen die Nummer eins in der Automobilindustrie werden«, verkündete Schrempp sein eigentliches Ziel bei der Hauptversammlung im April 2000. Das ließ sich nur durch Beteiligungen und Übernahmen erreichen. Doch DaimlerChrysler, von Schrempp 1998 als das zukünftig »innovativste, profitabelste und das weltweit am besten aufgestellte Unternehmen seiner Branche« gepriesen, entwickelte sich zusehends zum Krisenfall. Schuld daran war allen voran die US-Abteilung Chrysler. Nur zwei Jahre nach der Übernahme brach der bereinigte Operating Profit bei Chrysler von 5,19 Milliarden Euro (1999) auf 531 Millionen Euro ein, die Beschäftigtenzahl sank um mehr als 3800 Menschen.

Bei der Hauptversammlung im April 2000 fasste der Daimler-Chef die Entwicklung in eigenen Worten zusammen: »Der Merger ist Geschichte. In nur einem statt in zwei Jahren haben wir die Unternehmen Daimler-Benz und Chrysler zusammengeführt und all unsere Ziele erreicht.« Schrempp nahm das Aktionärstreffen zum Anlass, »meinem Kollegen und Freund Bob Eaton von dieser Stelle aus ganz herzlich zu danken. Er hat zur Integration einen wesentlichen Beitrag geleistet.«

Eaton konnte gehen, und Schrempp versuchte sich in der Rolle als Marketingmanager: »Dank der Einführung neuer, attraktiver Produkte wie der Mercedes-Benz C-Klasse, dem Chrysler PT Cruiser und den Chrysler und Dodge Minivans geht DaimlerChrysler davon aus, dass der Rekordabsatz von 1999 im Jahr 2000 noch übertroffen wird.« Durch den Zusammenschluss mit Chrysler 1998 und die vorgesehene Allianz mit Mitsubishi »haben wir unsere Vision, weltweit auf allen großen Märkten zu Hause zu sein, Wirklichkeit werden lassen. Damit haben wir heute die ausgeprägtesten und wertvollsten

Marken und Produkte unter dem Dach eines Unternehmens vereint.«

Die Chrysler-Kunden sahen das nicht ganz so und ließen die Fahrzeuge in den Chrysler-Showrooms stehen. Der Absatz des US-Produzenten brach 2000 gegenüber dem Vorjahr um 184 037 Automobile ein, die Produktion musste sogar um 214 744 Fahrzeuge heruntergefahren werden.

Die amerikanische Autoindustrie reagierte auf die allgemeine Absatzschwäche mit einer Rabattschlacht ohnegleichen, die auch das Ergebnis von Chrysler in den Keller trieb. Jürgen E. Schrempp attestierte der US-Abteilung ein eingestanden »sehr niedriges und unakzeptables Ergebnis«. Das Motto hieß fortan: »Wir schauen jetzt nicht nach hinten. Unser Restrukturierungsprogramm ist nach vorne gerichtet.« Und »dass wir auch unsere Kapazitäten anpassen werden, ist logisch«. Hinter diesen Worten verbarg sich ein Radikalkonzept mit Werksschließungen und knallhartem Arbeitsplatzabbau. Chrysler musste saniert werden, und das in relativ kurzer Zeit. Ein »Milestones« (Meilensteine) genanntes Konzept sollte eindeutig aufzeigen, »in sechs Monaten sind wir hier, in zwölf Monaten sind wir dort. Das muss dann auch umgesetzt werden«, so Schrempp im Januar 2001.

Knapp zwölf Monate danach zeigte sich, was die Umsetzung des Milestones-Plans bedeutete. DaimlerChrysler musste für seine US-Abteilung einen Verlust von 2,183 Milliarden Euro ausweisen, der Absatz minderte sich um weitere 289 314 Chrysler-Mobile, die Produktion wurde um 284 411 Fahrzeuge gesenkt. Der so genannte bereinigte Operating »Profit« von Chrysler war um 2,71 Milliarden Euro in die Katakomben des Konzerns gestürzt, der Operating Loss betrug Ende 2001 2,18 Milliarden Euro. Allein in diesem Jahr war die Beschäftigtenzahl bei Chrysler um 16 970 auf 104 057 gesenkt worden.

*

Im Februar 2002 verlieh Daueroptimist Schrempp seiner Hoffnung Ausdruck, der neue Chrysler-Chef werde die Sache schon richten: »Für 2002 haben Dieter Zetsche und sein Team weiterhin das Ziel, bei Chrysler den Break-Even zu erreichen.« So gebe es in den USA »Hoffnungen, dass die Wirtschaftsentwicklung ab der Jahresmitte wesentlich besser« werde. »Wir sind hundertprozentig überzeugt, dass wir nur als global aufgestelltes Automobilunternehmen weltweit die Nummer eins werden können«, ließ sich Schrempp nicht vom Kurs abbringen.

Doch seine Versprechen von der Außerordentlichen Hauptversammlung im September 1998 waren längst Makulatur, und so änderte sich notgedrungen Schrempps Sprachgebrauch. Statt kurzfristiger Vorteile galt das Zusammenwachsen der Unternehmensbereiche nunmehr als »eine mittelfristige Aufgabe«. Das läge »schon alleine daran, dass Automodelle zwischen fünf und sieben Jahre lang auf dem Markt« seien, so der Speed-Manager früherer Jahre im April 2002.

Als die US-Wirtschaft im ersten Quartal 2002 Fahrt aufnahm und um 5 Prozent anstieg, keimte neue Hoffnung. »In der Tat läuft das Geschäft dort besser als erwartet«, jubelte Schrempp, der ursprünglich damit gerechnet hatte, »dass sich der US-Automarkt in diesem Jahr irgendwo zwischen 15 Millionen und 16 Millionen Fahrzeugen einpendeln wird. Jetzt gehen wir davon aus, dass mehr als 16 Millionen erreicht werden können«, was im längerfristigen Vergleich »kein schlechtes Ergebnis« sei. Zudem habe man »deutliche Fortschritte bei Kostenreduzierung und Produktivitätssteigerung« erzielen können.

Tatsächlich konnte Chrysler den Marktanteil auf 13,6 Prozent steigern, gegenüber 13,0 Prozent im Vorjahr. Rückblickend war für Schrempp klar, dass die Schwierigkeiten von Chrysler »nichts mit der Fusion zu tun« hatten. Diese sei »so gut vollzogen worden wie kaum eine andere« – eine gewagte Analyse nach einem Chrysler-Gesamtverlust von 7,37 Milliarden Euro in den letzten beiden Jahren.

Ende 2002 hatte die Chrysler-Crew um Dieter Zetsche endlich einmal wieder Grund, ein Fläschchen Sekt zu öffnen. Der bereinigte Operating Profit war mit rund 1,32 Milliarden Euro wieder im schwarzen Bereich, und auch Absatz und Produktionszahlen belegten einen insgesamt positiven Trend. Den allerdings erlebten 8222 Menschen nicht mehr als Arbeitnehmer der Abteilung Chrysler; sie hatten das Unternehmen in diesem Jahr verlassen. Gegenüber Dezember 1998 minderte sich die Chrysler-Beschäftigtenzahl damit insgesamt um 27 345.

Spätestens 2003 zeigte sich, was Schrempps Vorgaben vom Januar 2001, »in sechs Monaten sind wir hier, in zwölf Monaten sind wir dort«, Wert waren. Einmal mehr war Geduld angesagt. Der US-amerikanische Markt für Personenkraftwagen und leichte Nutzfahrzeuge sei »extrem schwierig und wettbewerbsintensiv«, die »Absatzzahlen liegen unter dem Vorjahresniveau«, und auch die Kaufanreize seien »noch aggressiver geworden und beeinträchtigen die Nettoerlöse«, beklagte Mister Welt AG die Entwicklung in den USA. Umso mehr habe DaimlerChrysler seine Anstrengungen erhöht, um weitere Kosten einzusparen, und versuche »wirklich alles, um das Ziel, ein Ergebnis von rund 2 Milliarden US-Dollar Operating Profit vor Einmal-Strukturmaßnahmen, zu erreichen«, erklärte Jürgen E. Schrempp seinen Aktionären im April 2003. Mit »großer Überzeugung« könne er sagen: »Wir sind auf dem Weg nach vorn.«

Im September ließ der Daimler-Chef die Autowelt wissen, dass die Qualität »deutlich besser geworden« sei und Chrysler »auf der Produktseite und bei der Markenpositionierung unglaublich viel gemacht« habe. Chryslers einzige Chance bestand in der Entwicklung neuer attraktiver Fahrzeuge. Rückblickend gestand Jürgen E. Schrempp ein, dass Daimler-Benz und Chrysler erst zusammen kommen mussten, und das »stand in keinem Textbuch, wie man das macht«. Ungewohnt kleinlaut meinte der Daimler-Chef: »Wir waren nicht gleich vom ersten Tag an so effizient, wie man es gern hätte.« Jetzt aber laufe »die internationale Zusammenarbeit und die Umsetzung der Strategie sehr gut«. Für 2003 strebe er bei Chrysler an, »leicht positiv abzuschließen«, so Schrempp im September 2003.

Mit dem 31. Dezember 2003 mussten Schrempp und Zetsche registrieren, dass das Ergebnis leicht negativ ausgefallen war, sprich: es musste ein Operating Loss von 506 Millionen Euro verbucht werden. Die Fahrzeugproduktion und die Verkäufe waren noch unter die des Katastrophenjahres 2001 gesunken und weitere 2773 Menschen ohne Beschäftigung bei Chrysler. Seit der Übernahme hatte die US-Abteilung der DaimlerChrysler AG sechs Fabriken geschlossen und rund 30000 Beschäftige abgebaut.

*

Endlich, im Sommer 2004 – fast sechs Jahre nach der so genannten Fusion der Daimler-Benz AG mit der Chrysler Corporation –, hatte sich die Stimmung gedreht. Die Chrysler Group brachte allein in diesem Jahr neun neue Modelle auf den Markt, die bei den Kunden überraschend gut ankamen. »Die Wettbewerbssituation in den USA ist hart, wir müssen nach wie vor hohe Rabatte gewähren«, erklärte Schrempp und blickte dennoch »zuversichtlich in die Zukunft«. Eine »beispiellose Produktoffensive« mit höheren Gewinnspannen ließ Chrysler wieder schwarze Zahlen schreiben. Zum Jahresende konnten ein Gewinn von 1,43 Milliarden Euro sowie steigende Produktions- und Absatzzahlen verbucht werden.

*

Den Blick verklärt, den Mund staunend geöffnet, so hatten viele der 15000 Aktionärinnen und Aktionäre am 18. September 1998 das verbale Feuerwerk des Vorstandsvorsitzenden Jürgen E. Schrempp verfolgt. Kaum einer von ihnen wollte damals den Argumenten der Mahner folgen. Doch die Quergeister der Aktionärsgruppe um Ekkehard Wenger und die Kritischen AktionärInnen behielten auf ganzer Linie Recht. Die Unternehmensgröße hatte sich als Nachteil erwiesen, die Aktionärsdemokratie war eingeschränkt, und der Aufsichtsrat versagte, die Topmanager bereicherten sich schamlos an den Aktienoptionen, Zehntausende von Arbeitsplätzen wurden allein bei Chrysler vernichtet, der Umweltschutz geriet unter die Räder, und die Rüstungssparte wurde über die Dasa und die spätere EADS massiv ausgebaut.

»Sie schreiben heute Geschichte«, hatte der Herr der Sterne bei der Fusionshauptversammlung prophezeit. Die Wirklichkeit aber sah anders aus. Schrempps Versprechen, DaimlerChrysler werde »das innovativste, profitabelste und das weltweit am besten aufgestellte Unternehmen seiner Branche«, brach wie ein Kartenhaus in sich zusammen. Chrysler erwies sich als marodes Unternehmen.

Entgegen der Schremppschen Schönfärberei fiel die Gesamtbilanz vergleichsweise schlecht aus: Der Umsatz der Abteilung Chrysler fiel von 56,3 Milliarden Euro im Jahr 1998 auf knapp 49,5 Milliarden Euro 2004. Der Operating Profit minderte sich im selben Zeitraum von gut 4,21 Milliarden Euro auf knapp 1,43 Milliarden. Zugleich brach auch die Fahrzeugproduktion von 2,98 Millionen auf 2,65 Millionen Fahrzeuge ein, und der Autoabsatz ging von 3,09 Millionen auf knapp 2,78 Millionen zurück.

Was aber hatte Schrempp bei seiner pathetischen Rede anlässlich der »Fusionshauptversammlung« den Aktionärinnen und Aktionären in der Stuttgarter Hanns-Martin-Schleyer-Halle verkündet? »Wir wollen mit der Fusion nicht nur Arbeitsplätze erhalten – wir wollen neue schaffen. Die Voraussetzungen dafür sind hervorragend.« Von den ehemals 123 180 Beschäftigten bei Chrysler waren 2004 gerade mal 84 375 verblieben. Für knapp 30 000 Beschäftigte entpuppte sich die verheißene »Hochzeit im Himmel« als Freistellung auf Erden.

Gute Leistungen wurden im Daimler-Konzern schon immer belohnt. »Im April 2004 hatte mich der Aufsichtsrat gebeten, meinen Vertrag zu verlängern«, verkündete Jürgen E. Schrempp. Keine Frage, dass er das Angebot zur Vertragsverlängerung annahm.

*

Im Interview mit der *Financial Times* hatte Jürgen E. Schrempp seine eigene Definition vom gleichberechtigten Zusammenschluss offenbart. Die Mär vom Zusammenschluss zweier gleichberechtigter Partner zeigte sich auf vielen Ebenen: von der De-facto-Verlagerung der Firmenzentrale nach Stuttgart über die schleichende Besetzung des Vorstands mit Mitgliedern vor allem deutscher Nationalität bis zum massenhaften Verkauf von Anteilen amerikanischer Anteilseigner. Hielten US-Aktionäre zu Beginn der Chrysler-Übernahme noch 44 Prozent des Aktienanteils, so waren es zum Jahresende 2004 nur noch 17,1 Prozent. Umgekehrt war der Anteil deutscher Aktienbesitzer von 44 auf 51,5 Prozent gestiegen. Mit jedem Jahr wurde deutlicher, dass Chrysler kein gleichberechtigter Partner war, sondern eine Abteilung des deutschen Mutterkonzerns, und dass sich hinter der Fusion eine Übernahme verbarg.

zwei. Das Asien-Desaster

»Diese Allianz hat zwei klare Gewinner.«
Jürgen E. Schrempp im März 2000 zur Beteiligung an Mitsubishi

Profitables Minuswachstum bei Mitsubishi

Wir schreiben den 18. September 1998. Vor mehr als 10 000 Aktionärinnen und Aktionären entwickelt Jürgen E. Schrempp seine »Strategie der Globalisierung«. Andächtig lauschen die meisten den Worten von Größe und Geld. Zweifel am möglichen Scheitern seiner Visionen kommen nicht auf. Der Mann hat Mut, Willenskraft und Durchsetzungsvermögen, er wird seine Ziele erreichen. So lautet die Botschaft dieses Tages, an dem Schrempp seiner künftigen Welt AG mit der Chrysler Corporation gerade eine neue Abteilung angegliedert hat. Obwohl der Chrysler-Deal Thema genug sein sollte, prophezeit einer der mächtigsten Manager der Republik den »Ausbau unserer Aktivitäten in Asien«: Im Rahmen einer Kooperation mit Nissan Motors und Nissan Diesel würde ein leichtes Nutzfahrzeug entwickelt, produziert und vertrieben. »Und weitere Schritte werden folgen.«

*

Wenige Tage danach erklärte Schrempp, dass die Kooperation mit Nissan Diesel zum Bau eines leichten Lastwagens »ein erster Schritt« gewesen sei, nunmehr »reden wir über weitere«. Mit dem japanischen Autobauer plane DaimlerChrysler »die regionale Ausweitung, insbesondere in Asien«. Dabei lautete die Kernfrage des Konzernchefs: »Wollen wir passiv sein oder aktiv, wollen wir gestalten?« Die Frage war rein rhetorischer Natur.

Schrempp sah sich als Macher und wurde in den Medien euphorisch gefeiert.

*

Ein halbes Jahr danach war der Nissan-Traum bereits wieder ausgeträumt. Drei Monate lang hatten die Experten von DaimlerChrysler und Nissan sämtliche strategischen und wirtschaftlichen Optionen einer Zusammenarbeit geprüft und verworfen. Im März 1999 entschieden die Daimler-Vorstände, die Gespräche über eine Kapitalbeteiligung an dem japanischen Autobauer abzubrechen.

Jürgen E. Schrempp gab sein Bestes, den Fehlschlag zu kaschieren: »Wir haben die Optionen sehr offen und in sehr freundschaftlicher Atmosphäre diskutiert«, sagte er nach einem Gespräch mit dem Nissan-Präsidenten Yoshikazu Hanawa in Tokio, »aber wir haben uns letztlich gegen eine Beteiligung entschieden.« Aus seiner Sicht habe »die Integration von Daimler und Chrysler höchste Priorität«. Und so »mussten wir akzeptieren, dass die Möglichkeiten, die eine enge Verbindung mit Nissan bietet, nicht so einfach und schnell zu erreichen sind, wie wir ursprünglich erwartet hatten«. Eigentlich hatte Schrempp die Lkw-Sparte Nissan Diesel übernehmen wollen, was jedoch »nur über eine Beteiligung an der Muttergesellschaft Nissan Motors möglich« gewesen wäre. Daraufhin »haben wir die Risiken neu bewertet und von weiteren Verhandlungen Abstand genommen«.

Nachdem der Nissan-Deal kurz vor der Ziellinie geplatzt war, schlug Renault zu, übernahm das 36,5-prozentige Aktienpaket und setzte damit auf das richtige Rennpferd. DaimlerChrysler dagegen machte sich von neuem auf die Suche und fand den unrentabelsten Esel, der im asiatischen Raum aufzutreiben war.

*

Angesichts der brillanten Gesamtbilanz machte sich bei der ersten ordentlichen DaimlerChrysler-Hauptversammlung im Mai

1999 Jubelstimmung breit. Gut für den Vorstandsvorsitzenden, der sich in seiner Rede erlauben konnte, die Defizite im asiatischen Markt nebenbei abzuhandeln. »Asien bleibt ein Schwerpunkt unseres Wachstums«, erklärte Jürgen E. Schrempp den Aktionären. »Auch nach unserer Absage an Nissan halten wir am konsequenten Ausbau unserer Position in dieser Region fest.« Im September musste Schrempp eingestehen, dass mit einer Akquisition »in Asien vieles leichter« gewesen wäre.

Hinter den Kulissen liefen derweil die Verhandlungen mit Mitsubishi, einem Unternehmen, mit dem sich Edzard Reuter, Schrempps Vorgänger als Vorstandsvorsitzender, bereits einen fatalen Fehlgriff erlaubt hatte. »Für ein Unternehmen wie Daimler-Benz«, so Reuters Marschroute in der ersten Hälfte der Neunziger Jahre, sei »eine grundsätzliche Partnerschaft mit einer so großen Unternehmensgruppe eine wichtige geschichtliche Weichenstellung«. Nach Reuters Abgang setzte Schrempp um, was er einst kritisiert hatte: »Allerdings glaube ich nicht, dass der damalige Ansatz für die Partnerschaft ideal war«, kommentierte er Reuters Idee eines Joint Ventures mit dem japanischen Autobauer.

Am 27. März 2000 präsentierte Mister Welt AG seinen zweiten Coup nach der Übernahme von Chrysler: eine Allianz von DaimlerChrysler mit der Mitsubishi Motors Corporation (MMC), dem viertgrößten japanischen Automobilkonzern, in den Bereichen Personenkraftwagen, Geländewagen und Kleintransporter. Für gut 2 Milliarden Euro sicherte sich DaimlerChrysler 34 Prozent der MMC-Anteile und zugleich eine Sperrminorität. »Wichtige Entscheidungen laufen nicht ohne uns«, verkündete Schrempp. Im siebenköpfigen, operativ tätigen Mitsubishi-Vorstand stellte die DaimlerChrysler AG zwei Mitglieder für die Schlüsselressorts Produktplanung und internationaler Vertrieb. Schrempp-Weggefährte Manfred Bischoff war eines der drei Vorstandsmitglieder im nichtoperativen Bereich.

Nach einem Treffen mit Mitsubishi-Präsident Katsuhiko Kawasoe erklärte der Konzernchef vollmundig: »Mit dieser Allianz werden wir zur Welt AG.« Angesichts der starken Marktstellung von Mitsubishi sei die Beteiligung »gerade jetzt, da die asiatischen Märkte vor einem Aufschwung stehen, wichtig«.

Aus Sicht des Vorstandsvorsitzenden sprachen drei Gründe »für den Erfolg dieser Allianz mit Mitsubishi Motors«: Zum Ersten erhalte DaimlerChrysler »im Zuge der Globalisierung jetzt den vollständigen Zugang nach Asien«. Zum Zweiten erweitere der Stuttgarter Autokonzern das Marktportfolio und erhalte »die richtigen Produkte, um neue, stark wachsende Märkte wie zum Beispiel Lateinamerika, Osteuropa und Afrika zu erschließen«. Und zum Dritten habe Mitsubishi »eine hohe Kompetenz« im Segment der Kleinwagen. Schrempps Resümee war so griffig wie falsch: »Sie sehen also, diese Allianz hat zwei klare Gewinner«, sagte er. Dabei solle Mitsubishi Motors »als ein weitgehend unabhängiges Unternehmen geführt werden«. Die Pflege der unterschiedlichen Kulturen habe er aus der Fusion von Daimler-Benz und Chrysler gelernt. In Kürze solle es sogar möglich sein, »die Smart-Familie mit einem Viersitzer auszubauen«.

In diesen Tagen kannte Schrempps Euphorie offenbar keine Grenzen. Der Daimler-Chef malte die Vision seiner Welt AG mit dem dritten Standbein Mitsubishi in den schönsten Farben aus: »MMC ist mit seinem hervorragend ausgebauten Vertriebsnetz ein ausgezeichneter Partner.« – »Gerade im Kleinwagensegment sind wir nun mit unserem neuen Partner hervorragend aufgestellt.« – »Wir decken jetzt optimal die Weltmärkte mit einer kompletten Produktpalette und einer erstklassigen Vertriebsorganisation ab.« – »Wir haben nun, zusammen mit General Motors und Ford, am Weltmarkt eine absolute Spitzenposition.« – Und so weiter und sofort.

Auch die Zukunftsperspektive schien rosig. Die Märkte der ASEAN-Staaten, in denen MMC mit einem Marktanteil von 26 Prozent bereits zu diesem Zeitpunkt führend war, sollten in den kommenden Jahren überproportional wachsen. In Japan hatte sich die Daimler-Chrysler-Mitsubishi-Allianz mit einem Schlag einen Marktanteil von 12,7 Prozent verschafft und lag damit in einer Größenordnung, die mit Honda und Suzuki und dem

Nissan-Konzern vergleichbar war. »Wir hatten uns ein Umsatzziel von über 20 Prozent in Asien vorgenommen. Das haben wir jetzt fast erreicht«, jubilierte der Daimler-Vorstandsvorsitzende.

Schrempp wäre nicht Schrempp, wenn er dem Rest der Welt nicht ein Versprechen mit auf dem Weg gegeben hätte: »Aber schon sehr schnell werden wir auf Grund unserer Wachstumsperspektiven, aber vor allem aus unseren gemeinsamen Projekten einen sehr positiven Beitrag erhalten; ganz abgesehen von den langfristigen Chancen.« Man hätte sich auch vorsichtiger ausdrücken, hätte »glauben« oder »hoffen« oder »erwarten« sagen können – nicht so Mister Welt AG. Schrempp sagte »werden wir« und machte damit eine Prognose zum Tatbestand, eine Aussage zum Versprechen. Das musste er nun einlösen.

*

Bei DaimlerChrysler sind Hauptversammlungen ein Gaumengenuss. Bei Wienerle, Kartoffelsalat und Brötchen dürfen sich Aktionärinnen und Aktionäre die Ausführungen des Vorstandsvorsitzenden anhören.

Am 19. April 2000 begann Schrempps Rede mit dem Worten: »Sehr geehrte Damen und Herren, die DaimlerChrysler AG ist erfolgreich in das neue Jahrhundert gestartet. Und Ihr Unternehmen ist auch in den ersten drei Monaten weiter auf Erfolgskurs: Wir haben einen Vorvertrag über eine Allianz mit Mitsubishi unterschrieben.« Im Laufe seiner Ausführungen kam Schrempp auf sein Lieblingsthema zu sprechen: »Nach der zweiten Säule Nordamerika haben wir jetzt durch die vorgesehene Allianz mit Mitsubishi die Welt umschlossen.« Danach spulte der Weltmanager sein ganzes Repertoire ab: von der »kompletten Produktpalette« über »erstklassige Vertriebsorganisation«, »höhere Skalen-Effekte«, »zwei Gewinner« bis hin zur klaren »Nummer eins im Pkw- und Transporter-Segment«.

Das klang gut und lenkte zugleich vom Kern des Problems ab.

Denn während Toyota, die unbestrittene Nummer eins auf dem japanischen Automarkt, gerade dabei war, seine Verkäufe in diesem Jahr um mehr als 100 000 Fahrzeuge auf 1,76 Millionen zu steigern, hatte Mitsubishi mit massiven Absatzproblemen zu kämpfen: Just in dieser Zeit brach beim mittlerweile nur noch fünftgrößten Autokonzern Japans der Markt ein. Hatte Mitsubishi 1999 noch 584 169 Fahrzeuge verkaufen können, so sollten es im Jahr 2000 nur noch 543 360 sein.

Den Aktionären gegenüber entwarf Schrempp ein ganz anderes Bild. Statt die Risiken der Übernahme aufzuzeigen, schwebte er in höheren Sphären. Die strategischen Entscheidungen des ersten Quartals – und dazu zählte er »besonders die geplante Allianz mit Mitsubishi Motors – werden die Position von DaimlerChrysler auf den weltweiten Automobilmärkten weiter stärken. Unsere Allianz mit Mitsubishi Motors wird uns einen entscheidend besseren Zugang nach Asien verschaffen.«

Auch Schrempps Geschichtsstunde schien den Aktionären zu munden: »Nur solche ausgewogenen Partnerschaften wie diese, meine Damen und Herren, das lehrt die Geschichte, sind die stabilsten.« Dass die Geschichte auch manche Überraschung lehrt, kam in diesem Weltbild nicht vor.

*

Ende Juli 2000 unterzeichneten Jürgen E. Schrempp und Katsuhiko Kawasoe die Verträge zur Allianz der Autokonzerne. Schrempp sah darin »eine starke Basis für seine Expansion im asiatischen Raum«. Beide Geschäftspartner könnten von den sich bietenden Chancen »profitieren«. Kawasoe durfte sich freuen, »dass wir einen so starken globalen Partner für die Allianz gefunden haben«. Damit hätten beide Konzerne »die besten Voraussetzungen für eine erfolgreiche gemeinsame Zusammenarbeit«.

Der Mitsubishi-Präsident hatte allen Grund zur Freude: Die Mitsubishi Motors Corporation war zu diesem Zeitpunkt heillos verschuldet. Angesichts der desaströsen Lage bei Mitsubishi

Motors regelten Manfred Bischoff und Eckhard Cordes die verstärkte Einflussnahme der deutschen Seite beim japanischen Autokonzern. Anfang September 2000 konnten die beiden Daimler-Vorstände Erfolge vermelden. In einer Vereinbarung wurde festgeschrieben, »das gute Ansehen von Mitsubishi Motors weltweit wiederherzustellen«. Zum neuen Chief Operating Officer (COO) wurde der Schrempp-Gefolgsmann Rolf Eckrodt ernannt. Der 58-Jährige wechselte »nach erfolgreicher Abwicklung des Verkaufs« von Adtranz an Bombardier nach Tokio, um dort den angeschlagenen japanischen Autokonzern auf Vordermann zu bringen. Zum 1. November sollte der 59-jährige Takashi Sonobe, zuvor verantwortlich für das internationale Geschäft von Mitsubishi Motors, als Nachfolger von Präsident Katsuhiko Kawasoe sein Amt als neuer MMC-Präsident antreten – die Daimler-Führung hatte auf einem unbelasteten Management bestanden.

Mit der Reduzierung des Aktienkurses von 450 Yen auf 405 Yen minderte sich der Preis für die Beteiligung an Mitsubishi von 2,4 auf 2,2 Milliarden Euro. Mit der Begrenzung auf einen Anteilsbesitz von 34 Prozent konnte vermieden werden, dass die Deutschen die Schulden der japanischen Seite in ihre Bilanz aufnehmen und begleichen mussten. Nach einer Frist von drei Jahren sollte die DaimlerChrysler AG ihre Mitsubishi-Beteiligung unbegrenzt erhöhen dürfen. Auch mit diesen erweiterten Einflussmöglichkeiten auf Mitsubishi Motors Corporation ergebe »sich für die DaimlerChrysler AG nicht die Notwendigkeit, Mitsubishi Motors Corporation zu konsolidieren«, ließ DaimlerChrysler verlautbaren.

Dem Rettungsplan konnte Jürgen E. Schrempp Gutes abgewinnen: Mit der Vereinbarung sei »eine solide Basis geschaffen, um Mitsubishi Motors aus einer schwierigen Situation wieder in eine Position der Stärke zu führen«. Die organisatorischen Veränderungen trügen dazu bei, »die Wettbewerbsposition von Mitsubishi Motors zu verbessern«. Schrempps Worte gipfelten in seiner Überzeugung, »dass diese Vereinbarung und der neue Vorstand unter Leitung von Präsident Sonobe und Rolf Eckrodt als COO zum Erfolg unserer Allianz führen« werde. »Mitsubishi Motors wird das Vertrauen seiner Kunden wieder vollständig zurückgewinnen«, so Schönredner Schrempp.

Der Aktienkurs auf Talfahrt, Chrysler in der Krise, Mitsubishi mit tief roten Zahlen – alles kein Grund für Schrempp, im Dezember 2000 an seiner Strategie zu zweifeln. Bislang sei DaimlerChrysler auf dem Wachstumsmarkt Asien unzureichend vertreten, doch mit den Aktivitäten in Japan und Korea »haben wir jetzt erstklassige Voraussetzungen für zusätzliches profitables Wachstum«, verkündete der Vorstandsvorsitzende, als sei die Mitsubishi-Krise kein ernstes Problem.

Das Gegenteil war der Fall – Mitsubishi erzielte ein »profitables« Minuswachstum.

*

Rolf Eckrodt hatte in Japan ein Himmelfahrtskommando angetreten, die Katastrophenmeldungen nahmen kein Ende, doch Jürgen E. Schrempp machte weiter gut Wetter: »Ich bin optimistisch, dass wir Mitsubishi nach oben bekommen«, meinte der Daimler-Chef unbeirrt. Und mit den Worten er sei zuversichtlich erwehrte er sich heftiger Angriffe der Öffentlichkeit. »Daimler-Chrysler ist strategisch gut aufgestellt und wird auch die operative Herausforderung in den Griff bekommen.« Jeder Zeitungsleser, der sich im Januar 2001 über die Situation bei Mitsubishi informiert hatte, konnte angesichts solcher Äußerungen des Vorstandsvorsitzenden der DaimlerChrysler AG nur staunen.

Schrempp dagegen ließ sich von seinem 24-köpfigen Expertenteam aus Tokio mit froher Kunde beglücken: Die Stimmung sei »ausgezeichnet«, das japanische Management wolle »am Erfolg unserer Allianz teilhaben«. Um diese Vision vom erfolgreichen Mitsubishi-Engagement Wirklichkeit werden zu lassen, arbeitete der Daimler-Vorsitzende eng mit Eckrodt und – so Schrempp – »den Getreuen« Ex-Mitsubishi-Präsident Kawasoe und dessen Nachfolger Sonobe zusammen. Jeder habe derzeit die gleiche Interessenlage, unterschiedliche Interessen gebe es nicht. Allein die Tatsache, dass der Daimler-Chef permanent die positive Zusammenarbeit betonte, ließ ahnen, wie es in Wirklichkeit darum bestellt sein mochte.

*

Die ganztägige Aufsichtsratssitzung vom 23. Februar 2001 muss wohl zum Krisentreffen mit Katastrophenplan mutiert sein. Einerseits mussten die Aufsichtsräte die vom Vorstand vorgelegten »Milestones« zur Chrysler-Sanierung mittels Werksschließungen und umfassenden Arbeitsplatzabbaus absegnen. Andererseits sollten 8000 der 65 000 Mitsubishi-Mitarbeiter ihren Job verlieren. Überraschend einmütig einigten sich die Vertreter der Kapital- wie der Arbeitnehmerseite auf den massenhaften Abbau von Arbeitsplätzen. Einmal mehr hatte Schrempp-Intimus Kopper damit seinem Vorstandsvorsitzenden den Rücken freigehalten – anders hätte dieser die dramatische Situation wohl kaum überstanden.

Bei der 3. ordentlichen Hauptversammlung am 11. April 2001 durfte Jürgen E. Schrempp Zahlen präsentieren, aus denen im Grunde nur geschlossen werden konnte, dass er als Manager – wie bereits einst bei der Dasa – versagt hatte. Vor den Aktionären musste er den Einbruch des Umsatzes um 6 Prozent und des bereinigten Operating Profit um 74 Prozent sowie den Verlust von mehr als 44 000 Arbeitsplätzen innerhalb eines Jahres rechtfertigen. Hätte es bei DaimlerChrysler Aufsichtsräte gegeben, die ihren Auftrag zur Kontrolle des Vorstands etwas ernster genommen hätten, dann wäre dieser Mittwoch wohl Schrempps letzter Arbeitstag gewesen. Nicht so bei der DaimlerChrysler AG.

Dank der Rückendeckung seines Duzfreundes Hilmar Kopper, der als Aufsichtsratsvorsitzender zugleich die Aktionärsversammlung leitete, konnte Schrempp seinen Kurs der Milliardenverluste mit Mitsubishi Motors ungebremst fortsetzen. Wie das Zusammengehen mit Chrysler, so sei auch die Allianz mit Mitsubishi »integraler und essentieller Bestandteil unserer Unternehmensstrategie«, ließ er wohlbekannte alte Weisen erklingen. Beide stünden »nicht zur Disposition«. Mit rund vier Millionen verkaufter Fahrzeuge sei das Unternehmen in diesen Märkten hervorragend vertreten. Die Allianz mit Mitsubishi Motors und die im Vorjahr erfolgte Beteiligung an der südkoreanischen Hyundai Motor Company (siehe Infokasten S. 47) biete erstmals die Chance, am zehnprozentigen Wachstum im asiatischen Raum teilzuhaben – und und und.

*

Nachdem DaimlerChrysler seinen Anteil im Vorjahr um 3,3 Prozent aufgestockt hatte, hielt das Unternehmen im April 2002 37,3 Prozent der Mitsubishi-Anteile. Zu dieser Zeit pflegte Mitsubishi seinen Schuldenberg von weit mehr als 10 Milliarden Euro, und Schrempp pflegte seinen Ruf: Die Mehrheit an Mitsubishi Motors sei »logischerweise ein Fernziel«, diese »können wir frühestens 2003 übernehmen«. Doch der Gedanke daran war weltfremd, und so wies der Daimler-Chef darauf hin, Mitsubishi müsse »aber erst wieder profitabel sein und die Schulden abbauen«, was wohl nicht weniger weltfremd war. Dann setzte die Schremppsche Werbetrommel für die Welt AG ein, die – neben Daimler in Europa und Chrysler in den USA – auch in Asien »ein starkes Standbein« haben müsse. Konnte er damit allen Ernstes die Krücke Mitsubishi meinen?

Schrempp sah das anders. Bei Mitsubishi habe sich eine Gelegenheit geboten, »durch die wir zum richtigen Zeitpunkt sehr preisgünstig und mit relativ niedrigem Risiko in den asiatischen Markt einsteigen konnten«. Rolf Eckrodt habe in den vierzehn Monaten seines Wirkens in Tokio »erstaunlich viel erreicht«. Und bereits »im ersten Jahr der Restrukturierung – also im Geschäftsjahr 2001/2002 – geht Mitsubishi davon aus, die Gewinnschwelle zu erreichen«. Schrempp verstieg sich sogar zu dem Ausspruch: »Wir schauen uns den Fortschritt der

Arbeit jeden Monat an. Ich bin sehr zufrieden mit den Ergebnissen.«

*

Die 4. ordentliche Hauptversammlung im April 2002 hatte Schrempp mehr schlecht als recht hinter sich gebracht. Selbst die Hyundai-Beteiligung war scharf kritisiert und von Aktionären als »asiatische Grippe« bezeichnet worden. Nun präsentierte sich der DaimlerChrysler-Chef im Juni als Mann mit Rückgrat: »Wir sind überzeugt davon, dass der Einstieg bei Mitsubishi richtig war«, selbst wenn sich auf dem japanischen Markt »keine Anzeichen einer Verbesserung« zeigten. Aber die seit Jahren erstmals positive Mitsubishi-Bilanz sei darauf zurückzuführen, dass das Unternehmen »außerhalb Japans gut aufgestellt« sei und das Amerikageschäft »sehr gut« laufe. Im Moment hege Daimler nicht die Absicht, den Aktienanteil zu erhöhen, »aber das ist unser Fernziel«. Dafür müsse sich Mitsubishi in einer stabilen Ertragslage befinden und der Schuldenstand deutlich verringert werden. Nein, er »möchte keine Zahl nennen«, erklärte der Daimler-Vorsitzende. »Wir haben intern aber eindeutige Meilensteine für den Schuldenabbau definiert«, behauptete Schrempp. Die Betonung musste wohl auf »intern« liegen, denn dann brauchte er sich nicht an der Höhe des Mitsubishi-Schuldenberges messen lassen.

Wichtig war ihm stattdessen eine andere Zahl: »Noch vor zwei Jahren lag unser Umsatzanteil in Asien bei 3 Prozent.« Mit dem Allianzpartner Mitsubishi und dem strategischen Partner Hyundai sei DaimlerChrysler nunmehr »hervorragend aufgestellt«.

*

Der Hyundai-Ausflug

Im Juni 2000 erwarb die DaimlerChrysler AG für vergleichsweise schlappe 428 Millionen Dollar einen zehnprozentigen Anteil an der Hyundai Motor Company. Daimler-Chef Schrempp schwärmte, die Koreaner seien »ein idealer Partner, um die wachsende Präsenz von DaimlerChrysler in Asien weiter auszubauen. Hyundai ist sehr erfolgreich, profitabel und bei weitem der stärkste Player im koreanischen Automobilmarkt.«

In den kommenden Jahren lobte Schrempp die Zusammenarbeit über alle Maßen. Hyundai sei »hochprofitabel und mit großem Abstand die Nummer eins bei Pkw und Nutzfahrzeugen im zweitgrößten asiatischen Markt: Korea«, so der Daimler-Chef im Dezember 2000. So biete sich für DaimlerChrysler mit der Mitsubishi-Allianz und der Hyundai-Beteiligung »die erstklassige Chance« zur Kostenersparnis. Im Jahr 2002 vereinbarten Chrysler, Mitsubishi und Hyundai ein Gemeinschaftsprojekt zur Fertigung eines kleinen Benzin-Vierzylindermotors mit Stückzahlen bis zu 1,5 Millionen pro Jahr, was die Kosten senke: »Das ist doch fantastisch«, jubelte Schrempp. »Und so wollen wir auch die kommenden Projekte angehen. Das erwarten auch unsere Aktionäre von uns.«

Zwei Jahre später zeigte sich, wie die kommenden Projekte aussahen: Am 16. August 2004 verkaufte DaimlerChrysler seinen Anteil von 10,5 Prozent an Hyundai. Finanziell hatte sich die Transaktion gelohnt, denn der Buchgewinn betrug 472 Millionen Dollar. Doch zur Begründung behauptete Mister Welt AG: »Nachdem wir mit Fuso über einen guten Zugang zum koreanischen Markt verfügen, brauchen wir das Joint Venture nicht …« Nunmehr wollte Schrempp mit der Beteiligung an der Mitsubishi Fuso Truck & Bus Corp. den asiatischen Nutzfahrzeugmarkt erobern. Kein Wort

mehr von den Gemeinschaftsprojekten zur Kostensenkung.
Finanziell stand am Ende des Hyundai-Ausflugs ein Buchgewinn. Strategisch war die Beteiligung ein Misserfolg gewesen.

9. April 2003, 5. ordentliche Hauptversammlung der DaimlerChrysler AG in Berlin. Kopper begrüßt, Schrempp redet, Stille im gut besetzten Saal. »Meine Damen und Herren, zurück zum Geschäftsverlauf des vergangenen Jahres. Unser japanischer Allianzpartner, die Mitsubishi Motors Corporation, ist ebenfalls gut vorangekommen.« – »Im Pkw-Geschäft wurden die Ziele erreicht und teilweise übertroffen.« – »Der auf mehrere Jahre angelegte Restrukturierungsprozess läuft wie geplant.« – »Der Schwerpunkt liegt nun darauf, neue und attraktive Produkte in den Markt zu bringen und die Kunden dafür zu begeistern.« – »Die Qualität wurde messbar gesteigert.« – »Auch bei den Nutzfahrzeugen konnten wir unsere Position […] deutlich ausbauen.« – »Fuso ist nicht nur mit Abstand Marktführer in Japan, sondern hat auch eine starke Position in den südasiatischen Ländern.« Alles bestens geregelt.

Mitsubishi am Abgrund? Welt AG gescheitert? Rücktritt des Vorstandsvorsitzenden? Was sollten solche Fragen und Forderungen angesichts der beeindruckenden Bilanz einer Allianz der Erfolgreichen? Immer noch Stille im Saal.

*

»Tatsache ist, dass der Vorschlag für die Entscheidung des Aufsichtsrats, Mitsubishi keine weiteren finanziellen Mittel zur Verfügung zu stellen, dann von mir eingebracht wurde.«

Jürgen E. Schrempp im Mai 2004

Schrempps Sieg über sich selbst

Im September 2003 konkretisierte der Daimler-Chef die Vorteile einer Zusammenarbeit der US-Tochter mit der japanischen Beteiligung: Chrysler habe »die besten Voraussetzungen«, da der Unternehmensbereich über die Zusammenarbeit mit Mercedes-Benz und Mitsubishi »das große Potenzial nutzen« könne. Trotz gemeinsamer Plattformen würden die Modelle derart spezifiziert, dass am Ende eigenständige Fahrzeugtypen mit verschiedenem Design und unterschiedlichen Fahreigenschaften angeboten werden könnten Diese Zusammenarbeit böte »unglaubliche Potenziale, die man nutzen muss, um im internationalen Wettbewerb zu bestehen«. Exemplarisch nannte Schrempp den neuen Vierzylindermotor, der in einer Stückzahl von 1,5 Millionen gemeinsam bei Mitsubishi, Hyundai und Chrysler entwickelt und produziert werden sollte.

Mitte Dezember dann schickte Schrempp einen seiner engsten Vertrauten ins Rennen: Dr. Rüdiger Grube, im Vorstand verantwortlich für Konzernentwicklung, übernahm zusätzlich die Verantwortung für die Mitsubishi-Beteiligung. Grube sollte retten, was nicht mehr zu retten war.

*

1. April 2004. Während sich andere mit spaßigen Pointen vergnügten, musste sich Jürgen E. Schrempp mit ernsthaften Problemen herumschlagen. Befragt nach der Situation bei Mitsubishi, versuchte der Daimler-Vorsitzende noch das Beste zu betonen: »Das Nutzfahrzeug-Geschäft, Mitsubishi Fuso, läuft hervorragend.« Und »die Zusammenarbeit läuft gut, die Pkw-Projekte zwischen Mitsubishi Motors, Chrysler und Smart ma-

chen Fortschritte«, meinte Schrempp, der schon immer gesagt hatte, »dass, wenn Bilanz, Ergebnis und Perspektive stimmen, die Mehrheit an Mitsubishi Motors eine Option sein kann«.

Das war nicht der Fall, wie selbst er erkennen musste, denn dummerweise ging für den japanischen Autobauer gerade mal wieder einiges in den USA daneben. Schrempp schaute nicht weg: »Als einer der Hauptaktionäre von Mitsubishi Motors schauen wir uns natürlich alles sehr genau an.« Und da er alles sehr genau anschaute, sah er auch die »hohe Verschuldung« und den »Absatzeinbruch im Pkw-Geschäft in den USA«. Notgedrungen arbeitete das Management von Mitsubishi mal wieder »an einem neuen Geschäftsplan«, der bis Ende April vorliegen und »die Entscheidungsbasis für die weitere Vorgehensweise« sein sollte.

Jürgen E. Schrempp hatte Situationen schon oft falsch eingeschätzt, diesmal aber schien das Fehlurteil besonders gravierend. Denn Ende April war längst alles entschieden – und zwar gegen DaimlerChrysler.

*

Lange hatte Schrempp sich so verhalten, als glaubte er, die Probleme in der Welt AG aussitzen zu können. Selbstverständlich lasse sich immer diskutieren, ob eine Strategie richtig sei oder nicht. »Eines muss jedoch klar sein«, so der Vorstandsvorsitzende, »habe ich ein operatives Problem, ändere ich nicht die Strategie, sondern bringe das Geschäft in Ordnung.« Habe er ein strategisches Problem, dann »muss ich meinen Kurs ändern«. Schrempp wollte seinen Mann stehen, denn »wenn es schwierig ist, darf ein Manager nicht davonlaufen und eine richtige Strategie ändern. Und sie dann wieder ändern, wenn es erneut Probleme gibt.« Das sei »jedenfalls nicht unsere Philosophie«. Ganz Wächter der Interessen seiner Shareholder, erklärte Schrempp, fortan gelte die Vorgabe, bei Chrysler und Mitsubishi Motors »erst einmal unsere Kapitalkosten [zu] verdienen, so wie wir es in anderen Geschäftsfeldern tun«. Danach steige auch der Wert des Unternehmens. »Das Potenzial dazu ist da.«

Was Anfang April 2004 so theoretisch klang, eskalierte wenige Tage danach in den Führungsgremien zu einer handfesten Auseinandersetzung über die Frage weiterer Milliardensubventionen für Mitsubishi. »Wir schauen uns in Vorstand und Aufsichtsrat regelmäßig alle Geschäfte und deren Entwicklung grundsätzlich an«, hatte Schrempp Anfang April geäußert. Die beiden Führungsgremien würden sich die Fragen stellen: »Wo stehen wir? Wo wollen wir hin? Ist das noch richtig? Hat sich das Umfeld geändert? Die entscheidende Frage lautet: Wo stehen wir in zehn Jahren? Wir haben davon ein klares Bild«, so der Daimler-Chef gewohnt selbstbewusst, »entsprechend richten wir unsere Strategie aus.«

Dann aber kam die Woche der Wahrheit, in der tatsächlich einmal alle Geschäfte und deren Entwicklung grundsätzlich unter die Lupe genommen wurden.

*

Am 7. April 2004 waren rund 9300 Aktionärinnen und Aktionäre in die Berliner Messehalle zur 6. ordentlichen Hauptversammlung der DaimlerChrysler AG angereist. Zu Beginn seiner Rede setzte Schrempp die Brille ab, blickte konzentriert ins Auditorium und sprach betont ruhig. Die Botschaft war eindeutig: Wir haben verstanden und üben sogar Selbstkritik. Der japanische Allianzpartner Mitsubishi Motors habe »ein sehr schwieriges Jahr hinter sich«, selbst der Turnaround in Europa und eine spürbare Verbesserung auf dem Heimatmarkt konnten das defizitäre US-Geschäft nicht wettmachen. Schlimmer noch: Mitte Februar hatte die MMC bekannt geben müssen, dass die Verluste im Geschäftsjahr 2003/2004 »höher ausfallen als bislang erwartet«.

Genug der selbstkritischen Worte, schließlich blickt der wahre Schrempp lieber nach vorne als zurück: In den so genannten »Emerging Markets« werde im kommenden Jahrzehnt rund 90 Prozent des Wachstums der weltweiten Automobilmärkte vonstatten gehen, und das weit überwiegend im asiatischen Raum.

Bereits heute mache Asien ein Drittel des weltweiten Pkw-Markts aus. Da weder Mercedes-Benz noch Chrysler auf die Entwicklung ausgerichtet seien, wolle der Konzern gemeinsam mit Mitsubishi »Kundenwünsche in diesen Märkten auf breiter Basis […] erfüllen«.

Was folgte, war die altbekannte Litanei einer sinnvollen Allianz, weshalb die Zusammenarbeit, trotz aller Probleme »Früchte« trage: gemeinsame Plattformen, die Entwicklung gemeinsamer Aggregate, der Zugang zum Lkw-Markt über Japans führenden Nutzfahrzeughersteller Fuso. Kurzum: »Es gibt einige Bereiche, in denen wir von unserem Engagement bei Mitsubishi schon profitiert haben und noch profitieren können.« Und bis Ende April ein neuer mittelfristiger Geschäftsplan vorliege, »halten wir uns alle Optionen offen«, verkündete ein ungewohnt nachdenklicher Schrempp.

Hatten in den vergangenen Jahren vor allem die Kritischen AktionärInnen DaimlerChrysler (KADC) massiv Schrempps Rücktritt, auch wegen des Mitsubishi-Desasters, gefordert, so schlug an diesem Tag erstmals die Phalanx der Profianleger zu. Klaus Kaldemorgen, Sprecher der Fondsgesellschaft DWS, brachte die Situation in einem einzigen Satz besser auf den Punkt als Jürgen E. Schrempp in seinen ermüdend langen Ausführungen: »Es brennt lichterloh im Hause Mitsubishi.«

Pointe eins: Die DWS ist eine Tochter der Deutschen Bank. Deren langjähriger Vorstandssprecher und Aufsichtsratsvorsitzender Hilmar Kopper hat die Jahreshauptversammlung bei DaimlerChrysler geleitet und dem DaimlerChrysler-Aufsichtsrat vorgestanden. Kopper hatte Schrempps Mitsubishi-Eskapaden jahrelang befürwortet und damit erst ermöglicht. Jetzt drohte Hilmar Kopper den Rückhalt bei der Deutschen Bank zu verlieren.

Michael Schneider von Deka Investments vergrößerte das Ungemach noch mit der Ankündigung, Vorstand und Aufsichtsrat nicht zu entlasten. »Wir werden«, so Schneider, auch »gegen die Wiederwahl von Hilmar Kopper an die Aufsichtsratsspitze stimmen.« In solchen Momenten konnte man das Licht im Saal ausmachen, so rot leuchtete Koppers Kopf.

Pointe zwei: Die Kritischen AktionärInnen hatten zwei Fragen an den Vorstandsvorsitzenden gestellt: »Für wie blöd halten Sie uns Aktionäre? Wann, Herr Schrempp, treten Sie endlich zurück?« Eine diesbezügliche Antwort erhielten weder sie noch die anderen Redner, die Schrempps Rücktritt gefordert hatten – dafür aber ein artiges Dankeschön für ihren Beitrag vom Vorstandsvorsitzenden höchstpersönlich.

*

Wie alle Jahre fand auch an diesem Abend direkt nach der Hauptversammlung eine Aufsichtsratssitzung statt. Wie so oft zeigten die zwanzig Aufsichtsratsmitglieder, was sie von der Meinung der Aktionärinnen und Aktionäre hielten. Der mittlerweile 69-jährige Hilmar Kopper wurde trotz seiner uneingeschränkten Solidarität zu Schrempp und damit trotz der Mitverantwortung, die er für dessen milliardenschwere Fehlentscheidungen trug, für drei weitere Jahre bis 2007 zum Vorsitzenden des Daimler-Aufsichtsrats gewählt, dem er zu diesem Zeitpunkt bereits seit vierzehn Jahren vorstand.

Damit nicht genug: Das sogenannte Kontrollgremium verlängerte einstimmig – also mit den Stimmen der zehn IG-Metall-Vertreter – auch noch das Mandat des 59-jährigen Vorstandsvorsitzenden Jürgen E. Schrempp um weitere drei Jahre bis 2008. Wohl dem, der solche Geschäftsfreunde hat.

*

Bereits im Vorfeld der Vorstands- und Aufsichtsratssitzungen zum Mitsubishi-Desaster erlebten die Beteiligten turbulente Tage. Ende März 2004, zum Abschluss des Mitsubishi-Geschäftsjahres 2003/2004, ließ sich das weitgehende Scheitern der bisherigen Bemühungen nicht mehr übersehen. Mitsubishi Motors musste einen erneuten Rückgang der Fahrzeugverkäufe hinnehmen, die 1,52 Millionen verkauften Automobile bedeuteten einen Rückgang um 3,3 Prozent gegenüber dem Vorjahr.

Am 16. April gab Takashi Usami, Aufsichtsratschef des Lkw-Herstellers Mitsubishi-Fuso, seinen sofortigen Rücktritt bekannt. Trotz einer technisch bedingten Unfallserie, die seit mehr als einem Jahrzehnt andauerte und sogar einen Todesfall forderte, hatte Fuso erst im Vormonat 112 000 Lkws in die Werkstätten zurückgerufen. Der Aufsichtsratschef sprach allen Beteiligten sein »tiefes Bedauern« aus.

Zwei Tage nach Usamis Rücktritt flog Jürgen Schrempp in die japanische Hauptstadt, wo er sich unter falschem Namen in einem Hotel einmietete. Mehrere Stunden diskutierte der Daimler-Chef unter anderem mit führenden Repräsentanten der Mitsubishi-Gruppe. Schrempp wollte seine Vision der Welt AG retten, und dazu brauchte er das Standbein Japan. Die mit einer höheren MMC-Beteiligung verbundene Teilübernahme der Mitsubishi-Schulden war den DaimlerChrysler-Aktionären nicht zu vermitteln, aber wenn sich die japanische Seite auf seine Bedingung des Schuldenerlasses einlassen würde, wäre Schrempp wohl bereit gewesen, weitere Finanzmittel aufzubringen. Doch als er nach Deutschland zurückflog, hatte er diese Zusage nicht im Gepäck.

*

19. April 2004, Sitzung des Daimler-Vorstands. Auf den Tag genau vier Jahre zuvor hatte Schrempp bei der Hauptversammlung verkündet: »Nur solche ausgewogenen Partnerschaften wie diese, meine Damen und Herren, das lehrt die Geschichte, sind die stabilsten.« Mit solchen Sätzen hatte sich der Daimler-Chef den Segen seiner Aktionäre für die milliardenteure Beteiligung an Mitsubishi Motors gesichert. Jetzt galt es die Lehren aus der Geschichtsschreibung à la Schrempp zu ziehen: Der Mitsubishi-Konzern, von Schrempp als »hervorragend aufgestellt« und »ausgezeichneter Partner« gepriesen, war in Wirklichkeit marode und wirtschaftlich derart angeschlagen, dass seine Existenz auf dem Spiel stand.

Bei der Vorstandssitzung im Konferenzraum im ersten Stock

des Möhringer Punktturms kam es zum ersten Aufeinandertreffen der Kontrahenten. Schrempp wollte weitere Finanzmittel zur Sanierung von Mitsubishi Motors locker machen, Finanzchef Manfred Gentz und Mercedes-Chef Jürgen Hubbert warnten eindringlich: Die von der Mitsubishi-Führung geforderten Zuwendungen in Höhe rund 4 Milliarden Euro – von denen Daimler allein 1,5 Milliarden übernehmen sollte – könnten den Gesamtkonzern gefährden. Laut Gentz sollte die Zeit zur Rückzahlung bis ins Jahr 2026 reichen – bis in eine Zeit also, da keiner der amtierenden Vorstände mehr im Amt sein würde. Während sich die übrigen Vorstände in gepflegter Zurückhaltung übten, wagte sich wenigstens Wolfgang Bernhard, der Chief Operating Officer von Chrysler, aus der Deckung und widersprach dem Big Boss. Dieser trat angesichts des Widerstands den geordneten Rückzug an. »Der Vorgang war in den Details sicher ungewöhnlich, aber er war auch ein Beispiel guter Corporate Governance«, kommentierte Schrempp beschönigend.

Runde eins endete als Punktsieg für die Mitsubishi-Skeptiker, entschieden aber war noch nichts.

*

22. April 2004. Showdown im großen Aufsichtsratssaal. Wieder saßen sie sich gegenüber, diesmal im großen Ring von Vorstand und Aufsichtsrat. Wieder wollte Jürgen Schrempp »weiter verhandeln« und war letztlich wohl auch bereit, weitere Finanzhilfen für Mitsubishi locker zu machen.

Jeder einzelne wurde mit der Frage in die Mangel genommen, zu welcher Option er tendiere. Wieder spielte Bernhard den bösen Buben – diesmal allerdings fand der designierte Mercedes-Vorstand deutliche Worte und entzog Schrempps Argumentation den Boden. Die vom Daimler-Boss häufig vorgebrachte Behauptung, über die enge Kooperation von Chrysler und Mitsubishi seien Synergieeffekte und damit Einsparungen zu realisieren, wischte Chrysler-Manager Bernhard vom Tisch: Chrysler käme auch ohne Mitsubishi zurecht. Als zweiter Mann unter Chrysler-Chef Dieter Zetsche hatte seine Stimme an diesem Punkt besonderes Gewicht.

Bernhards offener Widerstand gegen seinen Ziehvater Schrempp erinnerte daran, wie der zehn Jahre zuvor gegen Reuter aufgetreten war. Das Ergebnis damals: Nicht Reuter wurde Aufsichtsratschef, sondern Kopper, Vorsitzender seit 1990, blieb in der Position. Nun hatte Bernhard den Bann gebrochen und den anderen Vorständen den Weg bereitet, die sich ebenfalls mit kritischen Beiträgen zu Wort meldeten.

Hilmar Kopper intervenierte: So gehe das nicht. Offerierte der Vorstand dem Aufsichtsrat üblicherweise abgestimmte Vorschläge, so präsentierte sich die Führungscrew diesmal uneins. Kurzer Hand schickte der Aufsichtsratschef die Vorstände aus dem Saal. Im Besprechungszimmer des Vorstands kam es zum finalen Fight. Auch wenn Schrempp angesichts der Mehrheitsverhältnisse eine Abstimmung vermied, waren die Fronten doch eindeutig: Auf der einen Seite votierten die Schrempp-Getreuen Eckhard Cordes und Rüdiger Grube mit ihrem Boss, auf der anderen Seite signalisierten die anderen acht Vorstände Ablehnung.

Wer Schrempp näher kennt, weiß, wie aufbrausend er sein kann. Von Japan wolle er nichts mehr hören, das Wort nehme er nicht mehr in den Mund, moserte Schrempp, und erklärte außerdem, er stünde dem Präsidialausschuss für persönliche Gespräche zur Verfügung.

Der Präsidialausschuss ist ein vierköpfiger Aufsichtsratsausschuss, in dem Hilmar Kopper, der Daimler-Aufsichtsratschef, Erich Klemm, der Daimler-Konzern- und -Gesamtbetriebsratschef, Dr. Manfred Schneider, der Vorsitzende des Aufsichtsrats der Bayer AG, und Dr. Thomas Klebe, Leiter des Funktionsbereichs Betriebs- und Mitbestimmungspolitik der IG Metall Frankfurt, über das Wohl und Wehe der Vorstände entscheiden. Sie wären diejenigen, die über ein Rücktrittsgesuch von Schrempp zu befinden hätten.

Schrempp wird dieser Tag wohl für immer in Erinnerung bleiben. Eine solche Niederlage dürfte er noch nicht erlebt haben. In all den Jahren war klar gewesen, dass Kritik erlaubt war, so lange sie sich im Rahmen der Schremppschen Welt-AG-Ordnung bewegte. Mit den fehlenden Mitsubishi-Milliarden aber wurde der Dreibeiner Daimler-Chrysler-Mitsubishi zum Zweibeiner, wurde der von Schrempp so hoch gelobte asiatische Markt zum Daimler-Entwicklungskontinent. »Der Machtmensch Schrempp, der es bislang wie kein Zweiter verstand, seine Position abzusichern, stand plötzlich ohne Hemd und Hose da«, kommentierte der *Spiegel* süffisant.

*

Angesichts einer solch schmerzhaften Niederlage hätten andere wohl das Handtuch geworfen. Schrempp aber kämpfte. Ihm war es in seiner Karriere noch immer gelungen, offensichtliche Niederlagen in scheinbare Siege umzumünzen. Diesmal wählte er die Flucht nach vorn. Diametral entgegengesetzt zu seiner zuvor geäußerten Meinung, unterbreitete er jetzt höchstpersönlich den Vorschlag, dem Patienten Mitsubishi keine weiteren Finanzspritzen mehr zu verabreichen – und fand die Unterstützung der Mehrheit dafür.

Ob diese radikale Kehrtwende nun taktischem Geschick oder fehlendem Rückgrat zu verdanken war – auf jeden Fall drehten die Daimler-Vorstände und -Aufsichtsräte – endlich – der japanischen Wertvernichtungsmaschine den Geldhahn zu, die »strategische Allianz« allerdings sollte fortgeführt werden. »Die Projekte laufen weiter, und die Zusammenarbeit wird – von beiden Seiten so gewollt – freundschaftlich und konstruktiv fortgesetzt«, formulierte Schrempp medial verträglich. »Wir haben uns also nicht von Mitsubishi verabschiedet.«

Einen Vorteil allerdings hatte die gewonnene Niederlage: Fortan konnte sich der Freiburger bei Vorwürfen als Vorzeigevorsitzender präsentieren. »Man hat mir fälschlicherweise manchmal unterstellt, dass ich andere Meinungen nicht zulasse«, sagte Schrempp zwei Wochen nach der Vorstandssitzung. Doch seine Kollegen würden sich »ihre eigene Meinung« bilden, die nicht die seine sein müsse; für deren Argumente sei er »offen«, erklärte der Daimler-Demokrat. Tatsache sei, »dass der Vorschlag für die Entscheidung des Aufsichtsrats, Mitsubishi keine weiteren finanziellen Mittel zur Verfügung zu stellen, dann von mir eingebracht wurde«. Schrempp verstand die ganze Aufregung nicht. Seine Strategie habe vier Säulen: die globale Präsenz in den wichtigen Märkten, die Technologieführerschaft, zudem eine umfassende Produktpalette sowie starke Marken. Bei »all diesen Säulen sind wir gut vorangekommen«. Er sehe »nicht, wo diese Strategie wankt«. Insgesamt sei alles »ein höchst akzeptabler Vorgang«.

Wer die Vorgänge in der alles entscheidenden Vorstandssitzung am 22. April nicht kannte, hätte ihm allen Ernstes Gauben schenken können. So aber war Schrempps Argumentation leicht als Spiegelfechterei zu erkennen.

*

Erstmals hatte der ansonsten ergebene Aufsichtsrat dem Vorstandsvorsitzenden die Gefolgschaft verweigert. In der folgenden Presseerklärung fand sich der alles entscheidende Satz: »Vorstand und Aufsichtsrat haben beschlossen, an der von der Mitsubishi Motors Corporation geplanten Kapitalerhöhung nicht teilzunehmen sowie die weitere finanzielle Unterstützung einzustellen.«

Nach dem von ihm erst abgelehnten und dann selbst eingebrachten Beschluss, auf weitere Milliardenzuwendungen für Mitsubishi zu verzichten, hatte der Daimler-Chef mit den Verantwortlichen in Tokio telefoniert. »Unser Verhältnis ist nach wie vor sehr gut. Beide Seiten wollen die Partnerschaft fortsetzen«, berichtete Schrempp anschließend. Kein Wort von Enttäuschung und Missstimmigkeiten mit dem Mitsubishi-Management.

In der Analystenkonferenz am 23. April 2004 musste Finanzvorstand Manfred Gentz seinen Kopf für den Mann hinhalten, der an diesem Tag – aus welchen Gründen auch immer – für

Fragen nicht zur Verfügung stand. Dabei stand Gentz auf der Auslaufliste ganz oben, sein Vertrag sollte nicht verlängert werden. »Schrempp hat gekniffen«, wurde dem Daimler-Chef in Wirtschaftskreisen vorgeworfen.

*

Am Donnerstag, dem 29. April, trafen sich die Aufsichtsräte in New York zu ihrer dritten Sitzung in diesem Monat. Auf der Agenda standen die zwischenzeitliche Entwicklung beim Dauerpatienten Mitsubishi, die Probleme mit Hyundai sowie Vorstandspersonalien.

Im Vorfeld des Treffens der Konzernkontrolleure war weithin über Schrempps bevorstehenden Rücktritt spekuliert worden. Warum aber sollte Schrempp zurücktreten, wo er doch einen Sieg über sich selbst errungen und die Milliardenzuwendungen an Mitsubishi gestoppt hatte? Angesichts der Meldungen in den Medien sahen sich die Aufsichtsräte sogar genötigt, eine Klarstellung zu publizieren: »Vor dem Hintergrund der aktuellen Berichterstattung hielt es der Aufsichtsrat für geboten, in seiner heutigen Sitzung erneut deutlich zu machen, dass er die strategische Ausrichtung des Unternehmens in vollem Umfang mitträgt.« Zugleich habe er »seine volle Unterstützung für den Vorstandsvorsitzenden Jürgen Schrempp und dessen Kollegen im Vorstand bekräftigt«.

Letztlich mutierte die vermeintliche Krisensitzung zum Solidaritätstreffen für Schrempp, der damit weiterhin das Geld der Aktionäre vernichten durfte. An diesem Tag definierten die Aufsichtsräte auch die Bedingungen einer Beendigung des Nutzfahrzeug-Joint-Ventures und des damit im Zusammenhang stehenden Motoren-Joint-Ventures mit Hyundai. Im Grundsatz, so der offizielle Sprachgebrauch, stimmten die Konzernkontrolleure dem Verkauf der Hyundai-Anteile zu.

Die Sensation des Tages aber war die Ankündigung, dass der designierte Mercedes-Chef Wolfgang Bernhard den Konzern verlassen werde. Den wahren Grund seines Ausscheidens, nur zwei Tage bevor er sein Amt als neuer Vorsitzender der Mercedes Car Group antreten sollte, wollte keiner so richtig eingestehen: Bernhard hatte bei verschiedenen Situationen gewagt, sich mit den Arbeitnehmervertretern im Aufsichtsrat, dem noch amtierenden Mercedes-Chef Hubbert und sogar mit dem Vorstandsvorsitzenden anzulegen. So gesehen war seine Freistellung nur konsequent.

*

Eines muss man ihm lassen: Während sich die Wirtschaftswelt den Kopf darüber zerbrach, ob Schrempp die Aufsichtsratssitzung in New York als Vorstandsvorsitzender überleben würde, jettete der Daimler-Chef nach China. Dort verhandelte er über weitere Gemeinschaftsunternehmen im Pkw-, Transporter- und Nutzfahrzeugbereich. Geplant war ein Markteinstieg auf breiter Front, wie DaimlerChrysler verlautbaren ließ.

*

»Die Bündelung des China-Geschäfts garantiert einen geschlossenen und einheitlichen Konzernauftritt in der Region sowie profitables Wachstum.«

Professor h. c. Jürgen E. Schrempp im September 2004

Das China-Desaster

Die Geschichte von Daimler-Benz bzw. DaimlerChrysler in China ist die eines langjährigen, in fast allen Fällen gescheiterten Bemühens. Schon seit der Vorstandschaft Edzard Reuters bemühten sich die Stuttgarter Autobauer um die Eroberung des Massenmarkts, doch es ging nur schleppend bis gar nicht voran: Reuters Familienauto wurde nie realisiert, die Lizenz zum Bau von Oberklasselimousinen wurde General Motors zugesprochen, die angelaufene Busproduktion brach mangels Vertrieb zusammen, die Gespräche über schwere Lastwagen wurden abgebrochen. »Benz verkauft seit 1936 Pkw in China, im letzten Jahr über 9000 Fahrzeuge«, hatte Schrempp im Juni 2004 erklärt – bezogen auf einen Markt von mehr als einer Milliarde Menschen.

Der Druck, endlich Verkaufserfolge vorweisen zu können, wuchs. Schrempp übertrug im Herbst 2004 mit Rüdiger Grube, Vorstand für Konzernentwicklung, einem engen Vertrauten die Verantwortung für alle China-Aktivitäten des Stuttgarter Autokonzerns. Die Bündelung der Aktivitäten in China garantiere einen einheitlichen Konzernauftritt in der Region und »profitables Wachstum«.

Als Daimler-Vertreter im Beisein des chinesischen Ministerpräsidenten Wen Jiabao und von Bundeskanzler Gerhard Schröder im Dezember 2004 einen Vertrag über die Produktion von Limousinen der C- und E-Klasse unterzeichneten, jubelte Schrempp: »Jetzt bauen wir eine Autofabrik auf, in der ab Ende 2005 zwischen 25 000 und 30 000 Pkw pro Jahr gebaut werden.« Damit wolle DaimlerChrysler seine »Spitzenposition im Premiumsegment ausbauen«.

Die Realität sah – wieder mal – anders aus: Der Starttermin zur Produktion musste verschoben werden, überhaupt würde DaimlerChrysler der Einstieg in den Zukunftsmarkt China als Letzter von den Großen der Autobranche gelingen – *falls* er gelingt. Den Durchbruch soll das Gemeinschaftsunternehmen Beijing Benz DaimlerChrysler Automotive bringen, an dem die Stuttgarter nach einer Aufstokkung der Anteile im August 2005 mit 50 Prozent beteiligt sind. Partner ist die Beijing Automotive Industry Company (BAIC), das Kapazitätsvolumen beläuft sich auf 80 000 bis 100 000 Fahrzeuge pro Jahr.

»Profitables Wachstum« hatte Schrempp im September 2004 versprochen, das jedoch konnten vor allem andere vorweisen: Ausgerechnet die Hyundai Motor Company, von deren Anteilen sich DaimlerChrysler im gleichen Jahr getrennt hatte, avancierte Anfang 2005 zum Marktführer in China.

Mai 2004. Mit den Beschlüssen von Vorstand und Aufsichtsrat war der Rückzug von DaimlerChrysler bei Mitsubishi Motors besiegelt. Ende April hatte Rolf Eckrodt seinen Platz für den neuen Vorstandschef Yoichiro Okazaki geräumt. Mit der Reduzierung des Aktienanteils von 37,3 auf 22 Prozent verlor Daimler nicht nur sein Vetorecht, sondern konnte auch keine Vertreter mehr in den Vorstand entsenden.

Für 2003/2004 musste Mitsubishi Motors einen Verlust von 1,6 Milliarden Euro verbuchen, für das laufende Geschäftsjahr wurden weitere 1,7 Milliarden Euro prognostiziert. Die dringend benötigte Finanzspritze in Höhe von rund 4 Milliarden Euro sollte zu 60 Prozent von Unternehmen der Mitsubishi-Gruppe aufgebracht werden, der Rest von Finanzinvestoren. Kernpunkte des Rettungsplans waren Arbeitsplatzabbau und Werksschließungen. Bis 2006 sollten wieder schwarze Zahlen geschrieben werden.

»Das Mitsubishi-Engagement von DaimlerChrysler wirkt hilflos«, urteilte der Automobilexperte Ferdinand Dudenhöffer, Professor für Marketing und Unternehmensführung im Fachbereich Wirtschaftsingenieurwesen / Automobilwirtschaft an der Fachhochschule Gelsenkirchen. Sein Vorwurf: »Man wartet ab, was passiert.« Kein Wunder also, dass es bereits Ende 2004 schon wieder einen neuen Rettungsplan geben sollte. Mitsubishi kämpfte ums Überleben.

*

Die Niederlage im Vorstand hinterließ ihre Spuren. Auffällig war, dass mit Wolfgang Bernhard, Manfred Gentz und Jürgen Hubbert gleich drei aus der Anti-Schrempp-Fraktion das Unternehmen verlassen mussten. Bernhard setzte seine Karriere nach dem Aufsichtsratsbeschluss vom 29. April 2004 bei der Volkswagen AG fort. Der Vertrag von Gentz, dem letzten Mohikaner aus dem alten Reuter-Vorstand, wurde nicht verlängert, so dass er zum Jahresende 2004 gehen durfte. Und selbst »Mister Mercedes« Jürgen Hubbert kam unter die Räder.

»Er ist ein Mann, der Herausforderungen in Erfolge umwandelt«, hatte Schrempp einst lobende Worte für den Mercedes-Manager gefunden. Bis zu seinem letzten Arbeitstag im Frühjahr 2005 jedoch hatte sich der Wind gedreht. Dabei hatte Schrempp den Westfalen zwei Jahre zuvor noch zur Vertragsverlängerung gedrängt. Mit seinem Votum gegen weitere Milliardenzuwendungen an Mitsubishi Motors aber war Hubbert auf dem Schremppschen Schachbrett wohl von Weiß zu Schwarz gewechselt.

In seiner Rede auf der Hauptversammlung am 6. April 2005, Hubberts letztem Arbeitstag im Konzern, fand Schrempp kein Wort des Dankes für seinen langjährigen Wegbegleiter, dessen Erfolge unstrittig waren. Einzig Aufsichtsratschef Hilmar Kopper dankte dem langjährigen Mercedes-Chef öffentlich für dessen Lebenswerk. Jürgen Hubbert erhob sich auf dem Podium und verbeugte sich kurz, seine Miene blieb ausdruckslos.

*

Mitsubishi hatte Schrempp von seiner zweiten Shoppingtour mitgebracht, zu der er nach dem Chrysler-Deal mit gut gefüllter Geldbörse aufgebrochen war. Zuerst hatte er sich in der Beletage der japanischen Autobauer umgeschaut, wo er Nissan entdeckte – und den Erwerb verpasste. Nissan entwickelte sich zu einem florierenden Unternehmen. Danach nahm er die Rolltreppe abwärts und fand Ersatz in der Abteilung für marode Fahrzeugkonzerne mit hohen Schuldenbergen. Hier kaufte er für 2,2 Milliarden Euro eine Beteiligung an einer Konzernklitsche namens Mitsubishi Motors, fuhr damit zur nächstbesten Lackiererei und ließ seine Schrottkarren in schönstem Schein besprühen. Den Aktionären sowie der Weltpresse verkaufte er die Beteiligung als die Allianz zweier »klarer Gewinner«.

Zwischenzeitlich versuchte der Daimler-Chef die schlechten Mitsubishi-Verkaufszahlen in Japan gegen die sehr guten in den USA aufzurechnen. Motto: »Das Amerikageschäft läuft sehr gut.« Doch was 2002 galt, war 2004 schon passé. Da nämlich musste Schrempp eingestehen: »Probleme bereiten die hohe Verschuldung und der Absatzeinbruch im Pkw-Geschäft in den USA.«

Auch ein anderes Versprechen ging gründlich daneben: In den Märkten der ASEAN-Staaten »werden wir überproportional wachsen«, hatte Schrempp im März 2000 vollmundig verkündet. DaimlerChrysler habe sich »ein Umsatzziel von über 20 Prozent in Asien vorgenommen. Das haben wir jetzt fast erreicht.«

Die Entwicklung sollte anders verlaufen. In diesen Märkten schrumpfte der DaimlerChrysler-Anteil und lag im Jahr 2004 gerade mal noch bei mageren 8 Prozent. Auf Fehleinschätzungen folgten Fehleinschätzungen, auf uneingelöste Versprechungen folgten uneingelöste Versprechungen. Im November 2005 beendete DaimlerChrysler endgültig die Beteiligung bei Mitsubishi und verkaufte den 12,4-prozentigen Anteil an die US-Finanzgruppe Goldmann Sachs.

*

Gehalten hat die Drittel-Allianz mit Mitsubishi Motors von der Ankündigung im März 2000 bis zur Verweigerung weiterer Milliardensubventionen im April 2004 vier Jahre. In der Politik können Versager nach vier Jahren abgewählt werden, im Daimler-Konzern hat Schrempp anderthalb Jahrzehnte lang den Schutz der Aufsichtsräte und des Großkapitals genossen.

Spätestens mit den Vorstands- und Aufsichtsratsentscheidungen vom April 2004 hätte Schrempp entlassen werden müssen, denn seine Vision der Welt AG war wie eine Seifenblase zerplatzt. Und mit ihm hätte Hilmar Kopper gehen müssen, der zur selben Zeit verkündete, dass ihn der Vorstandsvorsitzende »in regelmäßigen Einzelgesprächen über alle essentiellen Entwicklungen und anstehenden Entscheidungen in Kenntnis« gesetzt habe. Mit anderen Worten: Der Aufsichtsratsvorsitzende hatte alles gewusst, alles mitgetragen, alles gedeckt – und folglich alles mitzuverantworten.

Teil II:
Das Produkt-Desaster

drei
Das Mercedes-Desaster

»Die Automobile mit dem Stern bleiben einzigartig. Es bleibt unser Prinzip: Qualität geht vor Quantität.«
Jürgen E. Schrempp bei der Außerordentlichen Fusionshauptversammlung am 18. September 1998

Das Qualitäts-Desaster

Seit Jahrzehnten galten die Fahrzeuge von Mercedes als Inbegriff allerbester Qualität. Dieses Image sollte bei der Übernahme der Chrysler Corporation, einem Massenproduzenten für Mittelklassefahrzeuge, nicht aufs Spiel gesetzt werden. »Wir wollen auf den Gebieten der Kundenorientierung, Innovation, Technologie und Qualität die Besten sein«, erklärten die Vorstandsvorsitzenden Jürgen E. Schrempp und Robert J. Eaton in dem Bemühen, jeglichen Bedenken hinsichtlich möglicher Qualitätsverluste vorzubeugen.

Schrempp überschlug sich schier bei seinen Versprechungen: »Meine Damen und Herren, ›Made by Daimler-Benz‹ steht heute nicht nur für die besten Autos, Flugzeuge und Verkehrs- und Transportsysteme, sondern ist Ausweis für Qualität und gesellschaftliche Verantwortung – weltweit. Dies wird auch für ›Made by DaimlerChrysler‹ gelten.« Bei allem, »was wir tun, haben Identität, Schutz und Erhalt der Marken für uns oberste Priorität«, verkündete der Daimler-Chef und betonte: »Das gilt besonders für Mercedes-Benz. Die Automobile mit dem Stern bleiben einzigartig.« Das Prinzip bleibe: »Qualität geht vor Quantität. Mögliche Synergien müssen sich diesem Kriterium unterordnen.« Die Aktionäre spendeten tosenden Applaus. Das war 1998.

*

Auch im Jahr darauf ließ Schrempp seine Aktionärinnen und Aktionäre wissen, dass DaimlerChrysler seine »Kunden mit herausragenden Produkten begeistern« wolle und »mit Produkten und Prozessen Maßstäbe in Kundenorientierung, Innovation, Umweltschutz, Qualität, Sicherheit, Design und Profitabilität« setze. Als das neue Jahrtausend angebrochen war, versprach der Daimler-Chef: »Mit unseren hohen Investitionen in die Zukunft werden die erstklassigen Fahrzeuge unseres Hauses immer die Spitzenposition einnehmen.« Dank dieses Qualitätsbewusstseins habe DaimlerChrysler »einen gewaltigen Kundenstamm – über 46 Millionen«. Der Konzern verfüge über »Kunden mit der höchsten Markenloyalität der Welt: Acht von zehn Kunden kaufen auch beim nächsten Mal ein Auto mit dem Stern – und das alle drei bis vier Jahre«, so Schrempp auf der Hauptversammlung im April 2000.

Zwei Jahre danach ließ Jürgen E. Schrempp die Autowelt wissen, dass »das Qualitätsimage von Mercedes-Benz nach wie vor außerordentlich gut« sei. Der Autokonzern sei »führend bei Qualität und Image«. Beim alljährlichen Aktionärstreff 2003 freute sich Schrempp über »ein starkes und attraktives Markenportfolio«. Die Mercedes-Kunden »wollen sich mit ihrer Marke identifizieren. Wie können wir ihnen diesen Wunsch erfüllen? Wir bieten unseren Kunden das Beste an Innovation, Design, Sicherheit, Qualität, Service und – nicht zuletzt – pure Freude, ein Produkt aus unserem Haus zu fahren. Mercedes-Benz ist heute die wertvollste Automobilmarke der Welt.«

Im Jahr 2004 erläuterte Jürgen E. Schrempp auf der Hauptversammlung, dass die Lebenszyklen der Fahrzeuge und Aggregate über alle Marken aufeinander abgestimmt und die Produktionsverfahren standardisiert würden, »um gleichzeitig die Qualität zu steigern und die Kosten zu senken«. Ganz besonders freute sich der Freiburger über Mercedes-Benz als die, noch immer, »wertvollste Automobilmarke der Welt«. In geschwollenen Worten sagte Schrempp: »Dieses Juwel zu schützen hat für uns allerhöchste Priorität. Der Stern kann deshalb strahlen, weil er sich in unserem Konzernverbund auf das konzentrieren kann, wofür er steht: Premium.«

Aber obwohl dieses Juwel die allerhöchste Priorität hatte und die Qualität der Mercedes-Fahrzeuge so wunderbar geregelt war, musste der Daimler-Konzern, beginnend im Frühjahr 2005, die größte und teuerste Rückrufaktion seiner über hundertjährigen Firmengeschichte durchführen.

*

Ende März 2005 sah sich DaimlerChrysler gezwungen, sage und schreibe 1,3 Millionen Fahrzeuge fast aller Mercedes-Klassen der Baureihen vom Juni 2001 bis zum November 2004 in die Werkstätten zurück zu beordern. Was den Kunden der Mercedes Car Group als »Qualitätsoffensive« verkauft wurde, war nichts anderes als das dramatische Eingeständnis, massenhaft mangelhafte Automobile auf den Markt gebracht zu haben. Grund dieser historisch einmaligen Rückrufaktion waren Fehler bei der Software und im Bereich der Bremsen. Je nach Fahrzeugtyp musste die fehlerhafte Software für die Batteriesteuerung und die Sicherung von Kabelanlagen für die Bremsanlage überprüft werden.

Experten bezifferten die Kosten dieses Rückrufs mit weit mehr als 400 Millionen Euro. Diese waren in den Rückstellungsposten enthalten, die sich gegenüber dem Vorjahr auf 454 Millionen Euro deutlich erhöht hatten. Damit entsprachen die Kosten allein dieser Rückrufaktion nahezu denen, die den Arbeitnehmern 2004 in harten Verhandlungen vom Konzern abgerungen worden waren.

Einer Umfrage unter deutschen Autohändlern zufolge, die von der Forschungsstelle Automobilwirtschaft durchgeführt worden war, wurden Mercedes massive »Qualitätsschwierigkeiten« bescheinigt. Von sechsundzwanzig bewerteten Automarken schnitten Renault und Mercedes am schlechtesten ab. Dabei konnten die eklatanten Qualitätsmängel nur zum Teil der Robert Bosch GmbH als Daimler-Zulieferer angelastet werden. So waren zwar deren Diesel-Einspritzpumpen fehlerhaft gewesen, was die Auslieferung neuer Fahrzeuge verzögerte. Doch für die Materialeingangsprüfung zeichnete nicht Bosch, sondern DaimlerChrysler selbst verantwortlich. Das Gerlinger Unternehmen verwies zudem darauf, dass die Bremsanlagen eine gemeinsame Entwicklung mit Daimler seien und man nur Einzelteile geliefert habe.

Die Daimler-Kommunikationsabteilung reagierte mit Beschwichtigungsparolen: Die Fahrzeugsicherheit sei »niemals beeinträchtigt« gewesen, die »Qualitätsprobleme« würden durch eine Angleichung an den neuesten Stand der Technik behoben. Wer aber wollte derlei Verlautbarungen Glauben schenken, nachdem die Ereignisse eine andere Sprache sprachen? Bereits im Mai 2004 hatte die DaimlerChrysler AG rund 650 000 Fahrzeuge wegen der Mängel am Bremssystem in die Werkstätten zurück bestellen müssen. Anfang 2005 war eine zweite Rückrufaktion für Dieselautos gefolgt, diesmal wegen fehlerhafter Einspritzpumpen. Und jetzt lief gerade die größte Rückrufaktion aller Zeiten.

Im Januar 2005 erklärte der neue Mercedes-Chef Eckhard Cordes das Qualitäts-Desaster zur Chefsache. Er fühle sich »dafür persönlich verantwortlich, dass dieses Qualitätsversprechen eingehalten« werde. Gleichzeitig hatte er beruhigende Nachrichten: »Die Autos, die heute aus den Fabriken kommen, erfüllen unsere Qualitätsansprüche voll und ganz«, denn in den vergangenen Jahren habe man »schon erfolgreich an diesem Thema gearbeitet«. Bei DaimlerChrysler habe man »das Problem erkannt und begonnen, es zu beseitigen«. Einen Monat danach gestand Mister Mercedes schon kleinlauter ein: »Es gibt da draußen ein paar Fahrzeuge, die nicht unseren Qualitätsanforderungen entsprechen.« Voll auf Schrempp-Linie, ließ Cordes die Mercedes-Kunden erneut wissen: »Aber alle Wagen, die derzeit die Werke verlassen, entsprechen den Vorgaben.« Pech nur, dass sich »da draußen« mehr als eine Million Mercedes-Kunden mit »ein paar« dieser Fahrzeuge herumschlagen mussten.

Jürgen E. Schrempp selbst blies ins gleiche Horn und erklärte Mitte März, in der laufenden Produktion seien die Qualitätsprobleme bei Mercedes kein Thema mehr: »Die Autos, die heute aus der Fabrik kommen, haben die beste Qualität, die es bei Mercedes je gab.« Cordes widersprach derweil Vorwürfen, Mercedes sei ein Sanierungsfall. »Die Mercedes Car Group ist kein Turnaround-Fall. Im Gegenteil: Wir haben letztes Jahr einen Operating Profit von 1,7 Milliarden Euro erzielt und die Jahre davor nahezu das Doppelte. Die Substanz ist stark, die Produkte sind hervorragend«, und »die Qualität haben wir bereits im Griff«.

*

Jahrelang hatte Schrempp seinen Aktionären auf den Hauptversammlungen erzählt, Mercedes setze »Maßstäbe in Qualität«, »Qualität geht vor Quantität«, das Qualitätsimage von Mercedes-Benz sei »außerordentlich gut« und so weiter und sofort. So auch bei der Hauptversammlung am 6. April 2005. Die Qualität sei »eine der Stärken, die Mercedes-Benz groß gemacht haben«, sinnierte Schrempp just zu dem Zeitpunkt, da mehr als eine Million Mercedes-Automobile in die Werkstätten zurück gerufen werden mussten. Zwar habe es »in der jüngeren Vergangenheit bei einzelnen Modellreihen Beanstandungen« gegeben, speziell im hochkomplexen Elektronikbereich. Aber »diese Fahrzeuge im Markt bringen wir in Ordnung – umfassend und kulant«. Natürlich koste das Geld, »aber wir sind uns sicher, dass es gut angelegt ist«. Aus seiner Sicht ließ sich das leicht sagen, denn er sprach vom Geld der Aktionäre und nicht von seinem Gehalt.

Was folgte, war die Leier der letzten Jahre. Das Ergebnis der »Qualitätsoffensive« lasse sich sehen, denn »nach unseren eigenen, strengen Messgrößen haben wir in den letzten drei Jahren die Qualität um 50 Prozent verbessert. Oder anders ausgedrückt: Was heute die Werke verlässt, hat die beste Qualität, die wir bei Mercedes-Benz je gemessen haben.« Sein Ziel bleibe, »Mercedes-Benz wieder auf Spitzenniveau bei Qualität zu führen – und dies natürlich so schnell wie möglich«.

Wer sich als gutgläubiger Aktionär in all den Jahren seit der Chrysler-Übernahme auf Schrempps Versprechungen verlassen hatte, musste sich wundern, warum der Konzern jetzt plötzlich auf das Spitzenniveau zurückgeführt werden musste. Laut Schrempp hatte der Konzern doch immer Spitzenniveau gehabt, oder nicht?

Das Qualitätsdebakel drohte sich zu einer erheblichen Gefährdung für den Konzern auszuwachsen. Denn wie wollte man den Kunden klarmachen, dass sie sich für teures Geld qualitätsgeminderte Fahrzeuge von Mercedes kaufen sollten? So lange der Vorstandsvorsitzende die Sache schönredete, so lange war der Druck zur Problembehebung offenbar nicht groß genug.

Die Frage nach Schrempps Verantwortung stellte sich auch auf einer zweiten Ebene: Die Milliarden, die der Daimler-Chef zur Verwirklichung seines Traums von der Welt AG für Chrysler und Mitsubishi verpulverte, fehlten bei der Mercedes Car Group. Dort war der Druck zur Rationalisierung und zum Arbeitsplatzabbau immens, zugleich wurde die Preisschraube bei den Zulieferbetrieben angezogen.

Während DaimlerChrysler die Managerfantasien finanzierte, hatte man die Fahrzeugqualität vernachlässigt. Das Ergebnis des Qualitäts-Desasters offenbarte sich im Frühjahr 2005. Letztlich waren ein offenbar von seiner Vision getriebener Vorstandsvorsitzender und der Aufsichtsratschef dafür verantwortlich, der die Kontrolle hatte schleifen lassen. Am Ende war die Mercedes Car Group, in der Vergangenheit der gesunde Kern einer kranken Welt AG, selbst zum Problemfall geworden. Betroffen war die gesamte Pkw-Palette: vom Smart über die E- und die alte S-Klasse bis zum Flaggschiff Maybach – ein Fahrzeugtyp neben dem anderen kämpfte um Kunden und hatte dabei oft genug das Nachsehen.

*

Im Sommer 2005 platzte die nächste Alarmmeldung ins Haus: In puncto Kundenzufriedenheit, Markenimage, Techniktrends und Produktqualität hatte der Hauptkonkurrent BMW Mercedes von der Spitzenposition verdrängt, so das Ergebnis der Markenuntersuchung des ADAC und des Center Automotive Research (CAR) der Fachhochschule Gelsenkirchen. Demnach war BMW vom Dezember 2004 bis Juni 2005 vom zweiten auf den ersten Platz vorgefahren, während Mercedes vom ersten auf den dritten Platz herunter gebremst und sogar noch von Audi überholt worden war.

BMW überzeugte »durch systematische Verbesserungen in wichtigen Variablen«, so CAR-Direktor Ferdinand Dudenhöffer. Die Mercedes-Mängelliste war lang und weithin bekannt: Rückrufaktionen, Verschlechterung der Werbewirkung und vieles andere mehr. Autopapst Dudenhöffer bilanzierte zugunsten der Bayern: BMW habe »in den letzten sechs Monaten einen klaren Vorsprung vor Mercedes herausgefahren«. Gratulation nach München.

*

»Wir sind von einer Entwicklung überrollt worden,
die so nicht antizipierbar war.«
Peter Maahn, Sprecher der DaimlerChrysler AG

Ein Herz für die NPD?

Mercedes war Hyundai los, und Hyundai fuhr ganz gut damit. Ein halbes Jahr nachdem DaimlerChrysler seinen Anteil von 10,5 Prozent an dem südkoreanischen Autobauer abgestoßen hatte, häuften sich die Negativmeldungen für den deutschen Autobauer. Die Hyundai Motor Company konnte derweil einen Erfolg nach dem anderen vermelden: In den ersten beiden Wochen des Jahres 2005 verbuchte das Unternehmen eine fast 15-prozentige Steigerung der Fahrzeugverkäufe gegenüber dem

Vorjahr. Mehr noch: Auf dem größten Automarkt der Welt erzielte Hyundai einen immensen Achtungserfolg: In einer Umfrage unter 810000 Amerikanern hatte das US-Magazin *Consumer Reports* das zuverlässigste Automobil ermittelt: den Hyundai Sonata. Am Ende der Zuverlässigkeitsskala landete Mercedes: Das Schlusslicht bildete die E-Klasse. Kein Wunder, dass die Mercedes-Verkäufe in den USA im Januar und Februar 2005 um 18 Prozent zurückgingen.

Derlei Umfrageergebnisse sprachen eine deutliche Sprache und erklärten, warum die E-Klasse nach den Zuwächsen vergangener Jahre 2004 einen dramatischen Einbruch zu verzeichnen hatte. Bis 2003 waren die Verkäufe auf 305000 Fahrzeuge angestiegen, 2004 erfolgte ein Rückgang um 4 Prozent auf 294000 Autos, die E-Klasse-Verkäufe gerieten ins Stocken. Womöglich aus diesem Grund entschloss man sich bei der DaimlerChrysler AG, neue Kundenkreise zu erschließen, und scheute dabei selbst solche nicht, die lautstark gegen Großkonzerne agitierten.

*

Zum Kreis erlauchter E-Klasse-Kunden zählten ein ganzes Jahr lang Parlamentarier der NPD. Am 19. September 2004 waren die Rechtsradikalen mit einem 9,2prozentigen Stimmenanteil erstmals in den sächsischen Landtag eingezogen, wo sich deren Fraktionsvorsitzender Holger Apfel sogleich mit Erfolg bemühte, dem Ruf seiner Partei gerecht zu werden. In einem Schreiben an die »lieben Landsleute« erklärte Apfel – laut *Spiegel* »Deutschlands prominentester Rechter« –, seine Partei werde sich mit Nachdruck dafür stark machen, dass »endlich Politik für die Menschen in unserem Land und nicht für internationale Großkonzerne« gemacht werde. Auch verbal kannte Apfel keine Grenzen: Die PDS beschimpfte er als »Rotfaschisten« und den CDU-Innenminister Thomas de Maizière titulierte er indirekt als »Arschloch«. Derlei Fauxpas ramponierten den Ruf der Rechtsradikalen erst so richtig, so dass Apfel alsbald eine »gesellschaftliche Pogromstimmung« gegen sich und seine Mannen witterte.

Im Wahlkampf hatte die NPD vor allem mit einem Thema punkten können: Vehement wetterte die Partei gegen Sozialabbau durch »Verelendungsprogramme« und forderte die »Quittung für Hartz IV«. Nach der gewonnenen Landtagswahl aber wollte die Führungsspitze bei ihren Touren durch das sächsische Reich nicht selbst unter Verelendung leiden. So klopfte man in Ingolstadt, München und Stuttgart an und erkundigte sich nach der preisgünstigsten Leasing-Limousine. »Wichtig war, dass das Auto in Deutschland hergestellt wird«, ließen die so genannten Nationaldemokraten in einer Erklärung verlautbaren, denn für sie gelte der Grundsatz: »Deutsches Geld für Deutsche!«

*

Die E-Klasse 220 CDI – das Fahrzeug der sächsischen NPD-Spitze

In der Grundversion kostet die E-Klasse 220 CDI von Mercedes-Benz mit einem Leistungsvermögen von 110 kW (150 PS) und einem mechanischen 6-Gang-Getriebe 38 570 Euro. »Entspannt fahren und ausgeruht ankommen – die E-Klasse-Limousine macht es Ihnen leicht, auch auf langen Strecken das Wichtigste nicht aus den Augen zu verlieren: sich selbst«, preist die Firmenwerbung die Vier-Zylinder-Limousine an. »Die elegante Innenausstattung designo [...] kombiniert die Schönheit seidig matt lackierter Hölzer mit Lederpolstern und kühlen Metalltönen und ist für alle E-Klasse-Limousine-Modelle erhältlich.«

In der Serienausstattung inbegriffen sind unter anderem elektrisch einstellbare beheizte Außenspiegel, eine Außentemperaturanzeige, fünffach Kopfstützen, im Fond elektrisch abklappbar, die mechanisch längs- und höhenverstellbare Lenksäule, das Multifunktions-Lenkrad, ein Radio Audio 20 CD mit Telefontastatur, neun Lautsprechern, die in der Heckscheibe integrierte Radioantenne, beheizte Scheibenwaschdüsen, beheizte Scheibenwischer als Aerowischer ausgeführt, mit Wisch-/Tippfunktion und Regensensor mit stufenloser Intervallregelung, das Sensotronic Brake Control (SBC™), die Serviceintervallanzeige ASSYST PLUS mit Wartungsrechner, die Sitzbelegungserkennung mit Gewichtssensor im Beifahrersitz, der Tempomat mit variabler Geschwindigkeitsbegrenzung Speedtronic, die Wegfahrsperre elektronisch, inkl. Schließsystem ELCODE mit Infrarot-Funk-Fernbedienung und optischer Schließrückmeldung sowie die Zentralverriegelung mit Innenschalter und Crash-Sensor – kurzum alles, was ein »verelendeter« NPD-Funktionär benötigt.

Firmenangaben zur E-Klasse siehe www.mercedes-benz.de

DaimlerChrysler und BMW bemühten sich ernsthaft um den einjährigen Leasingauftrag. Heiß war der Preis, mit dem die Schwaben die Konkurrenz aus Bayern ausstachen: BMW verlangte eine monatliche Leasingrate von 297 Euro brutto pro Fahrzeug, DaimlerChrysler dagegen nur 108,15 Euro für das eine beziehungsweise 109,05 Euro brutto für das andere E-Klasse-Modell. Vier Euro pro Tag waren nicht einmal ein Fünftel dessen, was ein Privatmann für einen E 220 CDI hinblättern musste, und reichten üblicherweise nicht einmal für eine A-Klasse.

Da es den Rechtsaußen erklärtermaßen um »größtmögliche Sparsamkeit« ging, war man sich schnell einig. Im Dezember 2004 erteilte die sächsische NPD-Fraktion der DaimlerChrysler AG den Zuschlag. Fortan durften sich Holger Apfel, NPD-Fraktionschef, und Peter Marx, NPD-Fraktionsgeschäftsführer, in zwei schwarzen E-Klasse-Limousinen durch die »mitteldeutschen« Gaue chauffieren lassen.

*

Als der Deal mit der NPD im Mai 2005 publik wurde, geriet Peter Maahn in Erklärungsnotstand. Der Konzernsprecher suchte mit dem Verweis auf Rahmenabkommen zu retten, was nicht mehr zu retten war: Man habe »mit allen Landtagen Bürgschaften« abgeschlossen, Daimler sei »von einer Entwicklung überrollt worden, die so nicht antizipierbar war«, man sei von der Identität der neuen Kunden überrascht und so weiter und so fort.

Ganz so überraschend konnte es allerdings nicht gewesen sein, denn die Anfrage der NPD hatte bei Daimler auf dem Tisch gelegen, so wie bei BMW und Audi. In Ingolstadt hatte man recht souverän reagiert und das Problem gelöst, indem man die Anfrage einfach in der Ablage liegen ließ. Daimler dagegen hatte sich nach Kräften bemüht, die Konkurrenz zu unterbieten.

Angesichts der heftigen Kritik in den Medien musste man sich bei DaimlerChrysler Gedanken darüber machen, ob man sich weiterhin mit den Braunen im schwarzen Mercedes arrangieren und damit die eher zurückhaltende E-Klasse-Kundschaft weiter verprellen wollte. Der öffentliche Druck und die begrenzte Kaufkraft deutschnationaler Kunden entschieden die Frage schnell. Mit Verweis auf die Observation durch den Verfassungsschutz entschloss man sich zum geordneten Rückzug: Die NPD werde nach Auslaufen der einjährigen Leasingverträge keine neuen Angebote erhalten, hieß es jetzt.

*

Warum hatte es DaimlerChrysler an der gebotenen Sensibilität fehlen lassen und zugunsten eines in wirtschaftlicher Hinsicht noch nicht einmal besonders gewinnträchtigen Geschäfts sogar einen Imageschaden in Kauf genommen? Bei Daimler-

Chrysler gibt es eine so genannte Verhaltensrichtlinie, die auf eine gemeinsame Initiative der Unternehmensleitung in Gestalt von Jürgen E. Schrempp und Günther Fleig sowie der Welt-Arbeitnehmervertretung zurückgeht. Darin wird unter Punkt III das »Verhalten gegenüber Behörden und Amtsträgern« geregelt – allerdings nicht mit Blick auf rechtsradikale Parteien. Vielleicht sollte man diese »Verhaltensrichtlinie« entsprechend ergänzen – schließlich ist nicht auszuschließen, dass rechtsradikale Parteien auch in Zukunft in Landtage einziehen und sich ihren Fuhrpark dann gern ein wenig sponsern lassen würden.

*

»Wir werden einen Markt schaffen,
und wir haben überhaupt keine Zweifel,
dass hier tatsächlich sich ein Markt aufbauen wird.«
Jürgen E. Schrempp im Mai 1995
zum Marktsegment des neuen Smart

Das Smart-Desaster

Am 24. Mai 1995 wurde Jürgen E. Schrempp zum neuen Vorstandsvorsitzenden der Daimler-Benz AG gewählt. Nur zwei Tage danach verkündete der neue Daimler-Chef frohgemut: »Mit dem ›Smart‹ gehen wir in ein Segment des Marktes, das in der Form noch gar nicht existiert. Das heißt, wir werden einen Markt schaffen, und wir haben überhaupt keine Zweifel, dass hier tatsächlich sich ein Markt aufbauen wird.«

Zu diesem Zeitpunkt war nicht im Mindesten klar, ob Daimler-Benz einen automobilen Coup landen und mit dem Smart das Stadtauto schlechthin auf dem Weltmarkt platzieren würde – oder ob es sich um ein wagemutiges, milliardenteures und letztlich zum Scheitern verurteiltes Projekt handelte. Gemeinsam mit dem Smart-Erfinder Nicolas Hayek, der mit der Uhrenmarke Swatch einen Trend gesetzt hatte, wurde die Micro Compact Car GmbH (MCC) zur Entwicklung des neuen Kleinstwagens gegründet.

Im Oktober 1997 erhielt er gewichtige Rückendeckung: Anlässlich der Eröffnung des neuen Smart-Produktionswerks im lothringischen Hambach würdigte Bundeskanzler Helmut Kohl in seiner Festrede das aufblühende Autowerk und lobte das neuartige Produktionskonzept als »ein hervorragendes Beispiel für den unternehmerischen Mut, der nicht abwartet, sondern zupackt«. Das Joint Venture MCC sei für ihn »ein ganz hervorragendes Beispiel für das wirtschaftliche Zusammenwachsen in Europa«.

Schöne Worte. Dass der Smart eines Tages ähnliche Probleme haben würde, in einen engen Markt gedrückt zu werden, wie Helmut Kohl, als er sich in den Smart zwängte, das stand auf einem anderen Blatt.

*

Bei der Hauptversammlung im Mai 1998 ging es heiß her. Schrempp solle sich von der »Hämorrhoiden-Schaukel« Smart verabschieden, schimpfte ein Aktionär. Schrempp verteidigte sich tapfer und erklärte, warum es im ersten Produktzyklus keine Rendite geben könne. Beim zweiten Aktionärstreffen im September 1998 anlässlich der Übernahme der Chrysler Corporation versprach der DaimlerChrysler-Vorsitzende blühende Aktien-, Bilanz-, Dividenden-, Verkaufs- und Arbeitsplatzlandschaften. »DaimlerChrysler wird über ein einzigartiges Produktprogramm bei Automobilen verfügen«, prophezeite er, »und zwar in den Segmenten, die am profitabelsten sind.«

Tatsächlich jedoch war der Stadtflitzer zu diesem Zeitpunkt bereits heftig umstritten und Gegenstand vehementer Kritik. »Beenden Sie den Ausflug ins Kleinstwagensegment schleunigst durch Abgang ins Hayek-Museum«, wetterte ein Aktionärssprecher. Statt diesem Rat zu folgen, übernahm Daimler zusätzlich zu seinen 81 Prozent den 19-prozentigen Anteil des Smart-

Erfinders und machte die MCC damit im November 1998 zu einer hundertprozentigen Tochter.

Umstritten war vor allem die Frage, wer den 2,50 Meter kurzen Stadtflitzer überhaupt kaufen sollte. Als Zielgruppe wurden junge Singles und Paare, junge Eltern und alle jung Gebliebenen ausgemacht. Die Planungen der Konzernstrategen setzten auch auf den Smart als Einsteigerauto, mit dem die späteren E- und S-Klasse-Kunden zu gewinnen wären. Mit dem Smart sollte nicht nur ein Auto, sondern gleich ein neues Mobilitätskonzept verkauft werden: Smart-Kunden erhielten unter anderem ein Gutscheinheft, mit dem sie beim Vertragspartner Avis beispielsweise einen Geländewagen für Ferienfahrten oder sonst einen größeren Wagen zu günstigen Konditionen ausleihen konnten.

Der Verkaufsstart des Bonsai-Benz Anfang Oktober 1998 war von zahlreichen Pannen begleitet. Der Elchtest, der die A-Klasse zu Fall gebracht hatte, sowie organisatorische Probleme im Hambacher Produktionswerk hatten den Startschuss des Smart um ein halbes Jahr verzögert, wodurch zusätzliche Kosten in Höhe von rund 300 Millionen DM anfielen.

Begleitet wurde der Smart-Start auch von Kritik wegen des viel zu hohen Benzinverbrauchs des Minimobils. So hatte die Zeitschrift *auto, motor und sport (ams)* im Fahrtest einen Spritverbrauch von 6,2 Litern auf 100 Kilometer für den 55 PS starken Zweisitzer errechnet. Nichts desto trotz wählte der Verkehrsclub Deutschland (VCD) den Smart 1998 zum umweltfreundlichsten Auto des Jahres.

Zu diesem Zeitpunkt war der Smart mit Dieselantrieb noch nicht auf dem Markt und das von Hayek angestrebte Hybrid-Modell – das für das Jahr 2000 geplant war – in weite Ferne gerückt. Auch der Preis war wohl eher auf vermögende Mercedes-Kunden als auf den Massenmarkt ausgerichtet. Auf Grund der 16 480 DM teuren 45-PS-Grundversion kam das Minimobil von Mercedes kaum für das – als maßgebliche Zielgruppe anvisierte – Jungvolk in Frage, das sich lieber für bezahlbare Autotypen entschied.

Ursprünglich war geplant, den Smart gleich weltweit zu verbreiten, doch nach schlechten Marktforschungsergebnissen einigte man sich erst einmal darauf, den Stadtflitzer lediglich in Europa auf den Markt zu bringen. Vor allem in den USA, dem weltweit größten Automarkt, blitzte der Bonsai-Benz ab. Bezeichnend dafür war eine frühere Aussage aus dem Konzern selbst: »Ich weiß nicht, ob ich damit durch New York fahren würde«, hatte US-Mercedes-Chef Michael Bassermann über den Smart-Vorgänger Swatch geurteilt, »wo man in ein Schlagloch fallen und von einem Bus überrollt werden kann.«

Die Verkaufsziele waren von Anfang an klar abgesteckt, die Fertigungskapazitäten des Hambacher Smart-Werks entsprechend ausgerichtet. Schrittweise sollte die Produktion bis zum Jahr 2001 gesteigert werden und letztlich mit rund 200 000 Smart pro Jahr die Kapazitätsgrenze erreichen. Hehre Ziele, harte Realität. Denn in den kommenden Jahren wurden bestens gefüllte »Smart Car Towers« zu Symbolen schwer verkäuflicher Steh- statt Fahrzeuge.

*

Am 15. Dezember 1998 beschloss DaimlerChrysler »als eines der ersten Ergebnisse der Integration« eine neue Struktur seiner weltweiten Absatz- und Marketingaktivitäten, sowohl für Personenwagen als auch für Nutzfahrzeuge. Ziel dieser Neuorganisation war es, den Absatz zu fördern und zugleich den Wert der sechs Personenwagenmarken – darunter auch der Smart – und der Nutzfahrzeugmarken auszubauen. Im Vorstand verantwortlich für das Markenmanagement Mercedes-Benz und Smart war Dr. Dieter Zetsche, der zudem den Vertrieb in Europa, Asien, Afrika und Australien/Pazifik für alle Automarken zu fördern hatte.

In einer gemeinsamen Erklärung verkündeten die beiden Vorstandsvorsitzenden Schrempp und Eaton: »Mit Hilfe dieser neuen Organisation werden wir in der Lage sein, Synergien und Wachstumschancen schnell zu erkennen und gleichzeitig die Integrität der einzelnen Marken zu sichern.« Mit diesen regionalen Verantwortungsbereichen würden auch Dieter Zetsche und seine Kollegen »neue Wachstumsmöglichkeiten und betriebliche Synergien erkennen und sie zügig umsetzen können«. Schöne Worte.

Dass Zetsche in dieser Zeit beim Smart wenig bewegen konnte, ließ sich an der kommenden Entwicklung ablesen. Die Verkaufszahlen des Smart blieben weit hinter den Erwartungen und den Produktionsmöglichkeiten zurück. Mit Beschluss vom September 1999 wechselte Zetsche auf den Sessel des Nutzfahrzeugvorstands – aus seiner Sicht sicher eine richtige Entscheidung.

*

Anfang Mai 1999 wurde Jürgen Schrempp in einem Interview mit der *Welt am Sonntag* gefragt, ob er den Mut habe, beim Smart die Notbremse zu ziehen, wie er es seinerzeit im Fall von Fokker getan hatte. Der Daimler-Chef gab sich zuversichtlich: »Man muss auch den Mut haben, ein Konzept, von dem man überzeugt ist, länger zu verfolgen«, musste allerdings eingestehen, »dass wir beim Smart noch keinen stabilen Zustand erreicht haben. Doch ich glaube an das Konzept.« Allein, dem überwiegenden Teil der Menschheit fehlte dieser feste Glaube angesichts des Theaterstücks vom »Optimismus ohne Ende«, das sich im Lauf des Jahres 1999 auf der Smart-Bühne abspielen sollte.

Nur eine Woche später wurde publik, dass der Aufbau der neuen Marke bislang bereits gut 2 Milliarden DM gekostet hatte, wie dem Jahresabschluss der MCC Smart zu entnehmen war. Um den Miniflitzer endlich auf Erfolgskurs zu bringen, sollten weitere 100 Millionen DM in Marketingmaßnahmen investiert werden. Überhaupt kannte die Kreativität keine Grenzen, diskutiert wurde unter anderem, dass der Smart auch von Kaufhäusern der gehobenen Klasse bis hin zu McDonald's-Filialen angeboten werden könnte.

Der Smart-Burger aber blieb vielen Aktionären im Halse stecken. Auf der Hauptversammlung Mitte Mai 1999 warb der

Daimler-Chef in Berlin erneut für das Projekt, musste aber eingestehen, dass die Konzernerlöse »ohne die Probleme beim Smart besser ausgefallen« wären. Tags darauf ließ Schrempp verlautbaren, ihn stimme »der deutliche Anstieg im Auftragseingang in den letzten Wochen optimistisch«. Nicht anders sein Co-Chairman: Der Smart sei »eines der innovativsten Fahrzeuge am Markt – das gilt für Konzept, Design und Produktionstechnologie«, machte Robert J. Eaton Mut. Und da die eigenen Erwartungen bei der Markteinführung im Oktober des Vorjahres »nicht erfüllt« worden waren, habe man »weitere erhebliche Anstrengungen unternommen, um den Erfolg dieses ehrgeizigen Projekts sicherzustellen«.

Am gleichen Tag machte die Meldung die Runde, dass man im Berliner Motorenwerk bereits seit einigen Monaten notgedrungener Maßen zur Vier-Tage-Woche übergegangen sei. Die Planungen hatten vorgesehen, dass im Daimler-Werk Marienfelde ab 2001 jährlich 200 000 Smart-Motoren gefertigt werden sollten.

Noch in derselben Woche sah sich das Unternehmen zu einer Klarstellung genötigt, nachdem in den Medien über die Zukunft des Smart-Herstellers MCC spekuliert worden war. Daimler wies »die zum Teil abenteuerlichen Behauptungen« von Medienberichten zurück. Der Vorstand unterstrich erneut »die Bedeutung der Marke Smart für das Unternehmen« und blickte hoffnungsfroh in die Zukunft: »Produktmaßnahmen, Preisanpassungen sowie eine groß angelegte Anzeigenkampagne zeigen erfreuliche Resultate, die in einer deutlichen Belebung des Absatzes zum Ausdruck kommen.« Auch habe sich »am Absatzziel für 1999, das mit rund 80 000 Smart-Fahrzeugen beziffert wird, nichts geändert«. Dann ist ja alles gut, müssen sich die vertrauensseligen Aktionäre gedacht haben und ließen den Vorstand weiter gewähren.

*

Anfang September 1999 redete auch Jürgen Hubbert das Smart-Desaster schön. »Wir erzielen kostendeckende Erlöse«, meinte der Mercedes-Chef, allerdings »ohne volle Berücksichtigung der

Vorleistungen«, musste er im gleichen Atemzug eingestehen. Jenseits jeglicher Realitäten definierte Hubbert, welche wirtschaftlichen Ziele mit dem Mini-Mercedes verfolgt wurden: »Unser Ziel liegt bei einer Mindestrendite von 15,5 Prozent auf das eingesetzte Kapital – und das gilt mittelfristig auch für den Smart.« Goldene Perspektiven also für den Smart, so schien es.

Nahezu zeitgleich wurde Jürgen Schrempp im Interview mit dem Wirtschaftsmagazin *Capital* gefragt, ob er noch an den Erfolg des Smart glaube. »Der Wagen polarisiert stark. Die einen lieben ihn, andere sagen, wie könnt ihr so was auf die Straße lassen«, antwortete der Daimler-Chef überraschend ehrlich. Danach allerdings rührte er wieder die Werbetrommel: »Der Smart ist mehr als ein Auto, dahinter steckt ein großartiges Konzept.« – »Einen Kleinwagen zu bauen war für uns Training on the Job.« – »Daraus haben wir viel gelernt.« – Fragt sich nur, was?

Am überzeugendsten war Schrempps Vision für die Metropolen dieser Welt. In Großstädten gelte es einen konkreten Beitrag zu leisten, um den Individualtransport zu erhalten. »In London«, führte er ein eindrucksvolles Beispiel an, »laufen bereits über 300 Smart-Fahrzeuge, obwohl wir noch gar keine Rechtslenkerversion anbieten, was wir jetzt aber entschieden haben.« 300 Linkslenker in der Siebeneinhalb-Millionen-Metropole der Rechtslenker. Was für ein Kultauto!

Noch im gleichen Monat wurde die Smart-Gemeinde auf der Internationalen Automobilausstellung in Frankfurt am Main durch die Meldung aufgeschreckt, der Chef des Hauses Smart verlasse das Unternehmen wegen »unterschiedlicher Auffassungen«. Lars Brorsen warf das Handtuch, und der Mercedes-Vorsitzende Jürgen Hubbert musste kommissarisch einspringen. Der Däne hatte die Daimler-Tochter MCC seit 1997 geleitet und angesichts der desaströsen Lage mit dem französischen Autohersteller PSA (Peugeot und Citroën) Gespräche über die gemeinsame Fertigung von Smart-Fahrzeugen geführt. Auf der IAA durfte sich Brorsen nicht einmal mehr zum neuen

Cabrio äußern – ein passender Start für den neuen Freiluft-Smart.

Beim nachmittäglichen Pressemeeting verkündete Hubbert, Smart habe eine harte Wende hin zu besseren Verkaufszahlen vollzogen: »Es war eine sehr robuste Umkehr.« Der Vorstand habe am 9. September 1999 »beschlossen, die Marke mit zusätzlichen Elementen auszustatten«. Hubberts Kommentar zum Abgang des Dänen war denkbar knapp: »Zum 1. Oktober legt Brorsen sein Amt nieder«, er bedaure diesen Schritt. Smarte Nachfragen waren auf dieser Pressekonferenz nicht zugelassen.

*

Im letzten Quartal 1998, dem ersten der Smart-Produktion, waren in Hambach 21 200 Kleinstwagen vom Band gelaufen, 17 000 davon waren verkauft worden. Für 1999 hatte sich der Konzern erst eine Produktion von 140 000, dann wenigstens von 120 000 Smarties erhofft. Doch selbst diese herunter geschraubten Erwartungen waren angesichts der viel zu geringen Verkäufe nicht zu erfüllen. Ende des Jahres musste Daimler bilanzieren, dass mit 80 000 verkauften Miniflitzern gerade noch die Marge erreicht wurde, die der Smart-Vertriebschef Klaus Fricke als »unterste Verteidigungslinie« vorgegeben hatte.

Rein rechnerisch waren die Verkäufe gegenüber den drei Monaten des Vorjahres um satte 368 Prozent gestiegen, doch was so wunderbar klang, war in Wirklichkeit katastrophal, denn selbst die »Verteidigungslinie« wurde nur deshalb erreicht, weil das Unternehmen mit massiven Rabatten Smart-Fahrzeuge an Firmenmitarbeiter abgegeben hatte. Mit erheblichen Preisnachlässen bekamen Beschäftigte den Bonsai-Benz besonders günstig und profitierten so von der schlechten Auftragslage. Den Kunden in den Smart-Towers wurden dagegen Rabatte weitgehend versagt.

Warum aber machte Schrempp die »Gnadenfrist von drei bis maximal sechs Monaten«, die im Herbst 1999 immer wieder zitiert worden war, nicht wahr? Stattdessen verlängerte der Vorstandsvorsitzende die Leidenszeit um mehrere Jahre – eine satte Fehlentscheidung, wie sich zeigen sollte.

*

Als Daimler-Chef Jürgen E. Schrempp und Katsuhiko Kawasoe, Präsident der Mitsubishi Motors Corporation (MMC), im März 2000 in Stuttgart eine Absichtserklärung über die Gründung einer Allianz unterzeichneten, betonte Schrempp die Bedeutung dieser Partnerschaft für ein profitables Wachstum seines Unternehmens im weltweiten Kleinwagensegment – einschließlich des Smart. »Diese neue Allianz hilft DaimlerChrysler dabei, die Marke Smart in absehbarer Zukunft auszubauen«, so der Vorstandsvorsitzende zuversichtlich.

Drei Wochen danach nutzte Schrempp die Jahreshauptversammlung, um die Wende zum Guten zu würdigen: Im Vorjahr sei angesichts 80000 verkaufter Fahrzeuge »die Wende eingeleitet« worden. Nach einem schwierigen Start habe sich »der Smart durch einen eindrucksvollen Turnaround auf die ersten Plätze in seinem Segment in Märkten wie Deutschland, Italien oder der Schweiz vorgeschoben«. Geradezu euphorisch verkündete der Daimler-Chef: »Der Smart ist zu einem Trendsetter geworden. Jetzt fehlt noch die kritische Masse.« Bei DaimlerChrysler sei man davon überzeugt, »dass wir mit dem Smart Cabrio, dem Smart Diesel – unserem bezaubernden Drei-Liter-Auto – und dem geplanten Rechtslenker für den asiatischen und britischen Raum die richtigen Schritte eingeleitet haben, um in diesem Jahr 100000 Smarts verkaufen zu können.«

Schrempps Zielvorgabe wurde sogar noch übertroffen: Ende 2000 konnte DaimlerChrysler den Verkauf von 102000 »bezaubernden« Bonsai-Benz vermelden. Weit entfernt davon, die Produktionskapazitäten von 200000 Smarties auszulasten.

*

Auch 2001 setzte der Smart seinen Siegeszug unaufhaltsam fort. Der Deutschland-Vertriebschef Eckhard Panka jubelte über die Verkäufe des neu zugelassenen City Coupés und des Cabrios, weil der Smart inzwischen »das Siegel Kultauto trägt und wir das Cabrio auch mit CDI-Motor anbieten können«. Bei der Hauptversammlung Mitte April lobte Konzernchef Schrempp das umfassende Programm des Unternehmens: »Wir können nahezu jedem Kunden ein auf seine Bedürfnisse zugeschnittenes Produkt anbieten: Vom Smart über den PT Cruiser und den Jeep Grand Cherokee bis zur S-Klasse.« Alle neuen Projekte in den kommenden Jahren – vom viersitzigen Smart über die neue A-Klasse bis zum Nachfolger des Chrysler Neon – würden nicht nur ihre Kapitalkosten verdienen, sondern zusätzlichen Shareholder Value schaffen, so Schrempp. Ein Versprechen, das man sich auf der Zunge zergehen lassen sollte.

Angesichts solch überzeugender Zukunftsperspektiven fasste der Aufsichtsrat Ende September den Entschluss, die Verträge von Jürgen E. Schrempp und Jürgen Hubbert, im Vorstand für das Pkw-Geschäft von Mercedes-Benz, den Smart und den Maybach zuständig, bis 2005 zu verlängern. Wie zum Dank verhalf der Herr der Sterne dem Smart zu einem ungeahnten Höhenflug. Ende 2001 konnte Schrempp einen neuen Verkaufsrekord vermelden: Von 200 000 möglichen waren 116000 Smarts verkauft, was im Konzern allergrößte Euphorie auslöste. »Das innovative Fahrzeugkonzept des Smart [...] war im Jahr 2001 besonders erfolgreich«, stellte die Schönwetterabteilung der DaimlerChrysler AG fest.

*

Auch das Jahr 2002 bot ausreichend Anlässe für Smart-Partys. Neben Deutschland, Italien und Frankreich, den traditionellen Smart-Märkten, fanden die Kleinwagen jetzt auch in Japan und im Rechtslenkerland Großbritannien Kunden im vierstelligen Bereich. Ebenfalls neu hinzu kamen Kroatien, Südafrika, Hongkong und Taiwan, wo die Menschen bislang ohne Smart hatten darben müssen. Offiziell war das Kultauto somit in vierundzwanzig Ländern erhältlich, was den Absatz des Stadtflitzers um 5 Prozent auf 122 000 verkaufte Exemplare ansteigen ließ.

Neues Jahr, neues Glück. Auf der Hauptversammlung Anfang April 2003 kündigte Smart-Fan Schrempp seinen Aktionären geradezu Revolutionäres an: »Wir bauen Smart zur Mehr-Produkt-Marke aus: Neben dem erfolgreichen City-Coupé führen wir jetzt den knackigen Roadster ein – und bald auch einen praktischen Viersitzer, den Smart Forfour.« Der Smart wurde 2003 in sieben weiteren Ländern eingeführt: in Australien, Mexiko, Finnland, Irland, Zypern, der Türkei und dem Libanon, und war damit in einunddreißig Staaten erhältlich. Viel Aufwand, wenig Ertrag: Die bis zum Jahresende verkauften 125 000 Kultcars bedeuteten eine Steigerung des Smart-Absatzes um weitere 2 Prozent gegenüber dem Vorjahr.

*

Das Jahr 2004 brachte einen kleinen Fortschritt und einen gewaltigen Rückschritt mit sich: Im April wurde der Smart Forfour auf den Markt gebracht. Der Viersitzer verkaufte sich passabel und erweiterte die Smart-Palette um ein von Kunden akzeptiertes Segment. Entsprechend euphorisch reagierte der Vorstandsvorsitzende: »Der Smart Forfour kommt in Europa hervorragend an. Amerikaner, die in Europa reisen und das Auto fahren, sagen: Warum können wir den bei uns nicht kaufen?«

Doch die gute Stimmung hielt nicht lange an, denn bald wurde augenscheinlich, dass der Absatzmarkt des Smart Fortwo Coupé und des Fortwo Cabrio kollabierte. Statt der im Vorjahr verkauften 104 600 Exemplare waren 2004 lediglich noch 79 500 Kunden für die Fortwo-Modelle zu gewinnen. Auch die Verkäufe des Smart Roadster und des Smart Roadster-Coupé brachen ein: von 20 100 (2003) auf magere 13 600 (2004). Dank des neuen Smart Forfour wurde zwar das Gesamtergebnis des Vorjahres um 22 Prozent übertroffen, und es konnten 152 000 Smart-Modelle abgesetzt werden. Das eigentliche Grundmodell aber, der zweisitzige Smart, erlebte ein Desaster.

Am 28. Oktober 2004 kam es zum Eklat. Bei einer Telefonkonferenz mit Analysten antwortete Finanzchef Manfred Gentz auf die Frage zur Zukunft des Smart so ehrlich wie gefährlich: »Unser Denken kennt niemals Grenzen.« Von daher müsse man »alle möglichen Alternativen in Betracht ziehen«. Alle Möglichkeiten, das beinhaltete also auch den Ausstieg aus dem Smart-Projekt. Es sickerte durch, dass der Daimler-Chef extrem wütend auf Manfred Gentz gewesen sei. Tatsächlich waren Gentz' Worte ein halbes Jahr nach Einführung des Forfour und angesichts der katastrophalen Lage des Fortwo nicht sonderlich absatzfördernd, zumal Daimler just in dieser Zeit in Berlin das größte Smart-Center Europas eröffnete.

Im Blätterwald rauschte es gewaltig, und Schrempp versuchte zu retten, was kaum zu retten war. Selbstverständlich sei der Ausstieg aus der Marke Smart keine Option, erklärte der Vorstandsvorsitzende geflissentlich. Und da Gentz' Vertrag ohnehin Ende 2004 auslief, zogen seine Aussagen keine personellen Folgen nach sich.

Warum aber zog Schrempp nicht seinerseits »alle möglichen Alternativen« in Betracht? Angesichts der seit Jahren anhaltenden Erfolglosigkeit des Möchtegernkultcars wäre die Alternative Ausstieg aus dem Projekt spätestens jetzt geboten gewesen. So aber nahm das Smart-Desaster ungebremst seinen Lauf.

*

»Wir haben eine Herausforderung bei Smart.
Die werden wir lösen. Wo sehen Sie das Problem?«
Jürgen E. Schrempp im April 2005

Das Märchen vom sympathischen Shareholder-Value-Smart

Im Januar 2005 offenbarte Eckhard Cordes einer erstaunten Öffentlichkeit, dass »smart« im Englischen nicht nur für »munter« und »flink« stehe, sondern auch für »schmerzen« und »leiden«. Das traf die Sache ziemlich auf den Punkt. Als Vorsitzender der Mercedes Car Group trug Cordes auch für den Bonsai-Benz die Verantwortung, dessen Bilanz mehr als ernüchternd ausfiel. Vom Viersitzer Forfour waren im ersten Verkaufsjahr 2004 bescheidene 50 000 Vehikel unters Volk gebracht worden, was Mister Smart mit dem harten Konkurrenzkampf im Kleinwagensegment und den hohen Rabatten anderer Anbieter zu rechtfertigen suchte.

Notgedrungen zog der Mercedes-Chef die Reißleine und gestand auf der Detroit Motor-Show ein: »Wir haben bei Smart bisher nicht das geplante Ertragsniveau erreicht.« Deshalb würde die Smart-Palette nicht weiter ausgeweitet und die Pläne, eine Geländewagenvariante im brasilianischen Werk Juiz de Fora zu fertigen, auf Eis gelegt.

Auch Jürgen Schrempp gab sich im März 2005 ungewöhnlich zurückhaltend. Befragt nach den Verlusten im Smart-Segment, die allein im Vorjahr 500 Millionen Euro betragen haben sollten, sagte Schrempp: »Das ist der einzige Fall, wo ich Ihnen im Moment noch keine abschließende Antwort geben kann.« Dafür sei »die Sympathie, die DaimlerChrysler durch Smart bekommt, fantastisch«.

Nur einen Monat später, im April 2005, sah sich Schrempp neuerlichen Vorwürfen ausgesetzt. Beim Interview mit dem *Spiegel* lautete der Vorwurf, er reagiere zu spät auf die Smart-Verluste. Der Daimler-Chef hielt dagegen: »Bei Smart führen wir ein neues Geschäftsmodell ein, weil die Produkte akzeptiert sind und die Marke Substanz hat.« Der Nachfolger des Zweisitzers könne sogar in den USA vermarktet werden, für den Forfour werde DaimlerChrysler »eine solide Geschäftsbasis schaffen«. Begleitet wurden diese visionären Gedanken von der harten Realität: Der geplante SUV Formore werde nicht realisiert, musste Schrempp im gleichen Atemzug eingestehen, und »die Produktion des Roadster werden wir Ende dieses Jahres einstellen«. Gerade mal zwei Jahre war es her, dass Schrempp vor Tausenden von Aktionären verkündet hatte: »Neben dem erfolgreichen City-Coupé führen wir jetzt den knackigen Roadster ein.«

Bis zu diesem Zeitpunkt waren bei der Marke Smart seit 1998 Verluste in Höhe von rund 2,6 Milliarden Euro aufgelaufen, mit dem Sanierungsplan sollten etwa weitere 1,2 Milliarden hinzukommen. Aber erkannte Jürgen E. Schrempp jetzt endlich, dass die Zeit reif war, aus dem Smart-Projekt auszusteigen? Weit gefehlt: »Weil wir zugleich den Vertrieb ausbauen und unser Personal reduzieren, wird die Marke 2007 den Break-Even erreichen«, gab er im April 2005 ein neues Versprechen. Schließlich gehe es »nicht um kleine Korrekturen, sondern um gewaltige Einsparungen«. Das Restrukturierungsprogramm des Smart sehe bis 2007 eine Ergebnisverbesserung um 600 Millionen Euro vor. »Wir werden Entwicklung, Vertrieb und Einkauf von Smart in die Organisation von Mercedes-Benz eingliedern und dadurch erhebliche Synergien schaffen«, versprach Schrempp. Seine Ausführungen gipfelten in den Worten: »Wir werden die Situation bei Smart drehen und haben die Fähigkeit dazu schon häufig unter Beweis gestellt.«

Und sollte sich auch dieses Versprechen nicht erfüllen, stellt das zumindest für Jürgen E. Schrempp kein Problem mehr dar. Denn bis dahin hat er den Konzern längst verlassen und kann das Leben in seiner Villa in Südafrika genießen.

*

Zwei Tage danach kamen die Aktionärinnen und Aktionäre in Berlin zum alljährlichen Alles-wird-gut-Treffen zusammen, gemeinhin Hauptversammlung genannt. »Smart hat sehr gute Produkte«, führte Schrempp aus, »das Konzept des Smart Fortwo ist einzigartig – er hat praktisch keinen Wettbewerber.« Und praktisch auch kaum Kunden, aber das vergaß der Daimler-Vorsitzende zu sagen. Dafür betonte er den »außerordentlich hohen Markenwert« und bestätigte seine Standhaftigkeit: »Wir haben immer wieder betont, dass wir die Marke Smart weiterführen werden.«

Diesmal aber kam Schrempp nicht umhin, vor seinen Aktionären die Karten auf den Tisch zu legen. Die wirtschaftliche Situation von Smart sei »nicht akzeptabel«, deshalb »werden wir Smart nun auf eine betriebswirtschaftlich solide Basis stellen«. Warum dies nicht schon viel früher passiert war, dazu sagte er nichts. Das neue Konzept sah die Intensivierung der Entwicklung des Fortwo-Nachfolgers vor, außerdem Spezifikationen für den US-Markt, die Fortsetzung der Kooperation mit Mitsubishi Motors, das Produktionsende des Smart Roadster und den Verzicht auf den Smart-Geländewagen SUV Formore, der ab 2006 vom Band hätte laufen sollen. Im Jahr 2007 gelte es, »den Break-Even zu erreichen«. Das Maßnahmenpaket fokussierte sich auf das 1,2 Milliarden Euro teure Restrukturierungsprogramm, das mit einem deutlichen Personalabbau bei sozialverträglichen Lösungen einherging.

*

Im April 2005 erklärte Mercedes-Chef Eckhard Cordes, selbst wenn die Zahl von 3 Milliarden Euro an Anlaufverlusten beim Smart stimme, »wäre sie komplett irrelevant«. Für ihn zähle »der Blick nach vorn«. Im Mai 2005 verkündete sein Kollege Bodo Uebber, seit Dezember 2004 Daimlers neuer Finanzchef: »Das Herz blutet allen im Vorstand, mir vielleicht besonders, wenn wir für Smart beträchtliche Aufwendungen verbuchen müssen.« Das ausgeglichene Ergebnis sei nur ein erster Schritt, denn »Smart hat das Potenzial für profitables Wachstum«.

*

Im Juni 2005 trommelte Smart-Chef Ulrich Walker kräftig die Werbetrommel und blickte im schwäbischen Uhingen vor Journalisten frohgemut in die Zukunft: »Es geht voran, und zwar in die richtige Richtung.« Der Sanierungsplan zeige erste Erfolge, zudem bestehe für den DaimlerChrysler-Konzern die strategische Notwendigkeit, auch im Kleinwagenmarkt präsent zu sein. Bis in zwei Jahren solle Smart zu einem profitablen Unternehmensbereich gemacht werden.

Konkret bedeutete das: Neben den beiden Modellreihen SUV Formore und Roadster müssten auch rund 700 Arbeitsplätze, vornehmlich in der Böblinger Smart-Zentrale, abgebaut werden. Arbeitslos werde jedoch keiner der Beschäftigten, betonte Walker. Allein mit dem Verzicht auf die weitere Fertigung der Roadster-Version im Hambacher Smart-Werk würden beim Produktionsanlauf des neuen Fortwo 10 Millionen Euro eingespart. Angesichts eines prognostizierten globalen Wachstums im Mikroautosegment von jährlich fast 4 Prozent bis zum Jahr 2010 gab sich der Smart-Chef optimistisch. Sollte der neue zweisitzige Smart Fortwo im Herbst 2007 auf den Markt kommen, so könnten die USA als wichtiger Markt hinzukommen. »Wir werden ihn dort aber nur anbieten, wenn wir damit Geld verdienen«, was vom Dollarkurs abhänge. Mit Blick auf die asiatischen Ballungsräume gab sich Walker »zuversichtlich, auf diesen Markt zu setzen«. Positiv bewertete er auch die Einigung mit dem europäischen Smart-Händlerverband über die neue Strategie, wonach im Jahr 2005 immerhin 175 neue Vertriebsstützpunkte eröffnet würden. Offen ließ der Smart-Chef, ob der viersitzige Smart Forfour angesichts des harten Preiskampfs einen Nachfolger bekomme. Dieses Thema stehe erst Ende 2007 oder Anfang 2008 auf der Agenda.

Klare Zielvorgaben, neue Märkte, zukünftige Profitabilität – alles schien bestens geregelt im Hause von Ulrich Walker. Am 29. Juli 2005, nur einen Tag nach Schrempps Rücktrittsankündigung, ging Ulrich Walker aber lieber auf Nummer Sicher, löste Optionen für 20 000 seiner Aktien ein und kassierte zudem den von Daimler bezahlten Barausgleich – summa summarum rund 225 000 Euro.

*

Dass der Traum vom Smart als Kultauto nicht wahr werden wollte, lag unter anderem an der harten Konkurrenz im Kleinwagensegment. In allererster Linie aber waren die Probleme hausgemacht, die Reihe der Fehlentscheidungen beim Smart-Desaster lang und gravierend. Während der Käufer knapp ein Jahr nach dem Smart-Produktionsstart 1999 in Deutschland einen Ford KA bei rund 2300 und einen Renault Twingo bei rund 1500 Händlern beziehungsweise Verkaufsstellen erwerben konnte, wartete der Smart bei gerade mal 42 Händlern auf Käufer. Hinzu kam de facto, dass der Smart im Anschaffungspreis zu teuer, der Verbrauch der Benziner zu hoch und die Optik nach Ansicht vieler potenzieller Käufer offenbar zu hässlich ist – leider, muss man sagen. Denn Daimler wäre ein erfolgreicher Einstieg in das Segment der Kleinstwagen zu wünschen gewesen.

Die ursprüngliche Idee eines Mobilitätskonzepts für Ballungsräume klang nicht nur gut, sie war auch richtig. Nicolas Hayek aber war seiner Zeit voraus, die Kundschaft nahm das von ihm und DaimlerChrysler entwickelte Konzept nicht an. Die Smart-Derivate pervertierten das Gründungskonzept, und mit seiner Idee, den City-Flitzer zum Roadster und zum Geländewagen umzufunktionieren, plante der Daimler-Vorstand am Markt vorbei.

Vieles spricht dafür, dass Ulrich Walkers Aussage zutrifft, wonach es nicht sicher sei, ob der viersitzige Smart Forfour angesichts des harten Preiskampfs überhaupt einen Nachfolger bekomme. Um Geld zu verdienen, müssten nach Ansicht von Experten zwischen 80 000 und 90 000 Einheiten vom Forfour verkauft werden. Das Verkaufsziel wurde im Herbst 2005 jedoch auf 48 000 Autos herunter gesetzt – etwas mehr als die Hälfte der eigentlich notwendigen Stückzahlen.

Der Forfour ist eine Fehlentwicklung und wird wohl auf dem

Friedhof der Autogeschichte landen. Sollte nach dem Produktionsstopp des Smart Roadsters und dem Verzicht auf den Smart-Geländewagen also auch noch der Forfour auslaufen, dann bliebe der Smart Fortwo – und dessen Absatzmarkt war zuletzt gefährlich eingebrochen. Das Ende der Viersitzerversion dürfte das Ende des Smart-Projekts schlechthin bedeuten.

*

Walker scheint einmal eine zutreffende Prognose gegeben zu haben – ungewöhnlich genug angesichts so vieler verfehlter Prognosen. Einer überragte sie alle mit seinen permanenten Positivprognosen und uneingelösten Versprechungen: Jahrelang machte Jürgen E. Schrempp Aktionären, Beschäftigten, der Öffentlichkeit und vielleicht auch sich selbst in Bezug auf die Erfolgsaussichten des Smart etwas vor.

Was aber wird letztlich aus dem Shareholder-Value-Smart des werten Herrn Schrempp werden? In einem Mitarbeiterbrief hatte Ulrich Walker die Beschäftigen beruhigt: »Smart verdient immer noch kein Geld, das ist richtig. Aber unsere Existenz ist nicht gefährdet.« Um seiner Stimme Gewicht zu verleihen, holte er sich damals den Segen von höchster Stelle: »Das haben mir Jürgen Schrempp und Eckhard Cordes im persönlichen Gespräch bekräftigt«, schrieb der Smart-Chef. Pech, dass die beiden Daimler-Bosse den Konzern im September und Dezember 2005 verlassen.

*

Das Smart-Desaster hat im wesentlichen Jürgen E. Schrempp persönlich zu verantworten. Die Schuld dafür, dass der Vorstandsvorsitzende über die Jahre hinweg viele verfehlte Richtungsentscheidungen treffen und wieder und wieder uneingelöste Versprechungen machen konnte, muss dem Aufsichtsrat und insbesondere dessen Vorsitzendem Hilmar Kopper angelastet werden. Kopper nämlich ließ Schrempp mehr als zehn Jahre freie Hand beim alles in allem milliardenteuren Smart-Desaster. Mit anderen Worten: Pro Smart dürfte der Konzern kräftig draufgezahlt haben. Bei der Hauptversammlung 2005 erlaubte sich ein Aktionär den Spaß, dem Vorstand das Angebot zu unterbreiten, auf den Smart-Kauf zu verzichten. Die einzige Gegenleistung sollte darin bestehen, ihm das eingesparte Geld gleich auszuzahlen.

Was so lustig klingt, hat einen ernsten Hintergrund: die Zerstörung Tausender von Arbeitsplätzen bei DaimlerChrysler und in der Zulieferindustrie sowie die Vernichtung des Kapitals der Aktionärinnen und Aktionäre. Die Zeit ist reif, aus dieser Erkenntnis endlich die Konsequenzen zu ziehen.

Schrempp ist mit Ende des Jahres 2005 nicht mehr Vorstandsvorsitzender. Kann Kopper weiterhin so tun, als sei nichts geschehen, als trage er als Chefkontrolleur nicht auch Verantwortung für das Smart-Desaster?

*

»Die Jahresproduktion 2003 ist bereits vollständig mit Aufträgen belegt.«
Jürgen E. Schrempp auf der Hauptversammlung im April 2003 über den Maybach

Das Maybach-Desaster

Der 1846 in Heilbronn geborene Wilhelm Maybach wuchs in einfachen Verhältnissen auf. Vater Christian war Schreiner, Mutter Luise mit der Erziehung ihrer fünf Söhne beschäftigt. Nach dem frühen Tod der Mutter und des Vaters, der wahrscheinlich den Freitod durch Ertrinken wählte, kam der Junge in ein Reutlinger Waisenhaus, wo er eine Ausbildung zum Technischen Zeichner machte und gleichzeitig in der Städtischen Oberrealschule Abendkurse in Physik und Mathematik belegte. Anschließend arbeitete er als Detailkonstrukteur in der dortigen Maschinenfabrik.

Als Gottlieb Daimler die Maschinenfabrik des Waisenhauses übernahm, war Wilhelm Maybach einundzwanzig Jahre alt und sein Lebensweg vorgezeichnet. In den kommenden Jahren brachte der begnadete Techniker den Otto-Motor und den Viertaktmotor zur Serienreife. Maybach folgte Daimler nach Cannstatt, wo sie einen schnelllaufenden Benzinmotor, ein mit hölzernem Rahmen versehenes Motorrad, ein erstes zweiachsiges Fahrzeug, einen »Stahlradwagen« mit dem ersten Zahnradwechselgetriebe sowie ein motorisiertes Boot konstruierten.

Auch nach Gottlieb Daimlers und Wilhelm Maybachs Ausscheiden aus der Daimler-Motoren-Aktiengesellschaft (DMG) 1890 blieb Maybach ein erfolgreicher Motorenentwickler. Mit seinem Wiedereintritt in die DMG 1895 konstruierte er neue Vierzylindermotoren und brachte neue Fahrzeugtypen zur Serienreife. Die Ventile seines neuartigen 120-PS-Rennmotors wurden für die Mercedes-Flugmotoren von Bedeutung. Dank der Maybach-Motoren erreichten die Zeppeline eine Geschwindigkeit von 20 Metern pro Sekunde. In den letzten Lebensjahren erhielt Maybach die Ehrendoktorwürde der Technischen Hochschule Stuttgart und wurde von König und Kaiser geehrt. Er starb 1929 in Stuttgart.

Bis heute gilt Wilhelm Maybach als Pionier und einer der genialsten Konstrukteure der Automobilgeschichte. Dass sein Name bei DaimlerChrysler mit einem Verkaufsflop verbunden ist, hat er nicht verdient.

*

1998 war die Automobilwelt im Luxusmarkenfieber: Rolls-Royce stand zum Verkauf, und die Spekulationen über die Käufer trieben die tollsten Blüten. In Stuttgart war die Entscheidung über den Bau der Superluxuslimousine Maybach im April 1998 noch nicht gefallen, aber Jürgen E. Schrempp war sich sicher, dass er für den Einstieg ins Luxussegment nicht auf die britische Nobelmarke angewiesen sei. »Wenn wir in dieses Segment wollen«, so Schrempp, »und daran habe ich keinen Zweifel, dann brauchen wir dazu nicht Rolls-Royce, wir können das aus eigener Kraft.« Das oberste Luxussegment werde »mit einem Fahrzeug definiert werden, das den Stern trägt. Und natürlich werden wir dieses Fahrzeug nur anbieten, wenn wir damit Geld verdienen können.«

»Geld verdienen« lautete die nachvollziehbare Vorgabe. Die endgültige Entscheidung zugunsten des Luxusliners fiel in der Vorstandssitzung im Juli 1998, und Schrempps Zielrichtung war klar: »Mit der Entscheidung für den Bau des Mercedes-Benz Maybach unterstreichen wir einmal mehr unseren Anspruch, in allen Segmenten die absolute Spitze darzustellen.«

Das neue Zwölf-Zylinder-Flaggschiff sollte 56 Zentimeter länger als die 600er-S-Klasse sein, von 551 PS angetrieben werden und mehr als 20 Liter auf hundert Kilometer schlucken. Mit dem Preis von knapp einer halben Million Euro war alles abgedeckt, was das Herz eines Multimillionärs beglückt: von der Bar mit Kühlfach über kabellose Telefone, TV-Empfänger, DVD-Spieler bis hin zur Vier-Zonen-Klimatisierung und dem 600-Watt-Soundsystem mit Dolby-Surround-Klang an jedem Sitzplatz. Die Litanei des Luxus ließe sich noch lange fortführen.

In der allgemeinen Jubelstimmung der aus Anlass der Chrysler-Übernahme angesetzten Hauptversammlung am 18. September 1998 wählte der Daimler-Chef königliche Worte: Der Konzern werde »für die Königsklasse im Automobilbau ein Meisterwerk schaffen, das den Stern tragen wird: den Mercedes-Benz Maybach«. Gebaut in der Sindelfinger Manufaktur, sei der Maybach »ohne unsere jahrzehntelange Erfahrung in der automobilen Spitzenklasse nicht realisierbar«. Und mit Blick auf den Bentley aus dem Hause Piëch fügte Schrempp provozierend hinzu: »Eine Tradition, die *wir* nicht kaufen müssen.«

Im Jahr darauf legte Schrempp nach: »Wir arbeiten mit Hochdruck an weiteren faszinierenden Automobilen: Beispielsweise am Mercedes Maybach – unserer Definition der automobilen Spitzenklasse.« Und auf der Aktionärsversammlung im April

2000 ließ er seine Zuhörer wissen: »Mit dem Maybach werden wir beweisen, dass es auch in der automobilen Sonderklasse nichts Besseres als die Marke Mercedes-Benz gibt.«

Vier Jahre nach dem Vorstandsbeschluss war der zunächst streng geheime Auftrag zur Produktion des Rolls-Royce- und Bentley-Konkurrenten endlich umgesetzt. Fortan sollten mehr als 300 hoch qualifizierte Mitarbeiter in Handarbeit Luxusfahrzeuge in »höchster Perfektion« fertigen. Im Juli 2002 wurde das neue Flaggschiff, der Maybach 62, in New York einer interessierten Öffentlichkeit vorgestellt, im September folgte die Präsentation des Maybach 57 in Paris. »Wichtiger noch als die überwältigende Resonanz in den Medien auf diese Fahrzeuge im High-end-Luxussegment war das große Interesse der Kunden«, verkündete der Konzern großspurig und leitete Ende 2002 die Auslieferung ein. Alles schien aufs Beste geregelt.

*

Im Januar 2003 wurden die Aktivitäten von Mercedes Pkw, Maybach und Smart in der Mercedes Car Group zusammengefasst. Via Geschäftsbericht 2002 verkündete das Unternehmen Erfreuliches für das neue Flaggschiff: »Die mögliche Jahresproduktion von rund 1000 Fahrzeugen ist für das Jahr 2003 bereits vollständig mit Aufträgen belegt.« Auf der Aktionärsversammlung am 9. April 2003 bestätigte Jürgen Schrempp die Aussage: »Mit der Wiedereinführung des Maybach haben wir unser Angebot bis ins Top-Luxus-Segment erweitert. [...] Eine legendäre Automobilmarke feierte nach mehr als 60 Jahren ihr Comeback – der Maybach. Die Jahresproduktion 2003 ist bereits vollständig mit Aufträgen belegt.«

Hört sich gut an: Mercedes macht mit dem Maybach Reibach, denkt sich der gutgläubige Aktionär und spendet artig Beifall. Was aber heißt das konkret?

Bereits bei der Hauptversammlung im Jahr danach sparte sich Schrempp jeglichen Hinweis auf die Maybach-Verkäufe und speiste die Anteilseigner mit dem Satz ab: »Der Maybach erfüllt die höchsten Kundenansprüche auf Perfektion und Individualisierung.« Das war's.

Näheres erfuhren interessierte Aktionärinnen und Aktionäre im Geschäftsbericht 2003. Dort teilte der Konzern mit, dass vom Maybach »derzeit vier Fahrzeuge pro Tag gefertigt werden«. Mit »derzeit« war das Frühjahr 2004 gemeint, was bedeuten würde, dass auch am Ende des zweiten Produktionsjahrs rund 1000 Maybach-Mobile die Manufaktur in Sindelfingen verlassen müssten.

Doch die Sache hatte einen Haken, und den hätte jeder Interessierte in den Geschäftsberichten nachlesen können: Im Jahr 2003 konnten lediglich 600 und 2004 gerade mal 500 Maybachs in den Markt gedrückt werden.

Die Konzernberechnung legt eine Schlussfolgerung nahe, die von Schrempp nicht zu hören war und nur der Flurfunk vermeldete: DaimlerChrysler produzierte in den Jahren 2003 und 2004 einen beträchtlichen Teil der Maybach-Boliden als Ladenhüter für Showrooms und auf Halde. Trotzdem verkaufte Jürgen E. Schrempp den Aktionären und der Öffentlichkeit ein besseres Gesamtbild. Doch die offensichtliche Übertreibung von der »vollständig mit Aufträgen« belegten Jahresproduktion musste früher oder später auffliegen.

*

Nachrichten über die wahre Lage durften nicht nach außen dringen. Stattdessen wurden immer neue Erfolgsmeldungen aufgetischt, zum Beispiel über die Eröffnung weiterer Maybach-Center unter anderem in Tokio, Hongkong und Kuwait, so dass es im Jahr 2003 16 Maybach-Center weltweit und 71 Vertriebspartner in den USA gab. Im Juni 2004 »feierte« das Unternehmen das Debüt in der Volksrepublik China mit der Eröffnung der Maybach-Center in Peking und Shanghai, außerdem die Vorstellung einer »neuen Sitzkonfiguration für die exklusiven Maybach-Modelle« auf dem Pariser Automobilsalon und und und.

Das ganze Brimborium verschlang Unsummen an Geldern, die in keinem Verhältnis zum Erfolg standen. Die mittlerweile rund 90 Maybach-Center und -Vertriebspartner setzten im Durchschnitt jeweils rund fünf bis sechs Fahrzeuge ab – in einem ganzen Jahr!

*

Um die Gigantomanie auf die Spitze zu treiben, erlebte das Maybach-Hochleistungs-Showcar »Exelero« am 11. Mai 2005 seine Weltpremiere im Tempodrom zu Berlin. Die Kennzeichen des Protzmobils: ein V-Zwölfzylindermotor mit Biturbo-Aufladung, 5908 cm^3 Hubraum, 700 PS, 5,89 Meter Länge, 2,6 Tonnen Leergewicht, Tankinhalt 110 Liter. Professor Größenwahn lässt grüßen.

*

Im Januar 2005 outete sich Eckhard Cordes als »absoluter Maybach-Fan«, und das, obwohl »der Markt weggebrochen« war. »Statt wie erwartet 3000 bis 4000 weltweit waren es nur etwa halb so viele. Wir haben im vergangenen Jahr 500 Maybach verkauft«, gestand Cordes und ergänzte: »Das ist ein sensationeller Erfolg. Warum?«

Gute Frage. Zum Glück wurde Eckhard Cordes zum Mercedes- und nicht zum Finanzvorstand berufen. In flexibler Fertigung kann die Maybach-Manufaktur jährlich bis zu 1500 der Superluxuslimousinen produzieren. Im Vergleich dazu sind 500 verkaufte Maybachs allenfalls ein sensationeller Misserfolg. Und die 2003 und 2004 offiziell insgesamt verkauften 1100 Bonzen-Benz sind rein rechnerisch nicht einmal »halb so viele« wie die in zwei Jahren produzierbaren 3000.

Drei Monate später lobte Cordes erneut die »Ikone im Luxussegment«, drückte sich aber um eine Antwort zum Maybach-Finanzdesaster. Mit 500 verkaufter Superluxuslimousinen »sind wir profitabel, mit jedem verkauften Maybach kommt gutes Geld in die Kasse«. Vom *managermagazin* zur Berücksichtigung der

Entwicklungskosten befragt, wich der Mercedes-Chef aus: »Ohne Maybach würden wir den Profit des Unternehmens verringern.« Auch auf Nachfrage wollte Cordes keine konkrete Antwort geben: »Wir erwirtschaften einen respektablen Deckungsbeitrag«, lautete seine kryptische Antwort.

*

Sie haben vieles gemein, Jürgen E. Schrempp und Eckhard Cordes. Mister Mercedes ist wie sein Big Boss ein Meister der beschönigenden Rhetorik: »Unsere Konkurrenten sind Bentley und Rolls-Royce. Der eine ist seit hundert Jahren im Markt, der andere seit mehr als achtzig und wir erst seit drei wieder, nachdem die Marke lange verschwunden war. Nach nur drei Jahren spielen wir in der gleichen Liga und sind mit Bentley auf Augenhöhe.« Auf *Auspuffhöhe* wäre angesichts der erklecklichen Zahl von Ladenhütern wohl treffender gewesen. Doch wie Jürgen Schrempp setzte auch Eckhard Cordes auf das Prinzip Hoffnung: »Und wenn alles läuft wie geplant, werden wir in diesem Jahr eine weitere Maybach-Variante haben, die, salopp gesagt, absolut Weltklasse ist.« Wir sind beruhigt. »Ich bin absolut davon überzeugt, dass das Auto ein Erfolg wird.« Echt beruhigt.

Hohle Worte, die nichts über die Rendite aussagen. Analysten sagen, wenn überhaupt, könne man vom Erreichen der Profitabilität sprechen, falls man die immensen Entwicklungskosten außer Acht lasse. »Wir erwirtschaften einen respektablen Deckungsbeitrag«, hatte Eckhard Cordes gesagt. Dabei hatte sein Vorgänger Jürgen Hubbert bei der Markteinführung Ende 2002 noch versprochen, der Maybach werde bereits im ersten Jahr seines zwölfjährigen Lebenszyklus Gewinne erwirtschaften.

Möglicherweise hatte Jürgen Schrempp den richtigen Ton getroffen, als er bei der Hauptversammlung am 6. April 2005 im Berliner Messe-Zentrum gewissermaßen seine Abschiedsrede hielt: Er verlor über den Maybach kein Wort!

*

Die »Königsklasse« für den einen König

Im Jahr 2004 war das Maybach-Desaster perfekt und die »Königklasse« zum Ladenhüter verkümmert. Was kam da mehr gelegen als eine Bestellung von einem Kontinent mit einem bislang eher begrenzten Automarkt?

Die Order einer reichhaltig ausgestatteten Luxuslimousine vom Typ Maybach durch König Mswati III., Herrscher über Swasiland, Ende 2004 verschaffte im Schwabenland neue Arbeit. In dem südafrikanischen Land war dagegen zwei Jahre zuvor knapp ein Viertel der Bevölkerung vom Hungertod bedroht gewesen. Rund 38 Prozent der Schwangeren, die Hospitäler für werdende Mütter aufsuchten, waren HIV-positiv. Laut Amnesty International werde Aidsinfizierten Häftlingen im Zentralgefängnis Matsapha eine »angemessene medizinische Betreuung verweigert«. Die Menschenrechtslage in Swasiland ist bis zum heutigen Tag desaströs.

Mit derlei Banalitäten muss sich Daimler-Kunde Mswati III. nicht herumschlagen. Seine zehn Frauen und drei Verlobten hat er jeweils mit einem neuen BMW-Geländewagen abgespeist, während er sich selbst fortan im Maybach-Mobil durch die Weiten seines Reiches chauffieren lässt. Dabei ließ er sich den üblicherweise 350000 US-Dollar schweren Maybach 62 in einer nochmals 150000 Dollar teureren Luxusversion anliefern: Die Sonderanfertigung beinhaltet unter anderem eine Bar mit Kühlschrank sowie beheizbare Ledersitze. Ende 2004 erworben, zeigte sich der Monarch erstmals im Januar 2005 in seinem Edelgefährt in der Öffentlichkeit – selbstverständlich geschützt von Sicherheitskräften.

Zu seinem 37. Geburtstag im April 2005 landete der König den nächsten Coup: die Aufstockung seines Luxusfuhrparks um acht Mercedes-Limousinen mit vergoldeten Nummernschildern. Diese wurden via Luftfracht aus Deutschland eingeflogen und auf dem Landweg in das Königreich transportiert. Zum Opening des Alibi-Parlaments im Februar 2005 fuhr Mswati III. in einem Mercedes 600 vor, eine auf dem schwarzen Kontinent einmalige Sonderanfertigung.

Warum ging Schrempps Strategie nicht auf, mit dem Maybach im obersten Luxussegment »die absolute Spitze« besetzen zu wollen? Die Antwort gibt die Luxuslimousine selbst. Meint der Maybach-Fahrer etwa, seinen M62 in 5,4 Sekunden von null auf hundert beschleunigen zu müssen, dann muss er einen der wenigen geschwindigkeitsbefreiten Autobahnabschnitte wählen und am besten des Nachts fahren. Wagt er sich aber mit dem Wagen in eine Innenstadt, dann wird der Maybach zur Lachnummer. Dann nämlich fehlen dem Bonzen-Benz die Eigenschaften, die heutzutage jeder Mittelklassewagen mitbringt: die richtige Größe und Wendigkeit. Ein Fahrzeug, das wie der Maybach 62 läppische 6,17 Meter misst, passt in jede Flugzeughalle, aber auf kaum einen Parkplatz, geschweige denn in eine der üblichen Tiefgaragen.

Von entscheidender Bedeutung könnte aber die Sicherheitsfrage in den Zeiten von Hartz IV und Ein-Euro-Jobs sein. In der Annahme drohender Sicherheitsprobleme bietet das Unternehmen »auf Wunsch« den Maybach 62 auch mit einer »speziellen Sonderschutz-Ausstattung« an. Mit dieser »widersteht die Karosserie nicht nur Angriffen mit Schlagwaffen, sondern schützt die Insassen auch vor großkalibrigen Revolvergeschossen«. Somit »erfüllt die Highend-Luxuslimousine alle Bedingungen des so genannten Hochschutzes, die in der europäischen Widerstandsklasse B4 festgelegt sind.« Bestätigt wird diese Fähigkeit durch ein Zertifikat des staatlichen Beschussamts in Ulm.

Mit anderen Worten: Angesichts der steigenden Armut in Deutschland und des tagtäglichen Hungers von Millionen Menschen in den so genannten Entwicklungsländern ist die »High-end-Luxuslimousine« das Letzte, was dem Konzern aus der Krise hilft und sicherlich das Allerletzte, was die Menschheit zur Bewältigung ihrer existenziellen Probleme benötigt.

*

Fassen wir zusammen: Bevor die Entscheidung für den Maybach gefallen war, hatte Schrempp die Linie vorgegeben: »Geld verdienen«, lautete die Devise von Mister Shareholder Value. In diesem Sinne steht das Maybach-Desaster exemplarisch für das Daimler-Desaster. Denn wie so oft folgte den Prognosen von Vorständen und den Versprechungen des Vorstandsvorsitzenden eine harte Bruchlandung. Einmal mehr setzten Schrempp, Kopper & Co. Millionengelder der Aktionäre in den Sand und enttäuschten deren Renditeerwartungen. Am Ende muss man sich fragen, wie es möglich war, dass die Mercedes Car Group unter den Hubberts und Schrempps jahrelang einen Rekord nach dem anderen einfuhr. Die Antwort liegt wohl vor allem in der Leistung Abertausender Beschäftigter und nicht in der des Topmanagements.

Der neue Mercedes-Chef Dieter Zetsche wäre gut beraten, die Produktion des unsinnigsten und unnötigsten aller Automobile schnellstmöglich zu stoppen und dem Maybach-Desaster ein Ende zu bereiten. Im Fall des Maybach muss das Motto lauten: Lieber ein Ende mit Schrecken als ein Schrecken ohne Ende!

*

»Wir arbeiten mit Entschiedenheit an alternativen Antrieben: von Hybridmodellen bis hin zu Autos mit Brennstoffzellenantrieb.«
Jürgen E. Schrempp im Oktober 2004

Das Öko-Desaster

Was waren das für Zeiten, als das Antiblockiersystem (ABS) und die Benzineinspritzung, als die aktive und die passive Sicherheit beispielhaft für die Innovationskompetenz eines Konzerns namens Daimler-Benz standen. Damals war das Automobilunternehmen Wegbereiter wichtiger Entwicklungen im Fahrzeugbereich.

Das ist lange her. Der seit 1995 amtierende Vorstandsvorsitzende und seine Mannschaft haben die technische Entwicklung schlichtweg verpennt. Als Vorstandsvorsitzender trug Jürgen E. Schrempp maßgeblich die Verantwortung dafür, dass die letzte Dekade als eine enttäuschende Epoche in die Historie des Konzerns eingehen wird. Statt die gleichzeitige Entwicklung von Brennstoffzellen- und Hybridfahrzeugen zu forcieren, setzte Schrempp nur auf eines der Pferde, ließ das andere im Stall stehen – und verlor das Rennen, wie der Blick zurück zeigt.

*

17. März 1999, Präsentation des Brennstoffzellenfahrzeugs NECAR 4. Mit stolz geschwellter Brust verkündete der Daimler-Chef, dass das Unternehmen mit diesem Tag der Serienreife von Brennstoffzellenfahrzeugen »einen entscheidenden Schritt näher gekommen« sei. »Die größte Herausforderung« für die Ingenieure sei es nunmehr, »konkurrenzfähige Herstellungskosten« für die Brennstoffzellensysteme zu erreichen.

Wichtiger war, was der Konzernlenker nicht sagte: Bereits damals hatten viele Experten erkannt, dass die Entwicklung der Brennstoffzelle noch viele Jahre bis zur praktischen Umsetzung benötigen würde. Bereits damals forderte Alexander Dauensteiner, Fahrzeug- und Umweltexperte der Kritischen AktionärInnen DaimlerChrysler (KADC), in gleich mehreren Hauptversammlungen, parallel zum Brennstoffzellenantrieb auch andere Optionen zu verfolgen.

Bei der Hauptversammlung 1996 plädierte Dauensteiner dafür, die Entwicklung hoch effizienter Hybridantriebe zur Reduzierung des Kraftstoffverbrauchs und als Übergangstechnologie zur Brennstoffzelle voranzutreiben. Bei Hybridfahrzeugen kombiniert man mindestens zwei unterschiedliche Antriebssysteme, beispielsweise einen Verbrennungsmotor mit einem Elektroantrieb. Durch die intelligente Regelung beider Antriebsarten in möglichst optimalen Betriebspunkten werden erhebliche Kraftstoffeinsparungen erreicht.

Schrempp hielt damals dagegen, dieses Konzept sei allenfalls »rechnerisch belegbar«. Erst Jahre später, und damit viel zu spät, erkannte der DaimlerChrysler-Vorstand, dass die äußerst effiziente Hybridtechnologie einen beträchtlichen Beitrag zur Minderung des Kraftstoffverbrauchs leisten kann. Das bewies der japanische Konkurrent Toyota, wo man rechtzeitig beide Pferde gesattelt hatte: Tagtäglich führt der fünfsitzige Prius – in den USA ein absoluter Bestseller – auf den Straßen vor, wie Kraftstoffersparnis erzielt werden kann. Der Prius benötigt gerade mal 4,3 Liter auf 100 Kilometer.

»Das war schon sehr gut vermarktet von Toyota«, versuchte Jürgen E. Schrempp zu retten, was nicht mehr zu retten war. »Die Hybridantriebe, die wir auf den Markt bringen, seien wir mal bescheiden, werden höchst vergleichbar mit dem sein, was Toyota hat.« Die Daimler-Ingenieure wären »am liebsten gleich zur Brennstoffzelle übergegangen. Technisch richtig, vom Marketing her aber falsch. Manchmal muss man eben mit der 80-prozentigen Lösung auf den Markt.« Auf dem Markt aber verfügt Mercedes über keinen ernst zu nehmenden Konkurrenten, der dem Prius den Rang ablaufen könnte.

Selbst Dieter Zetsche sah das anders als sein Vorgänger. Im April 2005 räumte er – ganz im Gegensatz zu Schrempp –

offen Versäumnisse ein: »Wir sind spät dran, und Toyota hat in der öffentlichen Wahrnehmung beim Hybrid derzeit eindeutig die Nase vorn.« Nicht nur in der Wahrnehmung, auch faktisch.

Im August 2005 endlich beschloss DaimlerChrysler (DC) zusammen mit General Motors (GM) ein Projekt zur Entwicklung des umweltfreundlichen Hybridantriebs – wohlgemerkt: neun lange Jahre nach Dauensteiners eindringlichem Plädoyer. Im Umweltbericht 2005 brüstete sich das Unternehmen, dass in Detroit Experten von DC und GM »gemeinsam an der Technologie, die eine Brücke zwischen Verbrennungsmotor und Brennstoffzelle schlägt«, arbeiten würden – gemeint war der Hybridantrieb. Das klang gut und war zugleich ein Bekenntnis, dass man bei den Stuttgartern eines erkannt hatte: Der Vorsprung der Konkurrenz aus Fernost war für ein Unternehmen alleine nicht wettzumachen.

Ab April 2005 bot Toyota mit seinem Lexus RX 400h das erste Fahrzeug im Luxussegment mit Hybridantrieb an, zudem hatte Honda sein Erfolgsmodell Civic ebenfalls als Hybridvariante vorgestellt. Der Toyota Prius hatte mittlerweile mehr als zehn internationale Preise gewonnen, unter anderem als »Auto des Jahres 2005«, und verkaufte sich in den Vereinigten Staaten so häufig wie die E-Klasse von Mercedes.

*

Aber nicht nur bei der Entwicklung neuer Antriebskonzepte hatte DaimlerChrysler in der Vergangenheit die Feststellbremse angezogen: Das Debakel um die Einführung von Rußpartikelfiltern für Diesel-Pkw zeigte beispielhaft die völlig verfehlte Einschätzung der Konzernstrategen. Jahrelang hatte sich der Konzern – als Speerspitze im Verband der Automobilindustrie (VDA) – gegen die Einführung dieser Technologie gewehrt und dabei sogar den Rückwärtsgang eingelegt. Mit kaum mehr nachvollziehbaren Argumenten versuchte DaimlerChrysler die Fachöffentlichkeit und die Kunden zu beschwichtigen.

Zunächst zog man gegen den Wettbewerber zu Felde: Der VDA behauptete, Peugeot würde die Dieselversionen seines Oberklassemodells 607 insgeheim ohne Rußfilter an Taxibetriebe ausliefern, weil das System im Stadtverkehr »nicht gut arbeite«. Wie sich sehr bald zeigte, handelte es sich dabei um eine unhaltbare Unterstellung. Das französische Unternehmen stellte die Faktenlage klar: Sämtliche Peugeot 607 mit Dieselmotoren wurden mit Rußpartikelfiltern ausgestattet, einschließlich der Taxis. Die Fahrer zeigten sich überaus zufrieden.

In einer zweiten Runde wollte man mit technischen Argumenten gegen das von Peugeot und Citroën erfolgreich eingeführte System von Rußpartikelfiltern vorgehen: Zunächst hielt der Konzern »innermotorische Maßnahmen« für die bessere Lösung, dann wollte man ein System entwickeln, das ohne Additive auskommt. Ganz nebenbei jedoch hatte man wohl übersehen, dass die Feinstaubrichtlinie der Europäischen Union längst beschlossene Sache war, und im Zuge der deutschen Debatte über den krebserregenden Dieselruß mächtig an Image verspielt.

Im Juli 2005 kündigte die DaimlerChrysler AG endlich an, ab sofort alle Diesel-Pkw der Mercedes Car Group serienmäßig mit Rußpartikelfiltern auszustatten – mehr als fünf Jahre nach der Konkurrenz aus Frankreich, die bis zu diesem Zeitpunkt bereits mehr als eine Million Diesel-Pkw mit Rußpartikelfiltern abgesetzt hatte.

*

Immer wieder hatte Jürgen Schrempp auch für die Ökologie verheißungsvolle Worte parat. Angesichts steigender Ölpreise arbeite DaimlerChrysler »mit Entschiedenheit an alternativen Antrieben: von Hybridmodellen bis hin zu Autos mit Brennstoffzellenantrieb«, so der Daimler-Chef, der in altbekannter Manier sogleich die vermeintlichen Erfolge herunterspulte: »Wir sind heute schon das Unternehmen mit den meisten Wasserstofffahrzeugen im Praxiseinsatz und liefern die Brennstoffzellenbusse für die Olympischen Spiele in Peking 2008. Wir werden Alternativen zum Verbrennungsmotor anbieten.«

So setzte Jürgen E. Schrempp auch im Umweltbereich Maßstäbe – vor allem auf der Ebene von Versprechungen und Ankündigungen. »Die praktische Umsetzung von ›Sustainable Development‹, also einer nachhaltigen Entwicklung, bedeutet heute weit mehr als das Einhalten von Umweltrichtlinien«, formulierte er im Umweltbericht 2004. DaimlerChrysler wolle »mit seiner über 115-jährigen Tradition als Technologie- und Innovationsführer in der Automobilindustrie Maßstäbe für die Branche setzen«.

Die Kluft zwischen Anspruch und Wirklichkeit jedoch ist beträchtlich. Beim Blick hinter die Fassade offenbart sich die wahre Strategie des Konzerns. Maßstäbe für die Branche wurden allenfalls bei einer Klage gegen schärfere Grenzwerte für den Ausstoß des Treibhausgases Kohlendioxid im US-Bundesstaat Kalifornien gesetzt. In unheiliger Allianz mit anderen der Branche klagte der Konzern dagegen, dass Kalifornien im September 2004 verbindliche Grenzwerte für den Kohlendioxidausstoß von Neuwagen festgeschrieben hatte. Das entsprechende Gesetz sollte am 1. Januar 2006 in Kraft treten und für Personenkraftwagen und leichte Nutzfahrzeuge gelten, die ab 2009 auf den Markt kommen. Damit wollte die kalifornische Regierung den Kohlendioxidausstoß neu zugelassener Pkw bis 2016 um 30 Prozent reduzieren.

In einem gemeinsamen Brief wandten sich der BUND, die Deutsche Umwelthilfe, das Forum Umwelt und Entwicklung, Germanwatch, Greenpeace, der NABU, Robin Wood, der VCD und der WWF »mit großer Sorge« direkt an die Vorstände von DaimlerChrysler, BMW, Porsche und Volkswagen, die sich der Klage der Alliance of Automobile Manufacturers gegen das kalifornische Gesetz zur Reduzierung der Treibhausgasemissionen angeschlossen hatten. Das Vorgehen der deutschen Autobauer kritisierten die neun Umweltverbände »als einen Verstoß gegen das öffentliche Interesse des Klimaschutzes, der zudem nicht im Sinne der Verbraucher und Ihrer eigenen Aktionäre« sei.

Kurzer Hand warf das Unternehmen sein grünes Umweltmäntelchen über Bord. Forschungs- und Technologievorstand Dr. Thomas Weber und Konzernentwicklungsvorstand Dr. Rüdiger Grube antworteten den deutschen Umweltorganisationen schriftlich im April 2005: »CO_2-Emissionen stellen – wie Sie richtig bemerken – kein nationales (regionales), sondern ein internationales Thema dar« und könnten daher »auch nur zentral (bundesweit) einheitlich geregelt werden.«

Man schob formaljuristische Gründe vor. Bei DaimlerChrysler wollte man offensichtlich nicht zugeben, dass es im Kern um die Verhinderung schärferer Grenzwerte ging. Dass nach Umfragen rund 80 Prozent der Bevölkerung Kaliforniens die Verordnung befürworteten und Zehntausende gegen das Verhalten der deutschen Automobilindustrie protestierten, kümmerte im Konzern kaum jemanden.

*

Die so genannte Umweltschutzpolitik der DaimlerChrysler AG ist das Papier nicht Wert, auf dem der entsprechende Bericht gedruckt ist. Grund dafür sind eklatante Strategiefehler, vor allem, dass neben der Entwicklung des Brennstoffzellenantriebs viel zu lange keine anderen Optionen zukünftiger Antriebstechnologien verfolgt wurden.

Im Juli 2005 stellte der Daimler-Konzern seinen Bericht »Fakten zur Nachhaltigkeit« vor – und erntete scharfe Kritik seitens der Deutschen Umwelthilfe. Erstmals seit zehn Jahren hatte die Organisation keine unzensierte Bewertung abgeben dürfen, lautete der Vorwurf. Zugleich warf Bundesgeschäftsführer Jürgen Resch DaimlerChrysler angesichts der Kalifornien-Klage umweltpolitische Heuchelei vor.

In der Auto-Umweltliste 2005/2006 des Verkehrsclubs Deutschland (VCD) fanden sich mit der A-Klasse 160 CDI und dem A 150 gerade mal in der Kompaktklasse zwei Mercedes auf den Plätzen 2 und 7. Im Ranking der besten Familienautos, der besten Mini-Vans und vor allem in den Top Ten fand sich kein weiteres Fahrzeug der DaimlerChrysler AG.

Alexander Dauensteiner fasste die Umweltpolitik des Konzerns kurz und knapp zusammen: »Einst fuhr die Daimler-Benz AG in der Spitzengruppe innovativer Technologieentwicklung, heute rattert die DaimlerChrysler AG der japanischen und französischen Konkurrenz hinterher.«

*

»Wenn ich nicht akzeptiere, dass man mich kritisiert, bin ich der falsche Mann für den Job.«

Jürgen E. Schrempp im August 2004 auf die Frage nach dem Desaster bei Toll Collect

Das Toll-Collect-Desaster

Die Geschichte der Entwicklung und Einführung des elektronischen Abrechnungssystems zur satellitengestützten Lkw-Maut auf deutschen Autobahnen ist eine Geschichte jahrelanger Konflikte und peinlicher Pannen – nicht zuletzt wegen der Unfähigkeit von Ingenieuren und Vorständen der DaimlerChrysler AG.

Im Oktober 1998 hatte sich die rot-grüne Bundesregierung im Koalitionsvertrag darauf geeinigt, eine elektronische Lastwagengebühr für die Benutzung von Autobahnen einzuführen. Im August 2001 beschlossen erst das Bundeskabinett und im Dezember dann auch der Bundestag mehrheitlich das Gesetz zur Lkw-Maut. Die Höhe der Gebühren sollte sich nach Fahrleistung, Achslast und Schadstoffausstoß richten. Anfang Februar 2002 wurde das Gesetz von der Mehrheit der Länder im Bundesrat gestoppt und gefordert, die Einnahmen an die Finanzierung von Infrastrukturmaßnahmen zu binden und einen Ausgleich für die betroffenen Unternehmen zu schaffen. Im Folgemonat votierte der Vermittlungsausschuss im Grundsatz für die geplante Maut, wenn auch mit zahlreichen Nachbesserungen. Weitere zwei Wochen danach stimmten sowohl der Bundestag als auch der Bundesrat diesem Vermittlungsvorschlag zu.

Im Juni 2002 erhielt das Konsortium »Toll Collect«, bestehend aus DaimlerChrysler, Deutsche Telekom und Cofiroute, den Zuschlag für das Mautprojekt. Drei Monate danach unterzeichneten Vertreter des Bundesverkehrsministeriums und von Toll Collect den Mautvertrag. Der Starttermin wurde auf den 31. August 2003 festgesetzt. Im Dezember 2002 überprüfte die Brüsseler Wettbewerbskommission der EU Toll Collect wegen einer eventuellen marktbeherrschenden Stellung bei Telematik-Systemen, billigte im April 2003 jedoch das Konsortium unter Auflagen. Im Juli 2003 startete die EU-Kommission ein Prüfverfahren wegen der geplanten Entschädigung deutscher Transportunternehmen.

Noch im gleichen Monat musste der Starttermin vom 31. August auf den 2. November 2003 verschoben werden. Als Grund wurden die nicht zur Genüge vorhandenen Geräte zur Mauterfassung, die sogenannten »On Board Units«, sowie technische Probleme angeführt. Im Oktober kam es dann zum großen Knall: Der Start wurde auf unbestimmte Zeit vertagt, zugleich eskalierte der Konflikt um Haftungsfragen für Einnahmeausfälle wegen des verspäteten Starts. Ende des Jahres scheiterten die Verhandlungen zwischen der Bundesregierung und dem Toll-Collect-Konsortium, woraufhin Bundesverkehrsminister Manfred Stolpe ein bis zum 31. Januar 2004 befristetes Ultimatum setzte, um einen neuerlichen Starttermin festzulegen und endlich die Frage des Schadensersatzes zu klären.

Ende Januar 2004 schlug das Toll-Collect-Konsortium einen Mautstart in zwei Stufen vor. So sollte eine technisch weniger anspruchsvolle Mautversion Ende 2004 in Betrieb gehen, ein Jahr danach endlich das funktionsfähige Gesamtsystem. Die rot-grüne Bundesregierung lehnte den Vorschlag ab.

Sowohl Bundesverkehrsminister Manfred Stolpe als auch DaimlerChrysler und die Deutsche Telekom wurden wegen ihrer Unfähigkeit öffentlich massiv kritisiert. Mitte Februar drohte Stolpe mit der Aufkündigung des Vertrags und einer Neuausschreibung. Der SPD-Minister räumte Toll Collect eine letzte Frist von zwei Monaten ein, um das Mautsystem nachzubessern. Am 29. Februar 2004, einem historischen Datum in der Verkehrsgeschichte, einigten sich Bundeskanzler Gerhard Schröder und die Vorstandsvorsitzenden der DaimlerChrysler AG und der Telekom AG, Jürgen E. Schrempp und Kai-Uwe Ricke, auf einen Kompromiss zur Einführung der Lkw-Maut. Mitte Dezember 2004 erteilte das Bundesamt für Güterverkehr die vollständige Genehmigung zum Betrieb des satellitengestützten Mautsystems auf deutschen Autobahnen. Der Start erfolgte am 1. Januar 2005 – auf Grund des von DaimlerChrysler und der Deutschen Telekom zu verantwortenden Versagens sechzehn Monate nach dem ursprünglich geplanten Starttermin. Somit entgingen dem Bund fest eingeplante Mauteinnahmen in Höhe von anfangs rund 5,2 Millionen Euro und später rund 6 Millionen Euro pro Tag.

Als Jürgen E. Schrempp im August 2004 nach dem »Desaster bei Toll Collect« *(Capital)* befragt wurde, antwortete er nicht zum ersten Mal in seiner Karriere: »Wenn ich nicht akzeptiere, dass man mich kritisiert, bin ich der falsche Mann für den Job. Kritik ist notwendig, sie kann auch positiv sein.« Dass Schrempp so gesehen der Falsche für diesen Job war, hatte er schon unter Beweis gestellt. Das einzige, was er zugunsten von Toll Collect anführen konnte, war die Tatsache, dass »eine Einigung mit der Bundesregierung gelungen« sei.

Auf DaimlerChrysler Services und die Deutsche Telekom sollten noch teure Zeiten zukommen, denn die Bundesrepublik Deutschland strengte ein Schiedsverfahren gegen die beiden Konzerne an. Die Bundesregierung machte Vertragsstrafen geltend und verlangte Schadensersatz wegen des Mautausfalls im Zeitraum vom 1. September 2003 bis 31. Dezember 2004. Dabei ging es um 3,56 Milliarden Euro zuzüglich Zinsen und um Vertragsstrafen in Höhe von 1,03 Milliarden Euro zuzüglich Zinsen. Nach Ansicht des Bundesverkehrsministers müssen die beiden Konzerne knapp 4,6 Milliarden Euro plus Zinsen bezahlen.

Das dreiköpfige Schiedsgericht zur Regelung des Streits kam unter dem Vorsitz von Bundesgerichtshof-Präsident Günter Hirsch erstmals am 4. April 2005 zusammen. Der Minister rechnete damit, dass eine Entscheidung des Schiedsgerichts in den nächsten Monaten fallen werde: »Ich bin überzeugt, dass die Kasse klingeln wird«, zeigte sich Stolpe optimistisch.

*

In der Amtszeit des Vorstandsvorsitzenden Jürgen E. Schrempp und des Aufsichtsratschefs Hilmar Kopper wurde die Perle Mercedes-Benz zum Patienten Mercedes Car Group. Aus der laut Schrempp einst »wertvollsten Automobilmarke der Welt« wurde ein Sanierungsfall, der Milliardeninvestitionen benötigt, um das Smart- und das Maybach-Desaster, das Qualitäts- und das Toll-Collect-Desaster zu überwinden. Statt als Nummer eins der Autoindustrie auf der Überholspur zu fahren, dackelte Daimler hinterher und stand oft genug mit einer Motorpanne am Straßenrand. Auf der nationalen Bühne hatte Mercedes unter dem Duo Schrempp-Kopper gegenüber BMW im Image wie bei der Rendite das Nachsehen, international zeigte Toyota dem Konkurrenten DaimlerChrysler, wie ökologische Mobilität definiert wird.

Wie viele weitere Milliarden letztlich für Qualitätssicherung, Personalabbau und Mautausfallschäden aufzubringen sind, vermag heute niemand genau zu beziffern. Klar aber ist, dass Schrempp und Kopper ihren Nachfolgern einen Katastrophenkonzern hinterlassen, dessen Sanierung eines jahrelangen Kraftakts bedarf.

Unter Mercedes-Chef Eckhard Cordes wurde das Rationalisierungsprogramm »Cost down, revenue up, execution« (CORE) gestartet, auf gut Deutsch etwa: Kosten runter, Einnahmen hoch, Ausführung. CORE sieht eine Steigerung der Umsatzrendite auf 7 Prozent und ein um 3,5 Milliarden Euro verbessertes Betriebsergebnis bis zum Jahr 2007 vor. An den Erfolgen des CORE-Programms muss sich Cordes-Nachfolger Dieter Zetsche messen lassen.

vier. Das Ethik-Desaster

»Das ist uns überhaupt nicht leicht gefallen.«
Reinhard Bütikofer, Grünen-Parteichef, über die Zustimmung zur Entwicklung des Raketenabwehrsystems MEADS

Das MEADS-Desaster

Im 21. Jahrhundert wird Deutschland bedroht von Flugzeugen, Helikoptern, Marschflugkörpern und taktisch-ballistischen Raketen, bestückt mit konventionellen oder mit A-, B- und C-Gefechtsköpfen. So jedenfalls argumentierten Regierungspolitiker und führende Vertreter der Hardthöhe. Aus diesem Grund entwickelten Rüstungsforscher das Taktische Luftverteidigungssystem / Medium Extended Air Defense System (TLVS/MEADS). Mit dem neu entwickelten Abwehrsystem, das eine Reichweite von bis zu 1000 Kilometern hat, sollen künftig feindliche Raketen abgeschossen werden.

Zu den »Feinden«, die das deutsche Territorium im Umkreis von 1000 Kilometern mit konventionellen und mit ABC-Waffen bedrohen könnten, zählten demnach Frankreich im Westen, Irland im Nordwesten, Norwegen im Norden, Estland, Lettland und Litauen im Nordosten, Rumänien im Südosten, Italien im Süden und Spanien im Südwesten – allesamt Nato-Mitglieder. Blieben noch die aggressiven Supermächte Albanien oder Weißrussland.

In weiser Erkenntnis eines real fehlenden Feindes begab sich Bundeskanzler Gerhard Schröder früh auf die Suche nach weiteren Argumenten, warum er das Luftverteidigungssystem MEADS nicht missen mochte: »Es geht darum, dass wir bei Technologien, die entwickelt werden, die wir womöglich mitgestalten, auch materiell, innerhalb der Nato, dass wir bei der Kenntnis dieser

Technologie nicht außen vor bleiben«, so der Kanzler im März 2001. Denn »wenn es so etwas gibt, gibt es natürlich für uns ein eminentes wirtschaftliches Interesse«.

Da die Bedrohungskarte nicht stach, wurde die arbeitsmarktpolitische Karte gezogen. Das Problem dabei war, dass MEADS zwar hohe Kosten, in Deutschland jedoch vergleichsweise wenig Arbeitsplätze brachte. Blieb das wichtigste aller Argumente, die eigentliche Trumpfkarte der MEADS-Befürworter: der Schutz deutscher Soldaten im Ausland – wohlgemerkt vertreten von einer Bundesregierung, die ursprünglich als Koalition der Friedenschaffenden angetreten war.

*

Als multinationales Joint Venture mit Sitz in Orlando in Florida arbeitete MEADS International mit dem Rüstungskonzern Lockheed Martin in den USA, mit dem Unternehmen MBDA Italien und mit der European Aeronautic Defence and Space Company (EADS) und LFK-Lenkflugkörpersysteme in Deutschland zusammen. Größter Anteilseiger des europäischen Rüstungsriesen EADS war und ist die DaimlerChrysler AG mit einem Aktienpaket von gut 30 Prozent.

Am MEADS-Programm sind gleich mehrere Geschäftseinheiten der EADS beteiligt: Die EADS Division Defence and Security Systems unter Führung der EADS/LFK-Lenkflugkörpersysteme und das EADS-Tochterunternehmen MBDA. Bei DaimlerChrysler/EADS zeigte man sich zufrieden über den lukrativen Auftrag, das Raketenabwehrsystem MEADS mit zu entwickeln und zu produzieren: »Wir sind stolz darauf, Partner einer überaus erfolgreichen transatlantischen Kooperation zu sein, und freuen uns auf die weitere Zusammenarbeit«, sagte Tom Enders, Vorstandsmitglied der EADS und Leiter der Division Defence and Security Systems, im September 2004. Mit der Unterzeichnung eines Letter Contract sei es möglich, »die Entwicklungsarbeiten zu MEADS nun ohne größere zeitliche Verzögerungen und Unterbrechungen aufzunehmen und unsere in Deutschland einmaligen Kapazitäten auszulasten«.

Was so problemlos klang, war in der deutschen Politlandschaft über viele Jahre heftig umstritten. Vor allem Bündnis 90/Die Grünen leisteten bereits lange vor ihrer Regierungsbeteiligung heftigen Widerstand gegen das MEADS-Projekt. Als Oppositionspolitiker brachten die Bundestagsabgeordneten Angelika Beer, Winfried Nachtwei und Christian Sterzing mit Rückendeckung der Fraktion im November 1996 einen Änderungsantrag zum Einzelplan 14, dem Verteidigungsetat, ein. Darin forderten sie die Teilkürzung des Haushaltsansatzes »für Ausgaben im Zusammenhang mit der Vorbereitung und Ausrüstung von Krisenreaktionskräften der Bundeswehr für Kampfeinsätze im Ausland um 1 687 450 TDM«. Die Bundesregierung unter Helmut Kohl solle »mit den jeweiligen Vertrags- oder Kooperationspartnern in Verhandlungen« treten, um die Projekte – wie das Taktische Luftverteidigungssystem (TLVS/MEADS) – »zu beenden«.

Auch nach dem Eintritt in die Bundesregierung wetterten zahlreiche Grünen-Vertreter und Untergliederungen vehement gegen MEADS und die dadurch verschwendeten Milliarden. Mit gezielten Störmanövern schafften sie es, eine Bundestagsentscheidung zugunsten von MEADS bis ins Frühjahr 2005 zu verschieben. Im Vorfeld der Sitzung des Haushaltsausschusses, in der über die MEADS-Entwicklung entschieden werden sollte, eskalierte die Situation. Für die Haushälter der Fraktion stellte Alex Bonde klar: »Die AG Haushalt der Bundestagsfraktion Bündnis 90/Die Grünen lehnt die deutsche Beteiligung an der Entwicklung des Raketenabwehrsystems TLVS/MEADS ab. Die Raketenabwehr ist angesichts der Haushaltslage und unserer politischen Schwerpunktsetzung nicht vordringlich.«

Unterstützt wurden die Grünen von einer breiten Koalition von Friedensorganisationen und Rüstungsgegnern. »MEADS ist Teil und Auftakt eines grundlegenden Transformationsprozesses im Sicherheitsdenken von Deutschland und der Nato, die mehr und mehr auf Abwehrwaffen ausgerichtet sein soll«, merkte Dr. Bernd W. Kubbig von der Hessischen Stiftung Friedens- und Konfliktforschung an. Das Problem dabei sei, dass mit Blick auf die amerikanische Präventionsstrategie »Abwehr- und Angriffswaffen gefährlich nahe beieinander« lägen, so der Frankfurter Friedensforscher.

Dann aber ging es Schlag auf Schlag. Nach mehrstündiger Diskussion stimmte die Bundestagsfraktion von Bündnis 90/Die Grünen – bei zwölf Gegenstimmen und fünf Enthaltungen – mehrheitlich für MEADS. Kleinlaut verkündete die Fraktionsvorsitzende Christa Sager: »Wenn wir hier die SPD nicht überzeugen können, dann muss die SPD das auf ihre Kappe nehmen.«

Am 18. April 2005 überbrachte Grünen-Chef Reinhard Bütikofer die Botschaft ins Bundeskanzleramt, dass seine Truppe mit der SPD für MEADS stimmen würde. Noch am gleichen Tag publizierten die Grünen, die sich lange Jahre als »Speerspitze der Friedensbewegung« betrachtet hatten, eine Pressemitteilung: Die Entscheidung sei ihm »nicht leicht gefallen« erklärte Bütikofer, die Zustimmung zu MEADS das Ergebnis einer »Gesamtabwägung«, auf Grund derer er nun »Bauchschmerzen« habe.

An der Parteibasis hagelte es Proteste empörter Mitglieder, Orts- und Kreisverbände, die den Appeasementkurs der Parteispitze nicht mittragen wollten. Auch die Deutsche Friedensgesellschaft – Vereinigte KriegsdienstgegnerInnen (DFG-VK) und die Internationalen Ärzte zur Verhütung des Atomkriegs (IPPNW) protestierten energisch gegen die drohende Grünen-Zustimmung zum MEADS-Projekt im Haushaltsausschuss des Bundestags. Diese Zustimmung würde »einen weiteren Schritt der Militarisierung der Außenpolitik darstellen«, wetterten die beiden Friedensorganisationen. Mit MEADS würden »mehrere Milliarden Euro an Steuergeldern verschwendet, die wiederum im Bereich der Sozial- und Bildungspolitik oder der Zivilen Konfliktbearbeitung fehlen werden«, erklärte Joachim Thommes, Politischer Geschäftsführer der DFG-VK. Im Falle ihrer endgültigen Zustimmung zu MEADS würden sich die Grünen »zu Handlangern der Rüstungsindustrie – insbesondere des Rüstungsriesen DaimlerChrysler-EADS« – machen, lautete der Vorwurf der Friedensaktivisten.

*

Zwei Tage danach kam es zum Showdown. Die Liberalen stellten im Haushaltsausschuss den Antrag, »dass Deutschland sich nicht an der Entwicklung von MEADS beteiligt«. Jürgen Koppelin, seines Zeichens Haushälter der Liberalen, hatte bedenkenswerte Argumente: So müsste neben den 855 Millionen Euro Entwicklungskosten »bei Beschaffung damit gerechnet werden, dass mindestens noch mal vier bis sieben Milliarden Euro fällig« würden. Weder das Verteidigungsministerium noch das Bundesfinanzministerium seien »in der Lage, genau zu erklären, was das System MEADS kosten wird, wenn es angeschafft wird«. Koppelin blieb ein vergleichsweise einsamer Rufer: Am Ende votierten die Mitglieder von SPD, Bündnisgrünen und CDU für die MEADS-Entwicklung. Damit waren die benötigten Finanzmittel bis zum Jahr 2012 gedeckt.

Die FDP, die sich selbst lange Zeit als flammender Befürworter von MEADS präsentiert hatte, votierte in der alles entscheidenden Sitzung gegen MEADS. Bündnis 90/Die Grünen, die sich selbst lange Zeit als flammende Gegner von MEADS präsentiert hatten, litten jetzt unter Bauchschmerzen. Einer allerdings war sich treu geblieben: Während der entscheidenden Sitzung hatte der zuständige Grünen-Berichterstatter Alex Bonde beim Tagesordnungspunkt MEADS die Sitzung verlassen und einen Vertreter ins Rennen geschickt.

*

Blicken wir zurück. Jahrelang standen die Daimler-Benz AG und die Grünen miteinander auf Kriegsfuß. Die Ökopartei schwang den Tomahawk gegen die Daimler-Teststrecke Boxberg, gegen luftverschmutzende Luxuslimousinen und menschenverachtende Waffenexporte der Daimler-Tochter Dasa. Fundamentalopposition war angesagt.

In der zweiten Hälfte der Neunziger Jahre mutierten die Daimler-Benz AG zur DaimlerChrysler AG, die Dasa zur EADS und die Grünen zu Bündnis 90/Die Grünen. Neue Zeiten brachten neue Politikinhalte. In »Regierungsverantwortung« stimmten die Bündnisgrünen – häufig mit »Bauchschmerzen« und anderen körperlichen Gebrechen – für neue Autobahnen, Steuererleichterungen für Großkonzerne, milliardenschwere Waffensysteme und Rüstungsexporte an menschenrechtsverletzende Staaten. Fundamentalanpassung war angesagt.

*

Wie ließ sich der Gesinnungswandel von Bündnis 90/Die Grünen erklären? Gründe mochte es viele geben: Regierungsräson, Druck des übermächtig erscheinenden Koalitionspartners SPD, Machterhaltungstrieb, Konzernspenden. Immerhin wurden die Grünen für ihr konzernfreundliches Verhalten als Regierungspartei in den Jahren 2001, 2002, 2003 und 2004 von DaimlerChrysler alljährlich mit 15 000 Euro belohnt – summa summarum 60 000 Euro –, für eine vergleichsweise kleine Partei kein Pappenstiel.

Seit vielen Jahren unterstützt der Stuttgarter Auto- und Rüstungskonzern politische Parteien. In den Jahren 1995 bis einschließlich 2004 tätigten die Daimler-Benz AG und die DaimlerChrysler AG »ausgehend vom Standort Deutschland« folgende Parteispenden:

Parteispenden des Daimler-Konzerns (1995 bis 2004)

	Beträge (in tausend Euro)									
	1995	**1996**	**1997**	**1998**	**1999**	**2000**	**2001**	**2002**	**2003**	**2004**
CDU	115	88	68	123	62	0,5	437	153	150	150
CSU	38	32	36	103	28	41	66	67	40	40
SPD	89	58	58	118	9	0	270	210	150	150
FDP	38	45	69	139	28	0	168	60	45	45
Bündnis 90/Die Grünen	0	0	0	0	0	0	15	15	15	15
PDS	0	0	0	0	0	0	0	0	0	0
Republikaner	0	0	0	0	0	0	0	0	0	0
Weitere	0	0	0	0	0	0	0	0	0	0
Summe 1995 bis 2004	**280**	**223**	**231**	**483**	**127**	**41,5**	**956**	**505**	**400**	**400**

In diesem Jahrzehnt beliefen sich die Parteispenden des Daimler-Konzerns auf 1 346 500 Euro für die CDU, 1 112 000 Euro für die SPD, 637 000 Euro für die FDP, 491 000 Euro für die CSU und 60 000 Euro für Bündnis 90/Die Grünen. Demnach wurde die CDU/CSU mit insgesamt 1 837 500 Euro wesentlich großzügiger mit Konzerngeldern bedacht als die SPD. Andere Parteien erhielten keine Parteispenden des Konzerns. Die Gesamtsumme aller Daimler-Parteispenden betrug in diesem Zeitraum 3 646 500 Euro.

Die finanziellen Zuwendungen erfolgten offensichtlich nach Gutdünken oder politischem Wohlverhalten. Obwohl seit 1998 in der Regierungsverantwortung, erhielt die SPD weniger Spendengelder als die CDU, selbst ohne die CSU-Gelder gerechnet. Die PDS, gleichermaßen im Bundestag vertreten, ging leer aus.

Laut Auskunft von Dr. Michael Inacker, bei DaimlerChrysler Leiter für Politik und Außenbeziehungen, erfolgten »die Spenden an die Parteien in Wahrnehmung staatsbürgerlicher Verantwortung zur Stabilisierung der Demokratie, in der die Parteien eine wichtige Funktion übernehmen«. Inacker vertritt »klare Verhältnisse«. Demnach stehen beim Konzern »keine amtierenden Mandatsträger und hauptamtliche Politiker im Sinne der derzeitigen Diskussion – das heißt ohne öffentlichen Ausweis und ohne den Bezügen entsprechende Tätigkeit – auf unserer Gehaltsliste«. Nur der CSU-Bundestagsabgeordnete Herbert Frankenhauser aus dem Wahlkreis im Münchener Osten, seit 1991 Mitglied des Deutschen Bundestags, ist nach Inackers Angaben seit mehr als 40 Jahren als Lkw-Verkäufer für die Niederlassung München tätig. Trotz seines Bundestagsmandats arbeitet er »auf reduzierter Basis und weist dies in Veröffentlichungen über seine Person aus«.

Die FDP, die im Falle von MEADS kurzfristig wie die F-riedensbewegten D-eutschen P-azifisten auftrat, zeichnete sich in den vergangenen Jahren durch eine konzernfreundliche und rüstungsbefürwortende Politik aus, so dass ihnen der Blackout bei MEADS verziehen sei.

*

Das Desaster der Entwicklung und der damit quasi schon vorprogrammierten Beschaffung des milliardenteuren Raketenabwehrsystems MEADS besteht zum einen in der unglaublichen Verschwendung von Steuergeldern in einer Zeit, die geprägt ist von leeren Kassen, einer dramatischen Staatsverschuldung und massivem Sozialabbau. Zum anderen scheint die rot-grüne Bundesregierung dem Druck der USA und der Verlockung weiterer Parteispenden von Daimler-EADS erlegen zu sein, einem Unternehmen, das massiv von der MEADS-Beschaffung profitiert. Da half es auch nichts, dass die Argumente der

Gegner des Raketenabwehrsystems am Ende zugkräftiger waren.

Der EADS und ihrem Hauptaktionär DaimlerChrysler stehen angesichts exorbitant hoher Umsätze und Profite bei der Produktion und dem Export hochmoderner und treffgenauer Waffensysteme rosige Rüstungszeiten bevor. Aus gutem Grund lobte Thomas Enders, Präsident des Bundesverbands der Luft- und Raumfahrtindustrie, die Militär- und Rüstungspolitik unter Rot-Grün: »Die Verlässlichkeit des Verteidigungsministeriums ist seit den achtziger Jahren nicht mehr so groß gewesen wie heute.«

*

»Bereits in der zurückliegenden Hauptversammlung haben wir erklärt, dass uns das Kinderhilfswerk UNICEF im Juli 2003 wieder in seine Lieferantenliste aufgenommen hat.«
Stellungnahme der DC-Verwaltung zu den Gegenanträgen zur Hauptversammlung im April 2005

Das Unicef-Desaster

Tu Gutes und sprich möglichst laut darüber. Gemäß diesem Motto teilte die DaimlerChrysler AG Ende 2004 der Menschheit mit, dass der Konzern – auf Anweisung ihres Vorstandsvorsitzenden Jürgen E. Schrempp – eine Million Euro für die Tsunamiopfer in Südostasien gespendet habe. Die Gelder flossen an deutsche Hilfsorganisationen, die in der Not leidenden Region aktiv waren und Nothilfe leisteten, zudem stellte das Unternehmen direkte Sachleistungen zur Verfügung. Großzügig bot DaimlerChrysler »gleichzeitig sofortige und praktische Hilfsmaßnahmen« für all die Länder an, die von der Katastrophe betroffen waren. Gleich am ersten Tag hatte sich der Autokonzern über seine Ländergesellschaften »an Hilfsaktionen – wie der Bereitstellung von Nutzfahrzeugen für Hilfskonvois – beteiligt«.

Die weitere Hilfe wurde vom DC-Regionalcenter Südostasien in Singapur koordiniert.

Auch unter den Mitarbeitern des Konzerns und deren Angehörigen gab es Opfer zu beklagen. Schrempp hatte angeordnet, dass den betroffenen Beschäftigten und deren Familien »die volle Unterstützung des Unternehmens« gegeben werden sollte. Und noch eine noble Geste berührte die Herzen der Menschen: Der Konzern kündigte an, »die Einnahmen des traditionell in den ersten Januartagen stattfindenden Internationalen Fußballturniers ›DaimlerChrysler-Junior-Cup‹ in Stuttgart für die Erdbebenopfer Südostasiens spenden« zu wollen.

Anfang Januar 2005 konnten die Mitarbeiter der DaimlerChrysler AG an der von der Ratspräsidentschaft der Europäischen Union ausgerufenen Schweigeminute teilnehmen. Wenige Tage danach wurde bekannt, dass sich DaimlerChrysler auch an konkreten Hilfsaktionen wie der Bereitstellung von Nutzfahrzeugen für Hilfskonvois für den Transport von 100 000 Litern Frischwasser beteiligte. Schrempp erklärte, dass »ein Unglück von solchen Ausmaßen unsere ganze Zuwendung und Solidarität« fordere. Daimler müsse »den Menschen das Überleben sichern und ihnen wieder eine Perspektive geben. Dazu wollen wir bei DaimlerChrysler unseren Beitrag leisten.«

Auch beim DaimlerChrysler Corporation Fund in den Vereinigten Staaten mühte man sich nach Kräften, gewaltige Geldmengen für die Flutopfer in Südostasien aufzubringen: So wurden 300 000 US-Dollar gespendet, von denen je 100 000 Dollar an Unicef und zwei weitere Hilfsorganisationen gingen. Zudem wollte der Fonds weitere 200 000 Dollar bereitstellen, mit denen die eingehenden Spenden von Pensionären, Mitarbeitern, Vertriebspartnern und Geschäftsfreunden verdoppelt werden sollten.

*

Am 13. Januar 2005 stellte die European Aeronautic Defence and Space Company (EADS) in Amsterdam ihre neuesten Bilanzzahlen vor. »Erste Schätzungen zeigen, dass das Unternehmen seine angepeilten Finanzziele das fünfte Jahr in Folge übertroffen hat«, jubelten die beiden Chief Executive Officers der EADS, Rainer Hertrich und Philippe Camus. Der geschätzte Umsatz liege im Jahr 2004 bei rund 32 Milliarden Euro. Das immense Umsatzwachstum sei »auf einen starken Beitrag des Verteidigungsgeschäfts« von voraussichtlich fast acht Milliarden Euro zurück zu führen. Im Vorjahr hatte dieser noch bei 7,1 Milliarden Euro gelegen, was zeigte, dass sich die EADS mehr und mehr zum Rüstungsriesen entwickelte.

Hertrich und Camus hofften auf ein weiteres Wachstum im so genannten Verteidigungsgeschäft in Richtung auf das Umsatzziel von 10 Milliarden Euro. Grundlage dieser äußerst optimistischen Prognose war der »überaus solide Auftragsbestand im Verteidigungsgeschäft« von fast 50 Milliarden Euro. »Dies spiegelt die herausragende Wettbewerbsfähigkeit von EADS-Produkten wie A400M, Eurofighter, NH90, Tiger, MRTT, Skynet 5, Aster und anderen wider«, verkündete die Waffenschmiede stolz. Zur EADS gehörten der Flugzeugbauer Airbus, der weltweit größte Hubschrauber-Hersteller Eurocopter sowie das Joint-Venture MBDA, das weltweit zweitgrößte Unternehmen zur Produktion von Lenkflugkörpern, die sich durch eine hohe Zerstörungskraft auszeichnen.

Zugleich war und ist die EADS der größte Partner im Eurofighter-Konsortium, Hauptauftragnehmer für das Trägersystem Ariane und Entwickler des militärischen Transportflugzeugs A400M. Die »sehr solide Liquidität«, so die EADS weiter in ihrer Erklärung, gewährleiste die notwendige Flexibilität für Wert schöpfende Investitionen und ermögliche dem Rüstungsriesen, »seine Aktionäre am Erfolg zu beteiligen«.

*

Setzte man die Leistungen des Großkonzerns DaimlerChrysler in Höhe von wenigen Millionen Euro für die Opfer der Tsunamikatastrophe in Relation zum Gewinn bei der Daimler/EADS, dann wusste man das Engagement der DaimlerChrysler AG richtig einzuschätzen: Im Jahr 2004 verbuchte die EADS ein Konzernergebnis von 1,03 Milliarden Euro – eine Verfünffachung innerhalb von zwei Jahren. Der Ebit, der Gewinn vor Zinsen und Steuern, lag im Geschäftsjahr 2004 gar bei 2,44 Milliarden Euro. Angesichts des milliardenschweren Gewinns konnte Daimler-Aufsichtsratschef Hilmar Kopper noch nicht einmal von »Peanuts« sprechen, mit denen er einst eine Summe von rund 50 Millionen DM bezeichnet hatte.

Und während DaimlerChrysler auf der einen Seite versuchte, sein ramponiertes Image durch milde Gaben und wohltönende Pressemitteilungen aufzupolieren, profitierte der größte deutsche Konzern von Milliardengewinnen, die durch Rüstungsproduktion und Waffenexporte erwirtschaftet wurden. Dass diese Waffen seit Jahrzehnten in Kriegen und Bürgerkriegen unzählige Menschen das Leben gekostet haben, darüber deckt das Unternehmen am liebsten den Mantel des Schweigens.

*

Gut drei Monate später sahen sich Jürgen E. Schrempp und Hilmar Kopper bei der Daimler-Hauptversammlung am 6. April 2005 in Berlin mit vehementen Vorwürfen konfrontiert, in Rüstungsgeschäfte und Waffentransfers verwickelt zu sein. Rednerinnen und Redner der Kritischen AktionärInnen Daimler-Chrysler (KADC) warfen dem Konzern vor, über die EADS-Beteiligung vom Morden in aller Welt zu profitieren.

Was aber konnte dem Unternehmen – immerhin der größte Anteilseigner des weltweit zweitgrößten Luft- und Raumfahrtkonzerns EADS – Schlimmeres passieren, als dass Daimlers Automobilproduktion mit der Fertigung und dem Export von Waffen und deren Opfern in Verbindung gebracht würde? Wer im hart umkämpften Segment teurer Luxuslimousinen möglichst viele Fahrzeuge an Privatkunden verkaufen wollte, der konnte sich keine Diskussion über Menschen leisten, die durch den Einsatz von EADS/Daimler-Waffen verstümmelt oder getötet worden waren und weiterhin werden.

Die Beschuldigungen seitens der KADC führten erneut zur kontroversen Diskussion über die Werbung der RTG-Euromunition für die »Multi-Splitter-Passiv-Aktiv-Mine« (MUSPA) und die »Mine-Flach-Flach« (MIFF) sowie diverse weitere so genannte Submunitionen, die von boden- oder luftgestützten Waffenträgern verlegt oder verschossen werden können. Die EADS hält 50 Prozent der Anteile an der RTG-Euromunition. Mit öffentlichen Vorwürfen bezüglich der Werbung für Landminen konnte der Konzern bereits in den Jahren zuvor nicht umgehen, und auch diesmal reagierte der Vorstand genervt. Aus seiner Sicht war das durchaus nachvollziehbar, hatte doch Hilmar Kopper bereits im Vorjahr darauf verwiesen »dass die Produktion der beanstandeten Submunitionen MUSPA und MIFF, die zu keiner Zeit als Landminen eingestuft waren, bereits 1994 eingestellt worden« sei.

»Die von verschiedenen Organisationen und auch unseren kritischen Aktionären immer wieder präsentierte Behauptung, DaimlerChrysler habe irgendwie mit der Produktion von Landminen zu tun, ist nun endgültig widerlegt«, hatte der Aufsichtsratsvorsitzende versucht, die missliebige Diskussion vom Tisch zu wischen. Auf die Nachfrage von Holger Rothbauer, Sprecher der Kritischen AktionärInnen DaimlerChrysler (KADC), antwortete Daimler-Chef Schrempp, dass der Konzern keine Sponsoringanfrage von Unicef abgelehnt habe. Denn seitens des UN-Kinderhilfswerks lag, nicht zuletzt wegen des Bruchs der Unicef-Guidelines durch DaimlerChrysler, gar keine Anfrage vor. »Sowohl die Aussage von Kopper als auch die von Schrempp entsprachen nicht der Realität und sind bestenfalls als Halbwahrheiten zu qualifizieren«, konterte Rothbauer.

Warum also sollte man sich jetzt erneut mit dem Thema befassen? Aus Sicht der KADC lag die Antwort auf der Hand: Die RTG-Euromunition hatte nachweislich bis zum 16. Dezember 2004 auf ihrer Homepage unter www.rtg-e.de/products.htm für die beiden Minentypen geworben. Erst in den Monaten danach wurde die Homepage für den öffentlichen Zugang gesperrt. Damit erschienen Koppers Angaben, die Sache sei seit einem

Jahrzehnt erledigt, wenig glaubhaft. Warum sollte ein Rüstung produzierendes und exportierendes Unternehmen wie RTG-Euromunition, an dem DaimlerChrysler als größter EADS-Anteilseigner beteiligt war, für ein Produkt werben, das es seit vielen Jahren nicht mehr herstellte? Die Fragen blieben offen, zumal die RTG einst zum Zweck der Exporte gegründet worden war.

Zweieinhalb Wochen vor der Hauptversammlung war die Diskussion schlagartig eskaliert, als das ARD-Politmagazin *Report Mainz* in einem Bericht von Thomas Reutter die Verwicklungen von Daimler-EADS über die RTG in einem TV-Bericht thematisierte. »Als Aktionär von DaimlerChrysler würde ich mir Sorgen machen, weil Herr Kopper offensichtlich nicht weiß, was in seinem Unternehmen vor sich geht beziehungsweise an welchen Firmen DaimlerChrysler beteiligt ist«, sagte Thomas Küchenmeister vom Aktionsbündnis Landmine.de in Berlin. Die MIFF und die MUSPA waren von ihrer beabsichtigten Wirkweise her eindeutig auch gegen Personen gerichtet. »Unserer Erkenntnis nach haben beide Minen eine Splitterwirkung beziehungsweise eine dieser Minen hat eine so genannte Aufhebesperre, was bedeutet, wenn jemand diese Mine berührt, explodiert sie. Das macht sie zur Antipersonenmine.«

Christian Schneider vom Kinderhilfswerk Unicef erklärte daraufhin: »Auf Grund der jetzt vorliegenden Informationen fordert Unicef DaimlerChrysler auf, seine Rüstungsgeschäfte offen zu legen, damit Unicef überprüfen kann, ob diese Geschäfte den Statuten von Unicef entsprechen.«

Dabei sah sich der Konzern einem zweiten Vorwurf ausgesetzt, der angesichts seiner Waffenproduktion in Zukunft noch brisanter sein dürfte als die bisherige Diskussion über die Landminenwerbung: Über ihre Beteiligungen ist die DaimlerChrysler AG auch in Geschäfte mit Streumunition verwickelt, was durch Filmaufnahmen auf der internationalen Rüstungsmesse Eurosatory 2004 in Paris dokumentiert werden konnte. Am MBDA-Stand wurde unter anderem der Raketenwerfer Multiple Launch Rocket System (MLRS) samt Streumunition präsentiert, die die MBDA in Kooperation mit dem US-amerikanischen Lizenzgeber Lockheed Martin anbot. EADS ist zu 37,5 Prozent an MBDA beteiligt.

Auf der Eurosatory wurde die zukünftige Massenproduktion von MLRS-Raketen angekündigt, die ihre Submunitionen über riesige Flächen von mehreren Quadratkilometern verstreuen können. »Ein solches System kann mit einer Salve rund 8000 Bombletmunitionen auf einem Gebiet bis zu einem Quadratkilometer verteilen«, erklärte Thomas Küchenmeister die dramatische Wirkung dieser Waffen. Da beim Einsatz von Streumunition, wie beispielsweise auch im Kosovo geschehen, häufig Zivilisten getroffen werden, urteilte Küchenmeister, dass »ein solches System unserer Auffassung nach klar gegen die Genfer Konvention verstößt, denn diese verbietet wahllose Angriffe«.

Derzeit wird der Raketenwerfer MLRS optimiert. Das neue, so genannte Guided MLRS-System wird über eine gesteigerte Reichweite verfügen, soll zielgenauer treffen und über effizientere Munition verfügen, die weniger Blindgänger als die aktuelle Munition verursacht. Ob diese Konfiguration sich dann im Rahmen des geltenden Völkerrechts bewegt, muss bereits heute bezweifelt werden, da am Prinzip der wahllosen Verstreuung der Munition nichts geändert wird.

Auch über die 19-prozentige Beteiligung an der Diehl BGT Defence und die 50-prozentige Beteiligung an der TDA profitiert EADS am Geschäft mit Streumunition. Diehl Bodensee-Gerätetechnik produziert gegenwärtig den Raketenwerfer RM 70 inklusive Streumunitionsraketen für die slowakischen Streitkräfte (siehe www.landmine.de). TDA bietet verschiedene Raketen mit Streumunition an, unter anderem für den Kampfhubschrauber Tiger.

*

11. Mai 2005. Im Eingangsbereich des Sheraton Amsterdam Airport Hotel erwartete die Aktionärinnen und Aktionäre bei der 5. ordentlichen Hauptversammlung der EADS ein Spenden-

kasten von Unicef – eine Situation, wie sie widersprüchlicher nicht sein konnte. Die Spendenkasse der Kinderhilfsorganisation füllte sich an diesem Tag allerdings nicht merklich. Aus Aktionärssicht herrschte an diesem Mittwoch eine vergleichsweise ausgelassene Stimmung, denn mit überwältigender Zustimmung von 96 Prozent der Aktionäre wurden die Vorstandsmitglieder für das Geschäftsjahr 2004 entlastet. »Angesichts des anhaltend guten Geschäftsverlaufs der EADS« legten die Aktionäre für das abgelaufene Geschäftsjahr eine Dividende in Höhe von 0,50 Euro pro Aktie fest.

Dass sich im Laufe der Hauptversammlung ein einziger Teilnehmer als Mitglied der Kritischen Daimler-Aktionäre und der DFG-VK in zahlreichen Beiträgen zu Wort meldete, wurde allgemein als Störung der ausgelassenen Stimmung empfunden. Die zwanzig Fragen zu Landminenwerbung, Streubomben, Beteiligung am französischen Atomwaffenprogramm, zivil wie militärisch nutzbaren »Dual-Use«-Exporten nach China und zu Parteispenden der EADS blieben weitgehend unbeantwortet. Dafür konnten sich die Aktionäre nach der rund dreistündigen Hauptversammlung das Mittagessen schmecken lassen – vor den Bildern martialischer Kampfflugzeuge und -hubschrauber.

*

Redebeitrag beim Rüstungsriesen EADS

Auszüge aus dem Redebeitrag des Aktionärs Grässlin anlässlich der 5. ordentlichen Hauptversammlung der EADS am 11. Mai 2005 im Sheraton Amsterdam Airport Hotel.

»Die EADS ist der zweitgrößte Rüstungsriese in Europa, weltweit der siebtgrößte. Im Geschäftsjahr 2004 erwirtschaftete die EADS 24 Prozent des Gesamtumsatzes mit der Fertigung des Eurofighters, des Kampfhubschraubers

NH90, des Militärtransporters A400M und einer Vielzahl weiterer Rüstungsprojekte, wie zum Beispiel Atomwaffenträger oder Minenverlegesysteme. Das entspricht einem Umsatz von 7,63 Milliarden € durch die Produktion und den Export von Kriegswaffen. […]

EADS-Streubomben

[…] Bis vor kurzem wurde die Abstandswaffe AFDS (Autonomous Freeflight Dispenser System) auf der EADS-Website als in Serienproduktion befindlich beschrieben. Mittlerweile wurde die Information aus dem Netz genommen.

Frage 7: Ist die Serienproduktion der Abstandswaffe AFDS inzwischen eingestellt worden? Falls nein: Für welchen Auftragnehmer wird die AFDS derzeit produziert?

Die Firma TDA-Armaments SAS, eine 98-prozentige EADS-Tochter, bietet über ihre Website Panzerminen und Streumunitionsraketen des Typs LR36-38 für den Kampfhubschrauber Tiger an, der bei der EADS produziert wird.

Frage 8: Für welchen Auftragnehmer werden diese Streumunitionsraketen LR36-38 produziert?

An dieser Stelle möchte ich ausdrücklich betonen, dass Streumunition im Kampfeinsatz – beispielsweise im Kosovo – weit überwiegend die Zivilbevölkerung trifft, also wehrlose Kinder, Frauen oder alte Menschen. Der Einsatz von Streumunition verstößt gegen das geltende Völkerrecht. Ich fordere Sie auf, die Produktion von Streumunition unverzüglich einzustellen und öffentlich zu erklären, dass Sie diese nie wieder in Ihr Produktionsprogramm aufnehmen werden.

EADS-Beteiligung am französischen Atomwaffenprogramm

[…] Der Vorstand der DaimlerChrysler AG hat auf der Hauptversammlung 2004 bestätigt, dass die EADS u.a. Trägersysteme für M51-Atomsprengköpfe entwickeln und fertigen wird. Wie so oft wurde seitens des Daimler-Vorstands darauf verwiesen, dass entsprechende Fragen auf der EADS-Hauptversammlung zu stellen seien. Das will ich im Folgenden tun:

[…] *Frage 11:* Wie verträgt sich die Beteiligung an Atomwaffenprogrammen mit der ›ethischen Verantwortung des Konzerns‹, wie sie im aktuellen Kurzbericht des Board of Directors (EADS Informationen zur Hauptversammlung 2005, Seite 5) beschworen werden?

Frage 12: Welches bzw. welche Unternehmen entwickeln und produzieren die Atomsprengköpfe, die auf die EADS-Trägersysteme montiert werden?

Der Internationale Gerichtshof hat 1996 in einem Gutachten festgestellt, dass Atomwaffen ›generell völkerrechtswidrig‹ sind. […] In einer Erklärung von 75 katholischen Bischöfen wird festgestellt, dass Atomwaffen ›moralisch verabscheuungswürdig‹ sind.

Ich fordere Sie ausdrücklich auf, aus der Produktion von Trägersystemen für Atomwaffen auszusteigen. Im Falle ihres späteren Einsatzes machen Sie sich als verantwortliche EADS-Vorstände mitschuldig am Tod und der Verstümmelung unzähliger Menschen.

EADS-Dual-Use-Exporte nach China

Auch in einem weiteren Fall laden die Mitglieder des Board of Directors schwere Schuld auf sich: Seit Jahren profitiert die EADS von der Kooperation im Hubschrauber-Geschäft mit chinesischen Sicherheitskräften.

[…] Auf ihrer Homepage verkündet die EADS: ›Der vielversprechendste Markt für Hubschrauber in China ist der Bereich Notfall-, Rettungs- und Polizeieinsätze‹, denn die EC135- und EC145-Hubschrauber würden ›weltweit über einzigartige Fähigkeiten verfügen.« (EADS-Homepage vom 07.12.2004)

Totgeschwiegen wird dabei die Tatsache, dass die Menschenrechtslage in China dramatisch ist und gerade Sicherheitskräfte – Polizei und Militär – seit Jahren schwerste Menschenrechtsverletzungen verüben. [...] Die Menschenrechtssituation im Jahr 2004 [...] beschreibt [...] amnesty international in ihrem Jahresbericht 2004 (Seite 322 ff.) wie folgt: ›[...] Die chinesische Regierung benutzte den internationalen ›Krieg gegen den Terrorismus‹ weiter als Vorwand, um friedlich geäußerte Kritik massiv zu unterdrükken ... Bis Ende des Jahres hatte amnesty international ... insgesamt 1639 Todesurteile und 726 Hinrichtungen registriert, wenngleich die tatsächlichen Zahlen um vieles höher gewesen sein dürften.‹ [...]

Frage 14: Welche vertraglichen und sonstigen Vorkehrungen hat die EADS getroffen, damit die EC120 und andere Hubschrauber seitens chinesischer Sicherheitskräfte – Armee und Polizei – nicht zu Menschenrechtsverletzungen eingesetzt werden?

Frage 15: Trifft die Behauptung zu, wonach die EADS im Sommer 2004 erstmals mit einem eigenen Stand auf einer Polizeiausstattungsmesse in China (Shanghai) teilgenommen hat, obwohl in dem Land alljährlich Tausende von Menschen durch Sicherheitskräfte hingerichtet werden?

Frage 16: Wie lauten die firmeninternen Richtlinien der EADS zu Dual-Use-Lieferungen und zu Rüstungsexporten in Staaten, die die Menschenrechte – wie im Falle Chinas – massivst verletzen?

Von der Abschaffung des Waffenembargos gegen China würde auch die EADS profitieren [...] Offensichtlich ist der

Wunsch, mit dem Militärtransporter A400M Milliarden zu verdienen.
[...] Herr Bischoff, Herr Enders, meine Herren Vorstände: Angesichts der desaströsen Menschenrechtslage in China fordere ich Sie auf, alle Dual-Use- und Waffengeschäfte mit dem chinesischen Regime sofort einzustellen, da die gelieferten Güter von Sicherheitskräften zu Menschenrechtsverletzungen eingesetzt werden oder werden können.«

Anmerkung: Der vollständige Redebeitrag kann nachgelesen werden unter www.juergengraesslin.com. Grässlin besitzt eine EADS-Aktie.

Seit seiner Inthronisation als Vorstandsvorsitzender der Daimler-Benz AG baute Jürgen E. Schrempp den »integrierten Technologiekonzern« seines Vorgängers Edzard Reuter zielstrebig um. Hatte Reuter dem Autokonzern Daimler-Benz das zweite Standbein der zivilen wie militärischen Luft- und Raumfahrt verpasst, so setzte Schrempp zu Recht auf die Konzentration des Kerngeschäfts als Mobilitätskonzern.

»Wir haben uns seit 1995 konsequent auf das Automobilgeschäft fokussiert«, erläuterte er seinen Aktionären im April 2004. Die Strategie wurde zielstrebig verfolgt. Bereits 1996 erfolgte der Teilverkauf der AEG, wurde das Engagement beim holländischen Flugzeugbauer Fokker NV. beendet und die Dornier Luftfahrt GmbH abgestoßen. Es folgte der Verkauf der debis Systemhaus an die Deutsche Telekom, der Temic an Continental und der DaimlerChrysler Rail Systems GmbH (Adtranz) an Bombardier. Mit der Übernahme der Anteile der Gründerfamilie Brandenstein-Zeppelin und der Familie Schmid-Maybach war im September 2005 auch beim Dieselmotorenhersteller MTU Friedrichshafen der Weg frei: Endlich konnte auch die Motoren- und Turbinen-Union verkauft werden.

In einem entscheidenden Punkt aber weigerte sich Jürgen Schrempp als Daimler-Vorsitzender ein Jahrzehnt lang standhaft: Der frühere Dasa-Chef Schrempp verteidigte die 30-prozentige nichtautomobile Beteiligung beim Rüstungsriesen EADS, die er selbst aktiv mit betrieben hatte, über Jahre hinweg. Damit blieb der Daimler-Konzern ins Geschäft der Waffenproduktion involviert, und Schrempp machte sich massiv mitschuldig an den grenzenlosen Rüstungsexporten der EADS.

Daraufhin hatten die Kritischen AktionärInnen DaimlerChrysler eine breite Diskussion angestoßen, was letztlich dazu beitrug, dass Unicef den Konzern von seiner Lieferantenliste strich und keine Daimler-Fahrzeuge mehr kaufte oder annahm. Für DaimlerChrysler kam diese Entscheidung einem medialen GAU gleich. Zur Hauptversammlung 2005 verfiel die Daimler-Führung in altbekannte Ausflüchte: »Bereits in der zurückliegenden Hauptversammlung haben wir erklärt, dass uns das Kinderhilfswerk Unicef im Juli 2003 wieder in seine Lieferantenliste aufgenommen hat«, verteidigte sich die DaimlerChrysler-Verwaltung. Daran habe sich »bis heute nichts geändert«.

Tatsache aber war, dass der deutsch-amerikanische Großkonzern in ernsthaften Auseinandersetzungen mit Unicef steckte. In einer schriftlichen Stellungnahme vom 30. November 2004 hatte Unicef-International dem KADC-Sprecher Holger Rothbauer mitgeteilt, dass das Kinderhilfswerk der Vereinten Nationen die DaimlerChrysler AG wegen deren Miteigentümerschaft bei der EADS und der RTG-Euromunition zurzeit weder als Partner noch als Verbündeten betrachte.

Die Erklärung basierte auf Ziffer 6 der »Unicef Guidelines and Manual for working with the business community«. Dort wird die Zusammenarbeit des Kinderhilfswerks mit einem Unternehmen, das sich im Bereich von Rüstung und Waffenproduktion betätigt, ausgeschlossen. Nach gründlicher Recherche hatte Unicef die DaimlerChrysler AG als ein solches Rüstungsunternehmen klassifiziert. Grund dafür war insbesondere die 30-prozentige Beteiligung am Rüstungsriesen EADS und, unter anderem, dessen 50-prozentige Beteiligung an der RTG-Euromunition. Die EADS produziert die MLRS-Streumunition, die RTG warb für die Minen MIFF und MUSPA. Sowohl das US-amerikanische als auch das italienische Verteidigungsministerium haben die MUSPA als einen Minentyp klassifiziert, der gemäß dem so genannten Ottawa-Abkommen geächtet und zerstört werden muss.

Hilmar Koppers Behauptung, DaimlerChrysler stünde seit dem Jahr 2003 wieder auf der Unicef-Lieferantenliste, beruhte auf einer seitens des Unternehmens gegenüber Unicef abgegebenen Verpflichtungserklärung, sich nicht länger in der Minenproduktion zu betätigen. Die durchaus lobenswerten finanziellen Zuwendungen der DaimlerChrysler AG für die Unicef-Tsunamihilfe in Südostasien ändern jedoch nichts an der Tatsache, dass das Kinderhilfswerk eine Kooperation und ein Bündnis mit dem Unternehmen wegen seiner Rüstungsbeteiligungen ablehnt.

Wer – wie DaimlerChrysler – das eigene Engagement für die Opfer von Naturkatastrophen propagiert und gleichzeitig seine Mitverantwortung für Opfer von Waffentransfers zu verschweigen sucht, handelt widersprüchlich und inkonsequent. Unicef tut gut daran, DaimlerChrysler so lange von seiner Lieferantenliste zu streichen und folglich so lange keine Daimler-Fahrzeuge zu kaufen und auch keine anzunehmen, wie der Autokonzern über seine Rüstungsbeteiligungen an der Produktion von Kampfflugzeugen und Militärhubschraubern, Raketenwerfern und Streumunition unsauberes Geld verdient und den Militärs in aller Welt die Werkzeuge zum Massenmorden in die Hände gibt. Rund 80 Prozent der Opfer von Kriegen und Bürgerkriegen sind unschuldige Frauen, Kinder und alte Menschen.

*

Zu Recht fordert Paul Russmann, wie Holger Rothbauer einer der Sprecher der Kritischen AktionärInnen DaimlerChrysler, seit Jahren lautstark auf den Hauptversammlungen: »Sehr geehrte Vorstände und Aufsichtsräte, steigen Sie sofort aus Ihrer unsinnigen Rüstungsproduktion aus und verzichten Sie auf Ihre menschenverachtenden Waffenexporte!« In vielen Wortbeiträgen prangerten Russmann wie Rothbauer über Jahre hinweg die Waffenfertigung und die Minenwerbung an. »Kaufen Sie keinen Mercedes, so lange Daimler schmutziges Geld über Rüstungsexporte einfährt!« lautet ein Aufruf der Kritischen Daimler-Aktionäre.

Ihr Ziel ist, den Konzern über die Autokunden zur Umkehr zu zwingen, denn deren Macht hat selbst die Daimler-Führung letztlich nichts entgegen zu setzen. Wer sich ein neues Auto kaufen will, der hat im gehobenen Segment allein unter den deutschen Herstellern die Wahl zwischen Mercedes, BMW und Audi, und selbstverständlich kann er auch das Auto eines ausländischen Produzenten kaufen. Der Unterschied zwischen Mercedes auf der einen und BMW beziehungsweise Audi auf der anderen Seite besteht nicht nur in der Qualität oder im Preis, sondern auch darin, dass sowohl die Münchner als auch die Ingolstädter in deutlich geringerem Umfang mit der Rüstungsindustrie oder Militärs liiert sind als der Rüstungsriese EADS/DaimlerChrysler.

Wie so oft fängt der gesellschaftliche Wandel bei der persönlichen Kaufentscheidung an, einem Bereich, in dem die Kunden den Kurs eines Konzerns nachhaltig beeinflussen können. Für viele Kunden werden ethische, moralische oder religiöse Gründe zukünftig verstärkt eine wichtige Rolle spielen, wie der stetig steigende Zuspruch für Ethik-Fonds belegt.

Mit Blick auf die Bundesregierung bezog die *Tagesthemen*-Moderatorin Anne Will Position: »Es muss verboten werden, dass Streubomben überhaupt hergestellt werden. Nur so kann man sicherstellen, dass sie nie wieder abgeworfen werden.« Laut Will müsse man sich »unbedingt einsetzen, dass sie verboten werden«.

Die *Tatort*-Kommissarin Ulrike Folkerts forderte von DaimlerChrysler: Der Autokonzern müsse »aufhören mit der Produktion von solchen Teilen, um so eine Munition zu produzieren. Und solange er das macht, werde ich nicht bereit sein, einen Mercedes zu fahren geschweige denn einen zu kaufen.« Sie werde erst dann wieder Mercedes-Kundin, wenn der Konzern darlege, »wir hören auf mit der Produktion«. Erst dann sei sie bereit, »auch bei Mercedes wieder Kunde zu werden«.

Teil III:

Das Graumarkt-Desaster

fünf
Der Fall Gerhard S.

»Wir wollen die Nummer eins
in der Automobilindustrie werden.«
Jürgen E. Schrempp
auf der Hauptversammlung im April 2000

Schrempps Kampfansage

Die Nummer eins wollte er sein, unbedingt und auf allen Feldern. »Meine Damen und Herren«, so Jürgen E. Schrempp am 18. September 1998 in der Hanns-Martin-Schleyer-Halle in Stuttgart, »das neue Unternehmen DaimlerChrysler wird beeindruckend sein: Nummer eins bei Premiumfahrzeugen, Nummer eins bei Freizeit- und Geländefahrzeugen, innovativster Produzent von Mini-Vans und größter Hersteller von Nutzfahrzeugen.«

Wer glaubte, Schrempp habe vielleicht lediglich der Weltpresse Futter geben wollen, hatte sich getäuscht. Keine zwei Jahre später, bei der Hauptversammlung im April 2000, brachte der Daimler-Chef seine Zielvorstellungen auf den Punkt: »Nach Ford und General Motors waren wir in 1999 bereits weltweit die Nummer drei beim Umsatz. Aber unser Ziel ist ehrgeiziger. Wir wollen die Nummer eins in der Automobilindustrie werden. Mit einzigartigen Produkten, starken Marken, globaler Ausrichtung und einer hervorragenden Ergebnissituation.«

Und Anfang 2002 verkündete er forsch: »Jetzt geht es richtig vorwärts. Wir sind hundertprozentig überzeugt, dass wir nur als global aufgestelltes Automobilunternehmen weltweit die Nummer eins werden können. Die Finanzmärkte akzeptieren diese Strategie. Fragen gibt es höchstens, wie schnell wir sie auch umsetzen können.« Zweifel waren Schrempp fremd: »Wir haben die finanziellen und personellen Ressourcen. Ja, wir werden das umsetzen.« Denn »wir wollen weltweit die Nummer eins im Automobilmarkt werden. Welches andere Ziel sollten wir haben?« Solche Worte machten Eindruck auf die Mitarbeiter und die Öffentlichkeit, vor allem aber waren sie eine Kampfansage an die Konkurrenz.

*

Wer die Vorherrschaft auf dem Weltmarkt wollte, brauchte Brükkenköpfe auf den wichtigsten Kontinenten. »Kein anderes Automobilunternehmen ist in den Triademärkten Nordamerika, Europa und Asien so gut aufgestellt wie wir«, ließ der Daimler-Chef seine Aktionäre wissen, »besonders in Asien, der Wachstumsregion der Zukunft, haben wir unsere Aktivitäten deutlich ausgebaut«. Asien mache »mehr als 20 Prozent des weltweiten Pkw-Absatzes« aus. Um diesen Kampf zu gewinnen, gelte es, Fahrzeuge auf den Markt zu bringen, »die nicht nur von den Kosten stimmen, sondern Emotionen und Kauflust wecken«.

Den Asien-Feldzug wollte Schrempp durch die Allianz mit Mitsubishi und das Bündnis mit Hyundai gewinnen. Doch der Anspruch des Welt-AG-Vorsitzenden und die Wirklichkeit lagen weit auseinander. Die beiden Beteiligungen gestalteten sich schwieriger als erwartet, weder der japanische noch der südkoreanische Geschäftspartner konnten die angestrebten Verkaufszuwächse erfüllen; je nach Fahrzeugtyp blieben die Händler sogar auf ihren Automobilen sitzen.

*

In Deutschland und Europa sah die Lage in den Jahren nach der Übernahme der Chrysler Corporation nicht besser aus. Während der CLK Roadster, die S-Klasse mit dem modellgepflegten SL und die M-Klasse im Jahr 1999 wie warme Semmeln weggingen, warteten viele SLK-, C- und E-Klasse-Fahrzeuge vergeblich auf Käufer. Im Folgejahr kamen dann auch noch die A-Klasse, der CLK und die G-Klasse unter die Räder, 2001 brach der Markt für den CLK und SLK ein, die A-, S- und M-Klasse verkauften sich etwas schlechter als zuvor. Insgesamt aber konnte die Mercedes Car Group ihre Verkäufe in den ersten drei Jahren nach der Fusion um 5 bis 10 Prozent pro Jahr steigern. Das klang gut, war jedoch zu wenig, um die Vorgabe des Vorstandsvorsitzenden zu erfüllen.

Spätestens jetzt hätte er zurückrudern müssen. Doch ein Jürgen E. Schrempp akzeptierte keinen Rückschritt. Sein Unternehmen arbeite »stets auf eine führende Marktposition hin. Und dort, wo wir bereits an der Spitze stehen, werden wir unsere Position behaupten und ausbauen«, lautete die Parole. DaimlerChrysler sei kein Mitläufer, sondern »Antreiber« eines Prozesses, hatte Schrempp vorgegeben.

Er wollte die Konkurrenz vor sich hertreiben. Getriebene aber waren nicht nur die Konkurrenten, sondern auch der Gesamtvertrieb, die Niederlassungsleiter und die Vertragshändler des eigenen Unternehmens. Auf ihnen lastete der Druck, Jahr für Jahr die Verkaufszahlen steigern zu müssen, zumal das Unternehmen viel zu viele Fahrzeuge fertigte.

Das müssen für Jürgen Schrempp – im Vergleich zu seinem selbstgesetzten Anspruch – unbefriedigende Fahrzeugverkäufe. Was macht jemand in dieser Situation, der nicht nur in die Annalen der Automobilgeschichte eingehen, sondern der Erfolgreichste von allen sein möchte, die Nummer eins? Das Unternehmen hatte zu funktionieren, sprich auf Teufel komm raus mussten die Absatzzahlen gesteigert werden.

*

Der Druck war enorm, der auf der Vertriebsgesellschaft Deutschland (DCVD) in Berlin lastete. An deren Spitze stand Eckhard Panka, dessen Aufgabe es war, den bundesweiten Vertrieb des größten deutschen Industrieunternehmens zu forcieren. Nach außen hin feierte der DCVD-Chef Erfolge, beispielsweise verkündete Panka beim Empfang zum Gewinn von »Europas größter Leserwahl« der Zeitschrift *auto, motor und sport*: »Wir verstehen diese Auszeichnung auch als Belohnung für unseren Mut.« Bei Pressekonferenzen verwies er gerne auf die positiven Jahresergebnisse und immer neue Bestmarken bei den Zulassungszahlen für DaimlerChrysler. Für das Geschäftsjahr erwarte er eine weitere Steigerung des Absatzvolumens in einem sich erholenden Markt, sagte er dann zum Beispiel, »durch die Fortsetzung der Produktoffensive mit einer ganzen Reihe von neuen Modellen fühlen wir uns in dieser Zielsetzung bestärkt« – und so weiter und sofort. Die Journalisten schrieben eifrig mit: Panka gehe es gut, Daimler noch besser, Schrempp am besten.

Da doch eher das Gegenteil der Fall war, suchte man bei der DCVD, den Niederlassungen und den freien Händlern das Schremppsche Nummer-eins-Versprechen auf anderen Wegen zu erfüllen. So konnte in den Jahren nach der Fusion ein System weiter ausgebaut werden, das strafrechtlich gesehen unbedenklich war, jedoch gegen hausinterne Regelungen verstieß: Der sogenannte Graumarkt, im Daimler-Deutsch »Parallelmarkt« genannt, diente dem Unternehmen dazu, Fahrzeuge in den Markt zu pressen, die ansonsten schwer oder nicht verkäuflich gewesen wären. Gleichzeitig pushte man die Zulassungsstatistik von Neufahrzeugen, indem man Autos in Deutschland anmeldete, die nie auf einer deutschen Straße fahren sollten. Die DaimlerChrysler-Führung, der Vertrieb und die verkaufenden Händler profitierten auf unterschiedliche Weise davon. Den Schaden hatten diejenigen autorisierten ausländischen Mercedes-Händler, in deren fest zugeteiltem Gebiet Mercedes-Fahrzeuge auftauchten, die nicht von ihnen verkauft worden waren – auch wenn sie dafür eine so genannte Übergrenzprovision von nur 3 Prozent des Verkaufswerts kassierten.

*

Die Frage, ob und inwieweit das Unternehmen gegen die ihm von der Europäischen Union – als Ausnahmeregelung – gewährte Gruppenfreistellungsverordnung (GVO) verstoßen hat, kann weitreichende Folgen für die DaimlerChrysler AG haben. Ende der Neunziger Jahre wurde über den Konzern ein Bußgeld in Höhe von rund 72 Millionen DM verhängt, weil er gegen die Liberalisierung des EU-Binnenmarkts verstoßen hatte, indem er sowohl horizontale als auch vertikale Wettbewerbsbeschränkungen aufrecht erhielt. Zwar wurde das Bußgeld im September 2005 auf 9,8 Millionen Euro reduziert, gleichwohl hatte Daimler das EU-Wettbewerbsrecht bei Fahrzeuggeschäften mit Belgien verletzt.

Im Rahmen eines Antrags auf Freistellung vom Verbot der so genannten selektiven Distribution erkannte die Wettbewerbskommission der EU schließlich die hehren Ziele des Unternehmens an, zu denen die Qualitätssicherung, die Sicherheit der Benutzer und viele andere gezählt wurden. Diese hatte DaimlerChrysler ins Feld geführt, um in den Genuss der GVO zu kommen. Mit anderen Worten: Entgegen dem EU-Prinzip, dass es keine Handelsbarrieren geben dürfe, genossen die Mercedes-Niederlassungsleiter oder -händler Gebietsschutz, das heißt: nur sie und niemand anders durfte die Mercedes-Fahrzeuge in einer bestimmten Stadt oder Region verkaufen – ein System, das durch die Graumarktgeschäfte unterlaufen wurde.

Jede Befreiung von einer EU-Wettbewerbsbeschränkung beinhaltet als Kehrseite das entsprechende Gebot, die damit genehmigte Beschränkung der Vertriebswege und der Absatzmethoden auch einzuhalten. Im Klartext: Wenn DaimlerChrysler Gebietsschutz beantragt mit dem Ziel, dass nicht jedermann Mercedes-Fahrzeuge verkaufen soll, dann darf der Konzern auch selbst nicht gegen diesen Gebietsschutz verstoßen. Andernfalls wäre es ins Belieben eines derart begünstigten Unternehmens gestellt, völlig willkürlich zu entscheiden, wann es sich daran hält und wann nicht. Wenn ein Unternehmen dennoch im Rahmen von Graumarktgeschäften die eigenen Vertriebsbeschränkungen unterminiert oder aushebelt, droht ihm deshalb ein deftiges Bußgeld. Graumarktgeschäfte können also eine Strafe der EU nach sich ziehen – im Falle DaimlerChrysler unter Umständen sogar in Millionenhöhe.

Auf die Frage eines Aktionärs bei der Hauptversammlung im

April 2005 teilte der Daimler-Finanzvorstand Bodo Uebber zur Überraschung vieler mit, man habe zu diesem Zweck bereits einen »ausreichenden Betrag« in den Bilanzen zurückgestellt. War man bei DaimlerChrysler gewillt, durch Fahrzeugverkäufe im sogenannten Graumarkt – also an den autorisierten Händlern und Niederlassungsleitern vorbei – unter Umständen sogar gegen europäisches Wettbewerbsrecht zu verstoßen und derartige Verstöße im Falle ihrer Aufdeckung und Ahndung mit entsprechenden Zahlungen abzugelten?

Ein Beispiel von vielen, das die Graumarktgeschäfte der DaimlerChrysler AG und deren dramatische Folgen für einige der Beteiligten aufzeigt, ist der Fall des Gerhard Schweinle.

*

»Daimler selbst hat uns einen Mitarbeiter für die Parallelmarktgeschäfte zur Verfügung gestellt.«
Gerhard Schweinle, Spediteur aus Neudenau

Graumarktgeschäfte eines ehemaligen Daimler-Manns

Bis 1999 war ein bekanntes süddeutsches Unternehmen Partner der DaimlerChrysler AG in Sachen Graumarktgeschäfte. Gegen Ende dieser Beziehungen standen eine Vielzahl von S-Klasse-Mercedes bei einer Spedition im Raum Sindelfingen, wurden jedoch nicht abgenommen, da ein Kunde diese Fahrzeuge nicht mehr haben wollte. Weil es daraufhin zum Zerwürfnis mit der DaimlerChrysler AG kam, beschloss das Münchner Unternehmen, diesen Geschäftsbereich einzustellen.

Beim Daimler suchte man nach einem Ersatzspieler und wandte sich an einen der besten Kunden im Nutzfahrzeugbereich. »Der Deutschlandvertrieb der DaimlerChrysler AG kam auf uns zu und hat uns gebeten, doch aktiv für sie auf dem Parallelmarkt tätig zu werden«, erinnert sich Gerhard Schweinle.

Der in Neudenau, rund 25 Kilometer von Heilbronn entfernt,

wohnende Schweinle war Besitzer der gleichnamigen Firmengruppe, einem der größten Logistikunternehmen in Südwestdeutschland. Zu dieser Zeit beschäftigte die Schweinle-Gruppe mehr als 250 fest angestellte Fahrer bei zwei Tochtergesellschaften im Süden und Osten Deutschlands sowie rund 250 Frachtführer, die für das Unternehmen auf den insgesamt über 500 Mercedes-Sattelzugmaschinen und 1200 -Sattelauflegern fuhren. Die Gesellschaften der Schweinle-Gruppe waren überwiegend in der Rechtsform einer GmbH zusammengefasst, wobei jedes Unternehmen natürliche Personen als Gesellschafter hatte. In der Verwaltungszentrale in Möckmühl, etwa vier Kilometer von Neudenau entfernt, waren 14 Mitarbeiter beschäftigt.

Als die Anfrage der DaimlerChrysler AG kam, ob Schweinle neben seinem Speditionsgeschäft in den Fahrzeughandel des Konzerns einsteigen wolle, war das »für uns eine Ehre und gleichzeitig interessant«, erklärt Schweinle. »Zum einen bekamen wir noch mehr Kontakte für unsere Logistikgeschäfte, und auf der anderen Seite sollten wir eine lukrative Provision beziehen.«

Doch woher sollte er angesichts seines Full-time-Jobs die Zeit nehmen, nebenher auch noch Mercedes-Fahrzeuge zu vertreiben? »Da wir jedoch weder geeignete Mitarbeiter hatten noch selbst die Zeit fanden, wurde das Problem ganz pragmatisch gelöst: Daimler selbst stellte uns einen Mitarbeiter für die Parallelmarktgeschäfte zur Verfügung«, erklärte Schweinle. Zudem finanzierte der Konzern über das Daimler-Autohaus Gramling Geschäfte in zweistelliger Millionenhöhe vor. So konnte Schweinle seinem Speditionsgeschäft nachgehen, während sich Daimler-Mann Uwe Ernst Rudolf Brandenburg und ein ihm unterstellter Mitarbeiter um die Autodeals kümmerten.

Seit dem letzten Quartal 1998 war Brandenburg von zu Hause aus und mobil für Schweinle tätig, bis August 2001 war er zugleich bei DaimlerChrysler als Speditionskaufmann beschäftigt. Ab September 2001 arbeitete er als freier Mitarbeiter bei der zur Schweinle-Gruppe gehörenden Firma Teich-Speditions-GmbH, kurz TS.

Brandenburg richtete sich sein Büro mit mehreren Räumen

im zweiten Stock des Verwaltungsgebäudes der Schweinle-Gruppe in Möckmühl ein. Hier führte er den Pkw-Bereich mit allen Vollmachten in freier Verwaltung – unter Schweinles Namen und im Sinne von DaimlerChrysler. Im November 2001 bewarb sich Brandenburg um eine Festanstellung in der TS als Leiter der Verkaufsabteilung. Mit seiner natürlichen Autorität und seinem souveränen Auftreten machte der großgewachsene Daimler-Mann seine Sache gut und erarbeitete sich den Ruf eines idealen Vertriebsmanagers.

Für die DaimlerChrysler AG allerdings bargen Brandenburgs Aktivitäten auch ein schwerwiegendes Problem. Schließlich sollte möglichst nicht publik werden, dass der Konzern Fahrzeuge für Graumarktgeschäfte lieferte. Wohl aus diesem Grund wählte der Daimler-Mann Brandenburg das Pseudonym »Herr Simon«. Mit seinem bürgerlichen Namen wäre seine wahre Identität leicht feststellbar gewesen. »Als Daimler Herrn Brandenburg zu uns schickte, wurde er auf seinen Wunsch unter seinem Decknamen ›Simon‹ bei uns eingeführt«, erklärt Schweinle. »Wir alle haben ihn mit ›Herr Simon‹ begrüßt und angesprochen.«

Herr Simon erledigte eigenständig alle Geschäfte, inklusive der Korrespondenz. »Die Mercedes-Fahrzeuge wurden von Herrn Simon an die von ihm mitgebrachten indirekten DC-Geschäftskunden wie Prokar und andere durchgeschoben«, beschreibt Schweinle die Tätigkeit des Daimler-Mannes.

Nur wenn Herr Simon für ein paar Tage Urlaub machte, übernahm Kai-Uwe Teich die Vertretung, was nicht einfach war. »Da Simon Teich in keiner Weise informierte, war dieser in den wenigen Tagen des Urlaubs von Simon total überfordert«, meinte Schweinle. Als Geschäftsführer war Teich in der Schweinle-Gruppe für die NSG-Speditions-GmbH und die TS-Speditions-GmbH im reinen Transportbereich tätig und hatte mit über 250 Fahrern genug zu tun.

»Wir haben den Fahrzeughandel über die bestehende GmbH erledigt, das aber hat alles der so genannte Herr Simon übernommen.« Wegen seines Tarnnamens Simon konnte Uwe Brandenburg persönlich keine vom Autohaus Gramling angewiesenen Schecks unterzeichnen; das übernahmen Teich oder Schweinle. »Ich unterschrieb die Schecks, die von ihm oder seinen Mitarbeitern vorbereitet worden waren, wenn Herr Teich nicht da war. Ansonsten schauten wir mehr oder minder zu und bekamen monatlich Zahlen vorgelegt.«

Weder Teich noch er selbst hätten Schlüssel zu Simons Räumlichkeiten im zweiten Stock besessen, sagt Schweinle. Die Fahrzeuggeschäfte habe »Herr Simon über einen Händler in Leipzig und vor allem über das Autohaus Gramling in Mosbach abgewickelt«. Über Leipzig hatten Simon und Teich, der wegen der zu leistenden Unterschrift mitgereist war, eine Vielzahl von Autos bestellt. »Wir gaben vor allem unseren seriösen Namen her, ohne zu ahnen, dass wir für unseriöse Geschäfte missbraucht wurden«, behauptet Schweinle.

Der autorisierte Daimler-Händler Heinrich Gramling leitete das Mercedes-Autohaus im 25 Kilometer entfernten Mosbach, in dessen Zuständigkeitsbereich die Schweinle-Gruppe ansässig war. Vom Großraum Mannheim aus, der in der Daimler-Aufteilung überraschender Weise bis an Möckmühl heranreichte, war der Gebietsbetreuer Achim Kowalski für Schweinle zuständig. Über das Autohaus Gramling erwarb die Schweinle-Gruppe von Mitte 1998 bis Ende 2001 insgesamt rund 1800 fabrikneue Mercedes-Fahrzeuge. DaimlerChrysler gab der TS-Speditions-GmbH einen zehnprozentigen Mengenrabatt, der größtenteils von Simon an die von ihm mitgebrachten Kunden weitergegeben wurde. Im Durchschnitt verblieben bei der TS pro Fahrzeug zwischen 2 und 3 Prozent. Zudem vergütete das Autohaus Gramling die vergleichsweise geringe Provision von maximal 2 Prozent an die TS, auf wenig gefragte Modelle gab es 1 Prozent mehr.

Angesichts der beträchtlichen Fahrzeugmenge und der hohen Preise war das ein angemessener, keinesfalls überzogener Vorteil. Im Klartext bedeutet dies, dass die DaimlerChrysler AG ihre Automobile über die TS-Speditions-GmbH teurer ins Ausland verkaufen konnte, als diese zum damaligen Zeitpunkt für das Unternehmen am deutschen Markt abzusetzen gewesen wären. Die sonst üblichen Kosten für Logistik, Versand und Verkaufsmanagement fielen bei diesen Graumarktgeschäften für DaimlerChrysler nicht an. Alle Fahrzeuge wurden an die von Brandenburg alias Simon eingebrachten Großkunden verkauft. Dabei wurde darauf geachtet, dass die Fahrzuge nicht in Deutschland verkauft und wieder zugelassen wurden.

Bis auf etwa 20 Fahrzeuge wurden nach und nach fast alle Mercedes ins Ausland verbracht. Zu rund einem Drittel kamen diese Autos aus Lagerbeständen der DaimlerChrysler AG. Von der weißen Lackierung über die typischerweise fehlenden Navigationssysteme bis zu den speziellen Klimapaketen deuteten die Zusatzausstattungen der Limousinen auf einen Verkauf nach Fernost hin. Die Mercedes-Fahrzeuge wurden von Uwe Brandenburg alias Simon an von ihm mitgebrachte Großkunden wie die österreichische Firma Prokar verkauft, die diese dann nach Taiwan, Japan und in andere Länder exportierten. Die Einhaltung einer sechsmonatigen Haltepflicht, wonach der Neudenauer die Fahrzeuge vor dem Export für ein halbes Jahr in Deutschland hätte belassen müssen, war Schweinle zufolge vertraglich nie vereinbart worden.

Anfangs erfolgte die Abwicklung der Geschäfte über die Schweinle Leasing GmbH. »Auf Wunsch eines Mitglieds der Geschäftsleitung der DCVD wurden Parallelmarktgeschäfte etwa ab Anfang des Jahres 2000 auf die TS Speditions-GmbH umgestellt«, erklärt Gerhard Schweinle. Den Grund für diese Maßnahme sieht Schweinle darin, dass der Daimler-Vertrieb »das Problem hatte, dass das Wort ›Leasing‹ nach Weiterverkauf aussehen würde«. Dann hätte man sich »bei seinen selektiven Vertriebspartnern rechtfertigen müssen«, begründet Schweinle die Umstellung, »und bat uns deshalb, eine ›neutrale‹ Firma bereit zu stellen.« Daraufhin ließ man die Fahrzeuglieferungen ab Mitte des Jahres 2000 über die TS GmbH, eine Tochterfirma der Schweinle-Gruppe, laufen, in der formal Kai-Uwe Teich Geschäftsführer war. Faktisch führte jedoch allein Brandenburg, der bis August 2001 sein Gehalt von DaimlerChrysler bezog, unter seinem Tarnnamen Simon die Geschäfte.

*

29. November 2001, 9.00 Uhr. An diesem Donnerstagmorgen fuhren überraschend mehrere Busse mit Steuerfahndern, Kriminalpolizisten und Staatsanwälten auf dem Firmengelände der Schweinle-Gruppe in Möckmühl und auf dem Privatgelände der Familie Schweinle in Neudenau vor und führten eine groß angelegte Razzia in der Firmenzentrale und den Privaträumen durch. Zeitgleich wurden mehrere Mercedes-Niederlassungen und die Firma Prokar in Österreich auf den Kopf gestellt. Gerhard Schweinle und Kai-Uwe Teich wurden verhaftet, mehrere tausend Leitz-Ordner und Datenträger beschlagnahmt.

Schweinle wurde anfangs in eine völlig verdreckte Ausnüchterungszelle auf der Polizeiwache Neckargartach gebracht und anschließend dem Stuttgarter Haftrichter Blankenbach vorgeführt. Eindringlich wies der Spediteur den Richter darauf hin, dass er zu Unrecht der Umsatzsteuerhinterziehung verdächtigt werde. Die Fahrzeuge seien ganz legal an Abnehmer in Europa geliefert worden. Deshalb sei auch vorgeschrieben, diesen kommerziellen Kunden die Fahrzeuge ohne Mehrwertsteuer zu berechnen. Brandenburg alias Simon hätten ihm und mehreren Zeugen immer wieder versichert, dass steuerrechtlich alles sauber abgewickelt und die Autos durch einen seriösen Spediteur nach Österreich und Belgien verbracht würden. »Wo soll da eine Umsatzsteuerhinterziehung stattfinden?« empörte sich Schweinle.

*

Kai-Uwe Teich wurde nach seiner Verhaftung auf direktem Weg zur Heilbronner Kriminalpolizei gebracht, wo seine Fingerabdrücke genommen, Fotos geschossen und ein kurzes Verhör durchgeführt wurde. Anfangs bewachten ihn zwei Kripobeamte, später kam noch eine Frau vom Finanzamt Heilbronn dazu. Alle drei redeten auf ihn ein: »Belasten Sie Herrn Schweinle, dann können Sie sofort wieder heimgehen. Sie müssen nur sagen: Der Schweinle ist Schuld«, erinnert sich Teich.

Der Leipziger durfte sich nicht einmal von seiner Familie verabschieden, selbst ein Anruf war verboten. »Ich wurde wie ein Schwerverbrecher behandelt, weil ich nicht bereit war, über Herrn Schweinle die Unwahrheit zu sagen«, erklärt der Geschäftsführer der TS-Speditions-GmbH. Später wurde Teich dem Stuttgarter Haftrichter vorgeführt, der ihn im Beisein einer Staatsanwältin etwa 20 Minuten lang vernahm. Als der Leipziger gegen 20 Uhr wieder in Heilbronn ankam, machten die Polizisten Feierabend und sperrten ihn »in eine stinkende Ausnüchterungszelle«.

Am nächsten Morgen ging es zur Sache: »Ich wurde von dem Kommissar und einem Kollegen, beide mit geladener und noch gesicherter Pistole bewaffnet, in die JVA Schwäbisch Hall gebracht«, schildert Teich. »Auf der Fahrt wieder das gleiche Palaver: Eine Stunde lang boten die zwei mir an, direkt mit mir nach Stuttgart zum Haftrichter zu fahren, wenn ich Gerhard Schweinle belasten würde – dafür käme ich frei, versprachen sie mir.« Teich weigerte sich standhaft und wurde inhaftiert.

*

Daimler-Mann Uwe Brandenburg wurde noch am gleichen Tag vernommen. Bei seiner Vernehmung bestätigte er, dass er und nicht Schweinle die Geschäfte erledigt habe: »Ich bestelle für bereits vorhandene Kunden die gewünschten Fahrzeuge«, gab Brandenburg zu Protokoll. »Die kaufmännische Abwicklung dieser Geschäfte wird von mir vorbereitet.« Unumwunden gestand Uwe Brandenburg ein, dass die Kunden »ausschließlich von mir erschlossen« wurden. »Auch meinen Kundenstamm habe ich in die TS eingebracht.« Schlecht fuhr er damit nicht, denn seine Provision wurde »ab November 2001 mit einer monatlichen Pauschale in Höhe von 15 000 DM festgelegt«.

Trotzdem wurden Gerhard Schweinle und Kai-Uwe Teich in Untersuchungshaft genommen und nicht Uwe Brandenburg. Obwohl Schweinle wie auch Teich einen festen Wohnsitz, Arbeit und schulpflichtige Kinder hatten, wurde ihnen Fluchtgefahr unterstellt.

*

Zu Hause in Möckmühl versuchte derweil Schweinles Ehefrau Sigrid die Geschäfte weiterzuführen, was wegen der fehlenden Geschäftsunterlagen kaum möglich war. Die Unternehmensgruppe Schweinle war durch die Beschlagnahmung aller Unterlagen weitgehend lahm gelegt.

Sigrid Schweinle ist eine starke Frau mit ausgeprägter Persönlichkeit. All die Jahre hatte sie eng mit ihrem Mann zusammengearbeitet und ihm auch bei geschäftlichen Angelegenheiten tatkräftig zur Seite gestanden. Sie wusste, dass ihr Mann nichts Illegales getan hatte, und gab ihr Bestes, um die Schweinle-Gruppe mit ihren Beschäftigten, den Fahrern und Zulieferern am Laufen zu halten. Bereits wenige Tage nach der Verhaftung ihres Mannes erteilte sie firmenintern die Anweisung, jegliche Zusammenarbeit mit Uwe Brandenburg mit sofortiger Wirkung einzustellen, und sprach für ihn ein Hausverbot aus. Im Unternehmen gaben alle Mitarbeiter der Schweinle-Gruppe ihr Bestes, denn man war sich sicher, dass man dieses Unrecht überstehen würde.

*

Da Schweinle und Teich unabhängig voneinander übereinstimmende Aussagen machten, flogen die Staatsanwältin Dr. Kerst und ein weiterer Staatsanwalt nach Berlin in die Zentrale der DCVD und baten den Pkw-Vertriebsleiter Jürgen Fahr um Aufklärung. Zu diesem Zeitpunkt war die Verhaftung von Gerhard Schweinle schon längst in allen Medien, und Dr. Fahr zeigte sich entsprechend gut präpariert. Er leugnete jegliche Zusammenarbeit mit Schweinle und wies ausdrücklich darauf hin, dass man niemals Graumarktgeschäfte machen würde. Überhaupt hätte Daimler alle an die Schweinle-Gruppe gelieferten Autos viel besser verkaufen können.

Fahrs Aussage führte dazu, dass Gerhard Schweinle und Kai-Uwe Teich weiter in U-Haft blieben. Auf Grund der Beschuldigungen von Fahr leitete die Stuttgarter Staatsanwaltschaft ein weiteres, viel schwerwiegenderes Strafverfahren gegen Schweinle und Teich ein. Diesmal lautete der Vorwurf auf Betrug zum

Nachteil der DaimlerChrysler AG, was den beiden Angeklagten keine Chance ließ, aus der menschenunwürdigen Untersuchungshaft entlassen zu werden. Da nutzte es nichts, dass Schweinle und Teich wiederholt ihre Unschuld beteuerten und zugleich DaimlerChrysler belasteten. Die Hoffnung von Sigrid Schweinle und der gesamten Familie, die tagtäglich auf die Nachricht von der Freilassung ihres Mannes wartete, sollte sich noch lange nicht erfüllen.

*

»Für mich war Stammheim die Hölle auf Erden.«
Gerhard Schweinle

In der Hölle von Stammheim

29. November 2001. Beginn der Untersuchungshaft. Abgesehen von der Unterwäsche wurden Gerhard Schweinle sämtliche persönlichen Kleidungsstücke abgenommen. Bereits die ersten fünf Tage in der Justizvollzugsanstalt Stuttgart-Stammheim entwikkelten sich zum Horrortrip. Der Nichtraucher Schweinle wurde mit fünf Kettenrauchern und Randalierern in eine Vier-Mann-Zelle gesperrt. Erst danach folgte die Eingangskontrolle, wieder in Unterhosen. Nach dieser ersten Untersuchung wurde Schweinle ganztägig in einer rundum gekachelten Wartezelle mit starken Rauchern untergebracht, anschließend in eine Einzelzelle verlegt.

Was folgte, hat Schweinle als Isolationshaft erlebt: 23 Stunden am Tag allein in einer 8,2 Quadratmeter kleinen Zelle. Erlaubt war ein einstündiger »Hofgang« auf dem Dach des mehrstöckigen Gebäudes, wo die Inhaftierten im Winter Wind und Wetter ausgesetzt waren. Rund 100 Gefangene auf 200 Quadratmetern versuchten sich hier durch Bewegung etwas Wärme zu verschaffen. Das kleinmaschige Gitter rund um das Dach wirkte wie eine Sichtblockade und versperrte den Blick in die Freiheit.

Dieser einen Stunde »Hofgang« folgten weitere 23 Stunden in der Einzelzelle. Schweinle hatte Pech, es war ein eisig kalter Winter. Mehr als einmal fiel tagelang die Heizung aus, und dann herrschte im vierten Stock klirrende Kälte: bis zu 15 Minusgrade tagsüber, nachts deutlich darunter. Schweinle protestierte vehement gegen die Haftbedingungen und wurde schließlich innerhalb der Abteilung verlegt, was an der dort herrschenden hohen Luftfeuchtigkeit und der damit verbundenen Schimmelbildung wenig änderte.

Weil er angesichts der dünnen Bettdecke Erfrierungen fürchtete, wickelte er sich das Handtuch um den Kopf und versuchte in voller Montur zu schlafen, was in dem herunter gekommenen Bett schwerlich möglich war. Mit der Zeit bekam er auf der alten Schaumstoffmatratze Rückenschmerzen. Nachts strahlten die Scheinwerfer durch das engmaschige Lochblech gleißend hell in die Zelle, denn die Fenster hatten keine Vorhänge und durften auch nicht zugeklebt werden – aus Sicherheitsgründen, wie es hieß. Da zudem nachts Gefangene in den Nachbarzellen randalierten, litt Gerhard Schweinle unter permanentem Schlafentzug.

Das mit Eisenteilen gesicherte Fenster mit dem Lochblech davor verhinderte, dass Schweinle ungehindert hinaussehen konnte. Im Ergebnis war es in der Zelle nachts heller als tagsüber, wenn das Tageslicht diffus durch das Fenster drang. Das Licht der Neonleuchte führte bei Gerhard Schweinle zu Kopfschmerzen, mit der Zeit schmerzten seine Augen, und die Sehfähigkeit ließ nach. Neben den Schimmelpilzen an den Wänden des verdreckten Raumes gab es noch ein weitaus größeres Gesundheitsproblem: die immense Asbestbelastung des Gebäudes. Die war darauf zurück zu führen, dass die Zellen mit einer Feuerhemmplatte aus Asbest in der Größe von rund 2 Meter auf 1,25 Meter auf 6 Zentimeter versehen waren. Die Auslegung mit Asbest war aus Brandschutzgründen bereits mit Errichtung der Gebäude Anfang der Sechziger Jahre erfolgt. Dabei dienten die Asbestplatten zur Abdeckung des Versorgungsschachts und zugleich als Befestigungselement für das Spiegelblech, das Waschbecken und die Toilette. Seit Jahrzehnten schon waren diese

Platten eine immense Gesundheitsbelastung der Inhaftierten und des Personals.

Bis heute, so Schweinle, sei die Justizvollzugsanstalt Stammheim, die »Mutter aller Hochsicherheitsgefängnisse«, eine »verseuchte Asbestkammer« und damit eine Gefahr für Gefangene und Beamte. Ebenso lange ist der Ruf der JVA Stammheim geprägt von den Inhaftierungen der Terroristen der Roten Armee Fraktion (RAF) in den Siebziger Jahren. Doch die Haftbedingungen des vergleichsweise unbedeutenden Gerhard Schweinle waren eher schlechter als die der im Licht einer kritischen Öffentlichkeit stehenden RAF-Terroristen.

*

Gerhard Schweinle litt schwer unter der Trennung von seiner Familie und den Haftbedingungen in Stammheim. Nicht lange nach der Einlieferung erlitt er einen Hörsturz, der anfangs nicht einmal behandelt wurde. Erst nachdem sein Verteidiger Peter Müller Protest einlegte, wurde Schweinle einem Hals-Nasen-Ohren-Arzt vorgeführt, der ihn sofort ins Justizvollzugskrankenhaus Hohenasperg einwies, wo er bis kurz vor Weihnachten 2001 blieb. Auf dem Hohenasperg wurde er tagelang mit einem sterbenskranken Mann zusammengelegt. Niemals hätte der loyale Staatsbürger Schweinle geglaubt, dass die Justiz einen Menschen so behandeln könnte. Was auf ihn selbst zukommen sollte, konnte er zu diesem Zeitpunkt nicht erahnen.

Schweinle wurde nach Stammheim zurückgebracht, wo man ihm mitteilte, dass seine Beschwerde gegen den Haftbefehl abgelehnt worden war. Am 22. Dezember 2001 wurde seiner Frau erstmals erlaubt, ihn im Gefängnis zu besuchen. Heiligabend verbrachte Gerhard Schweinle in seiner Zelle, der bekennende Christ durfte an der Messe in der Gefängniskirche nicht teilnehmen.

*

Die Essensrationen waren knapp bemessen. Erst nach einer Beschwerde über den Gefangenenrat wurden mehr Brot und Speisen ausgegeben. Zu trinken erhielten die Gefangenen Tee oder Kaffeeersatz, jedoch kein Mineralwasser oder andere Getränke. Wer Durst hatte, musste das im Winter eiskalte Leitungswasser trinken. Erst Mitte Januar 2002 konnte Schweinle am Einkauf in Stammheim teilnehmen und sich mit dem Nötigsten versorgen; die Belieferung über Drittfirmen war verboten. Ende Januar, zwei Monate nach seiner Einlieferung, erhielt er seine Privatkleidung. Am Kirchgang durfte er noch immer nicht teilnehmen. Ende März wurde das Haftentlassungsgesuch des angesehenen Karlsruher Rechtsanwalts Prof. Dr. Günter Widmaier vom Strafsenat des 1. Oberlandesgerichts mit dem Hinweis abgelehnt, die Ausführungen gingen an der Sache vorbei.

*

Vom Typ her war Gerhard Schweinle ein lebensfroher und kontaktfreudiger Mensch. Auch im Gefängnis wollte er aktiv sein und sich am gesellschaftlichen Leben beteiligen. Neben dem Chor und der Sportgruppe interessierte ihn vor allem die Teilname an kirchlichen Gesprächskreisen, was jedoch nicht im gewünschten Umfang möglich war, weil das spärliche Angebot mit der Nachfrage nicht Schritt halten konnte. Außer Tischtennis, das de facto kaum stattfand, gab es keinerlei Sportgruppen.

Die Monate verflossen, und der Spediteur war weiterhin Tag für Tag 23 Stunden lang in seiner winzigen Zelle eingesperrt. Selbst noch im April 2002, also nach fünfmonatiger Untersuchungshaft, wurde der Antrag des Geschäftsmanns zum Telefonieren abgelehnt. Damit war Schweinles Versuch gescheitert, vom Gefängnis aus seiner unternehmerischen Tätigkeit nachzukommen. Auch vom Gericht wurde für keine der GmbHs ein zeitweiliger Ersatzgeschäftsführer eingesetzt. Die Zerstörung seiner beruflichen Existenz hätte wirkungsvoller nicht sein können.

*

Duschen war gemeinsam mit acht oder mehr Mitgefangenen lediglich zweimal die Woche möglich, allerdings nur im einsehbaren Bereich. Wenn Gerhard Schweinle auf die Toilette musste, dann gab es dafür nur eine Kloschüssel ohne Klobrille in seiner Zelle. Diese war so installiert, dass er sich sofort im Blickfeld der Wärter befand, wenn sie unangekündigt die Metalltür öffneten. Schweinle stellte einen Antrag auf Einrichtung eines Sichtschutzes, der ebenso abgelehnt wurde wie sein Antrag auf die Installation einer Klobrille und eines Deckels auf seiner Toilettenschüssel. Entsprechend lang hielt sich der Geruch.

*

Anfang Mai 2002 bekam Schweinle endlich, wie gewünscht, eine Aufgabe. Im Keller durfte er in der Bücherei arbeiten, einer Sammlung von rund 16000 Bänden, die in ehemaligen Zellen auf alten Regalen lagerten. Hier arbeitete er zusammen mit vier, fünf Mitgefangenen unter erbärmlichen Bedingungen.

Bei der Haftprüfung Mitte Mai wurde sein Haftbefehl per Beschluss des Amtsgerichts Stuttgart aufrechterhalten. Wie lange würde er noch in Stammheim einsitzen müssen?

*

Während sich die Stammheimer Justizbeamten um Menschlichkeit bemühten, ließen Staatsanwaltschaft und Richter keine Gnade walten. Als Gerhard Schweinle ins Krankenhaus Hohenasperg eingeliefert wurde, war sein Vater schwer erkrankt. Dessen Gesundheitszustand verschlechterte sich zusehends, was nach fachärztlicher Diagnose nicht zuletzt mit der psychischen Belastung auf Grund der Inhaftierung seines Sohnes zusammenhing. Ab dem 20. Mai 2002 stellte Schweinle mündlich wie schriftlich mehrere Anträge, seinen Vater am Sterbebett besuchen zu dürfen. Doch bevor sie bearbeitet wurden, starb sein Vater am 27. Mai, ohne dass er ihn noch einmal hätte sehen oder mit ihm sprechen können.

Jürgen E. Schrempp

Eine »Hochzeit im Himmel«: Robert J. Eaton und Jürgen E. Schrempp (Mi.), flankiert vom Chef der New York Stock Exchange (li.) und dem Präsidenten der Wall Street (re.), zelebrieren die Einführung der DaimlerChrysler-Aktie an der New Yorker Börse (17.11.1998)

Da waren es noch zwei: Der Aufsichtsratsvorsitzende Hilmar Kopper im Gespräch mit den beiden Vorstandsvorsitzenden Schrempp und Eaton (auf der 1. Hauptversammlung von DaimlerChrysler im Mai 1999)

Mister Welt AG: Schrempp mit Mitsubishi-Präsident Katsuhiko Kawasoe anlässlich der Übernahme eines 34-prozentigen Anteils an Mitsubishi Motors (27.3.2000)

Zeiten

Glanz und Gloria: Mit dem Maybach stößt DaimlerChrysler in die Superluxusklasse vor (Präsentation auf der Auto Messe International in Leipzig, 4.4.2003)

Aufruhr in China: Wegen angeblicher Qualitätsmängel wird ein Mercedes-Benz zerschlagen (8.3.2002)

Schlechte

Auf Halde produziert? Die Smart-Verkäufe blieben weit hinter Schrempps Versprechungen zurück

Es wird eng: Auf der jährlichen Pressekonferenz des Konzerns muss Jürgen E. Schrempp einen drastischen Gewinneinbruch bei der Merdedes Car Group vermelden (10.2.2005)

Zeiten

Kurssprung in Folge der Ad-hoc-Meldung: Nachdem am 28. Juli 2005 der vorzeitige Rücktritt von Jürgen E. Schrempp verkündet worden war, zog die DaimlerChrysler-Aktie stark an – einige Konzernmanager lösten ihre Aktienoptionen ein und machten Kasse

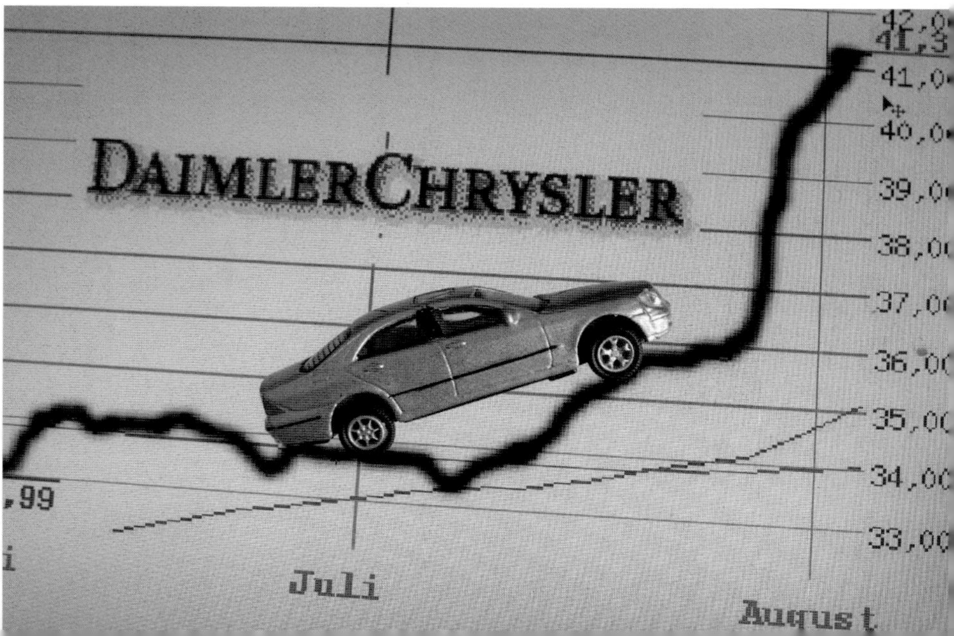

Einer raus: Mercedes-Chef Eckhard Cordes, als heißer Kandidat für die Schrempp-Nachfolge gehandelt, verlässt zum 31. August 2005 das Unternehmen

Ruiniert: Gerhard Schweinle vor der Zentrale seines ehemals florierenden Speditions- und Logistikunternehmens

Einer rein: Dieter Zetsche, ehemaliger Mercedes-Vertriebsvorstand und Chrysler-CEO, wird zum 1. September 2005 neuer Mercedes-Chef und zum 1. Januar 2006 Daimler-Vorstandsvorsitzender – der rechte Mann zur rechten Zeit?

Hochsicherheitsgefängnis: Über zweieinhalb Jahre war Gerhard Schweinle in Stuttgart-Stammheim inhaftiert, zeitweilig auch sein Mitarbeiter Kai-Uwe Teich

Jürgen E. Schrempp dankte zum 31. Dezember 2005 vorzeitig ab – wann folgt ihm Hilmar Kopper?

Vor allem dem Einsatz des Anstaltsgeistlichen Dekan Gregor Sorg war es zu verdanken, dass Gerhard Schweinle vier Tage danach wenigstens an der Beerdigung seines Vaters teilnehmen konnte – unter Bewachung und mit der Zusicherung des Anstaltsgeistlichen, ihn zu begleiten und wieder zurück zu bringen.

Einmal mehr ließen die unmenschlichen Zustände seiner Haft Gerhard Schweinle in psychische Abgründe stürzen. »Ohne die fürsorgliche Betreuung der Beamten und Anstaltgeistlichen in dem Hochsicherheitsgefängnis, allen voran Dekan Sorg, Pfarrer Pfründer, Frau Mayer und Schwester Marion, hätte ich es nie geschafft«, sagt Schweinle.

*

Juni 2002. Vor Gerhard Schweinles Verhaftung war die Unternehmensgruppe einer der größten Logistikdienstleister der DC-Werke Sindelfingen und Rastatt gewesen. Schweinle hatte mit enormem Arbeitsaufwand die so genannte Just-in-time- und Just-in-sequence-Belieferung der Werke aufgebaut. Die ab dem Jahr 2000 eingeführte Just-in-sequence-Belieferung garantierte den exakten Ablauf der Arbeitsschritte durch die Bandarbeiter. Die Materialien wurden in der richtigen Reihenfolge und im entsprechenden Takt angeliefert, so dass die Arbeiter nur noch in die bereit gestellte Kiste greifen und das passende Teil für das entsprechende Fahrzeug heraus nehmen mussten. Mit geringsten Lagerbeständen konnte somit die zeitgerechte Belieferung der Bänder in der kommissionierten, also kundenbezogenen Reihenfolge erfolgen – ein System, mit dessen Umsetzung Schweinle sich ein beachtliches Renommee erwarb.

Bis dato liefen die Geschäfte der Schweinle-Gruppe trotz der Inhaftierung der beiden Geschäftsführer halbwegs geordnet weiter. Nunmehr waren Schweinle und Teich mehr als ein halbes Jahr in Untersuchungshaft und weigerten sich standhaft, das gewünschte Geständnis abzulegen. Der Showdown vor Gericht war unvermeidbar.

Dann kündigte DaimlerChrysler am 26. Juli 2002, einen Monat nach Einreichung der Anklage beim Landgericht am 25. Juni, auch noch die Logistikverträge mit Gerhard Schweinle fristlos und schrieb gleichzeitig dessen Kunden an, dass er Hausverbot bei dem Stuttgarter Autokonzern habe. Durch die fristlose Kündigung, insbesondere jedoch durch die Mitteilung an Schweinles Kunden, verlor die Schweinle-Gruppe ihre Geschäftspartner, zu denen unter anderem Michelin, Goodyear, Ronal, Petri, SAI und andere gehört hatten. Mit dem Rückzug von DaimlerChrysler standen über Nacht mehr als 200 Lkw schlagartig still.

»Wir mussten die Raten an die DC-Bank bezahlen und alle Kosten, wie Fahrerlöhne, aufbringen – und hatten keine Arbeit mehr. Da entschlossen wir uns für die Liquidierung und für den Kampf um die Wahrheit«, erklärt Sigrid Schweinle, die ihren Mann nie verloren gab.

*

Ende Juni 2002 erfolgte die Anklage vor dem Landgericht Stuttgart, das drei Wochen danach beschloss, den Haftbefehl gegen Gerhard Schweinle weiterhin aufrecht zu erhalten. Mit dem 8. August erging ein neuer Haftbefehl des Landgerichts.

Am 10. September, acht Tage vor Beginn der Hauptverhandlung gegen Schweinle, wandte sich dessen Strafverteidiger Peter Müller an den Strafsenat des Oberlandesgerichts, weil er die Objektivität des ermittelnden Oberstaatsanwalts Dr. Martin Klose nicht mehr gewährleistet sah. Hintergrund seines Schreibens war eine Besprechung beim Landgericht, an der sowohl die Richterinnen als auch der Oberstaatsanwalt und die Verteidiger teilgenommen hatten. »Die Staatsanwaltschaft trete allen Überlegungen einer möglichen Haftverschonung schon deshalb entgegen, weil dafür gesorgt werden müsse, dass sich der Angeklagte nie mehr als Unternehmer betätigen kann«, soll Oberstaatsanwalt Klose gemäß dem Schreiben von Rechtsanwalt Müller gesagt haben. Klose sei der Ansicht, dass »die Unternehmensgruppe Schweinle ausschließlich auf Lug und Trug aufgebaut« sei, zitierte Müller den Oberstaatsanwalt.

In seiner Wut über die Inhaftierung hatte Gerhard Schweinle die Staatsanwaltschaft Stuttgart in den Monaten zuvor massiv kritisiert und sie beschuldigt, als verlängerter Arm von DaimlerChrysler aufzutreten. Tatsache war, was Müller in seinem Schreiben mit folgenden Worten beschrieb: »Die Unternehmensgruppe Schweinle wird in diesen Tagen zerschlagen.« Angesichts der geschäftlichen Lage der Schweinle-Gruppe meinte Müller, die Staatsanwaltschaft »habe ihr Ziel erreicht, bei dessen Verfolgung sie sich erfolgreich des Strafsenats bedient«.

*

Einen Tag vor Beginn des Prozesses gegen Schweinle wurde der Mitangeklagte Kai-Uwe Teich von der Justizvollzugsanstalt Schwäbisch Hall nach Stuttgart-Stammheim verlegt. Das hatte massive Folgen für Schweinles Leben im Gefängnis, denn weil die beiden Angeklagten keinesfalls miteinander in Kontakt kommen durften, wurden Schweinle sämtliche Vergünstigungen gestrichen: seine Erlaubnis zur Arbeit in der Bücherei, die Gesprächskreise, die Gottesdienste und Bibelstunden. Schweinle wurde in eine Zelle im fünften Stock gebracht und lebte in den kommenden Monaten in seiner Einzelzelle erneut wie in Isolationshaft.

Kai-Uwe Teich erging es nicht besser. Ihn steckte man in eine so genannte Transportzelle, die nur für den vorübergehenden Aufenthalt gedacht war. Hier im Erdgeschoss des Stammheimer Hochsicherheitsgefängnisses wurden die Häftlinge üblicherweise nur kurzzeitig eingesperrt, um dann nach verschiedenen Kriterien weiter verbracht zu werden. Doch statt der Einlieferung in eine normale Zelle, wo er alles Persönliche hätte auspakken können, musste Teich fast ein weiteres Jahr in der Transportzelle mit wechselnden Mitgefangenen zubringen und seine Habseligkeiten in Kartons aufbewahren.

*

Wenn der Unternehmer Schweinle und sein Mitangeklagter Teich vor Gericht erscheinen mussten, wurden sie an den Händen gefesselt in einem Transportbus nach Stuttgart gefahren. Bis Prozessbeginn wurden sie jeweils im Vorführbereich des Gerichts untergebracht, in gekachelten »Kellerlöchern«, wie Schweinle sagt. Anfangs wurde Schweinle noch mit einem Mittagessen versorgt, später gab es nur trockenes Brot mit einer Käsescheibe. Eigenverpflegung war nicht möglich. Oft musste er stundenlang warten, da die Transporte zwischen dem Hochsicherheitsgefängnis und dem Landgericht nur zweimal am Tag stattfanden.

*

Am 18. September 2002 eröffnete die Vorsitzende Richterin Regina Rieker-Müller die Hauptverhandlung am Landgericht Stuttgart. Drei Tage lang wurde die 68-seitige Anklageschrift verlesen, in der jedes einzelne Fahrzeug aufgelistet war. Schnell wich die erwartungsvolle Stimmung auf Seiten der Angeklagten, die sich darauf eingestellt hatten, gleich zu Beginn der Verhandlung zur Sache befragt zu werden, einer allgemeinen Abstumpfung.

Mitte Oktober lehnte das Landgericht Stuttgart einen weiteren Antrag zur Aufhebung des Haftbefehls ab. Zwei Wochen später, am 31. Oktober 2002, erstattete die DaimlerChrysler AG Strafanzeige gegen den Spediteur aus Neudenau. Der Autokonzern habe »im Zeitraum von 1998 bis 2001 Herrn Schweinle Fahrzeuge mit nicht unerheblichen Rabatten auf Grund besonderer Mengenrabattabkommen geliefert«. Daimlers Vorwurf: Schweinle habe »uns durch Täuschung zur Berechnung der gelieferten Fahrzeuge mit den nicht unerheblichen Rabatten veranlasst«. Soweit er die Konditionen der Mengenrabattabkommen nicht eingehalten habe, »fühlen wir uns geschädigt«.

Schweinle wies den Vorwurf kategorisch zurück: Er habe diese Abkommen »nie abgeschlossen, alle Beteiligten wollten dieses Geschäft machen«. DaimlerChrysler dagegen behauptete,

Schweinle habe das Unternehmen betrogen, weil er die Autos mit einem zehnprozentigen Rabatt hätte verkaufen können. De facto aber verkaufte Brandenburg die Fahrzeuge weiter, während die zur Schweinle-Gruppe gehörende TS-Speditions-GmbH vom DaimlerChrysler-Autohaus Gramling lediglich eine geringe Provision sowie niedrige Rabatte erhielt. Schweinles Meinung dazu ist klar: »Daimler wollte uns vor Gericht verrekken lassen.«

Am 9. Dezember 2002 war der prominenteste Zeuge im Fall Schweinle geladen: Der Chrysler-Chef Dr. Dieter Zetsche bestritt, Gerhard Schweinle näher gekannt zu haben und von dessen Fahrzeuggeschäften Näheres gewusst zu haben. DC-Mitarbeiter wie Dr. Jürgen Fahr sowie Heinrich Gramling, der geschäftsführende Gesellschafter des gleichnamigen Autohauses, und sein Verkaufsleiter Rainer Körner bestätigten mit ihren Aussagen einhellig Schweinles Verwicklung in den Graumarktdeal und dessen vermeintlichen Betrug zu Lasten der Daimler Chrysler AG.

Das Jahr endete für Schweinle damit, dass die Stuttgarter Justiz erneut einen Antrag seiner Verteidiger zur Aufhebung des Haftbefehls ablehnte. Das Landgericht begründete die Ablehnung in mündlicher Verhandlung damit, dass der Angeklagte Schweinle so massiv seine Unschuld beteure und Zeugen befrage, dass das Gericht den Eindruck habe, er glaube selbst nicht an einen Freispruch. Wenn er aber selbst Zweifel an einem Freispruch durch das Landgericht habe, bestehe Fluchtgefahr. Zum zweiten Mal musste Gerhard Schweinle Weihnachten und Neujahr in seiner Zelle im Hochsicherheitsgefängnis verbringen. Teich, der sich weiterhin weigerte, Schweinle zu belasten, erging es auch nicht besser.

*

Gerhard Schweinle behauptet, ihm seien wiederholt Deals angeboten worden, die er nicht annahm. Hätten Schweinle und Teich ihre Schuld eingestanden, so wären sie sofort frei gekommen – doch keiner von beiden ließ sich auf solche Angebote ein.

Schweinle erwies sich als nicht kooperativ. Ab Mitte Februar 2003 wurden die Geschäftsbesuche seiner Ehefrau, die die Leitung der Schweinle-Gruppe so gut wie möglich übernommen hatte, gestrichen. Von jetzt an durfte Sigrid Schweinle ihren Mann gerade noch dreimal im Monat für je dreißig Minuten besuchen – eine Zeit, die zu großen Teilen für Formalitäten wie den Tausch von Wäsche oder Eingangskontrollen draufging. Eineinhalb Stunden, das war die gesamte Besuchszeit eines Monats.

Am 19. Februar 2003 lehnte das Landgericht Stuttgart auch einen weiteren Antrag zur Aufhebung des Haftbefehls ab. Ende des Monats ging es Sigrid Schweinle an den Kragen. Mit dem Vorwurf, sie habe vom Betrug ihres Mannes zu Lasten von DaimlerChrysler profitiert, wurde ihr gesamtes Vermögen arrestiert, was die Familie in akute Finanznot brachte. Sigrid Schweinle hatte keinerlei finanzielle Mittel mehr, auch ihr Gehalt wurde beschlagnahmt, nicht einmal der der Familie zustehende gesetzliche Mindestsatz pro Monat wurde der Frau und ihren Kindern zugestanden.

Am 26. Februar gab es erneut Hausdurchsuchungen im Privathaus der Schweinles und den Geschäftsräumen der Firmen, in der Woche danach erlitt Gerhard Schweinle wieder einen Hörsturz. Besuche seiner Ehefrau durften jetzt nur noch im Beisein der Steuerfahndung stattfinden.

*

Mit zunehmender Haftdauer nahmen Schweinles gesundheitliche Probleme zu. Am 5. März 2003 erlitt der Neudenauer einen weiteren schweren Hörsturz. Schweinle wurde Fluchtgefahr unterstellt, so dass er – gefesselt an Händen und Füßen – von zwei Polizeibeamten zu einem HNO-Arzt gebracht wurde, der bei ihm tatsächlich einen Hörsturz feststellte. Gerhard Schweinle wurde ins Stuttgarter Katharinenhospital eingeliefert, wo eine weitere medizinische Untersuchung den Hörsturz bestätigte. Als mögliche Gründe wurden psychogene Ursachen im Zusammenhang mit der mittlerweile fünfzehnmonatigen Untersuchungshaft genannt.

*

Am 12. Mai 2003 lehnte Richterin Rieker-Müller vom Landgericht Stuttgart den nächsten Antrag auf Aufhebung des Haftbefehls ab. Anfang Juni 2003, anderthalb Jahre nach Beginn seiner Untersuchungshaft, erhielten die beiden Söhne von Gerhard Schweinle erstmals eine Besuchserlaubnis. Wenige Tage danach wurde ein Antrag abgelehnt, seine Mutter am Krankenbett zu besuchen. Selbst ein Telefonat mit der schwerkranken Mutter wurde Schweinle untersagt. Mit Verfügung vom 27. Juni 2003 wurden Besuche der Familie unter Aufsicht des Anstaltsgeistlichen verboten. Schweinles Briefe wurden die ganze Zeit über zensiert, sogar seine Schreiben an das Bundesverfassungsgericht.

*

Die Aufzählung der Repressionen ließe sich noch verlängern. »Ich wurde im Hochsicherheitsgefängnis Stammheim wie ein Schwerverbrecher behandelt und gedemütigt. Dort hatten viele der Beamten kein Verständnis für diese Maßnahmen und entschuldigten sich sogar bei mir«, sagt Gerhard Schweinle. Während seiner Haftzeit erlitt er mehrere Hörstürze und nahm insgesamt rund 40 Kilogramm ab.

Schlimmer als die physischen Folgen der Haft waren die seelischen. Denn wer sich solchen Repressionen ausgesetzt sieht, wer erleben muss, wie seine berufliche Existenz zerstört und nahezu alle familiären Kontakte unterbunden werden, der hegt die schlimmsten Gedanken.

Psychisch überlebt hat Gerhard Schweinle nur dank seines starken Willens und seiner Familie. Seine Ehefrau und die anderen Familienangehörigen standen zu ihm und haben ihm in den zweieinhalb Jahren seiner Haft den Rücken gestärkt. Kai-Uwe Teich hatte dieses Glück nicht, seine einst intakte Familie zerbrach.

Schweinle brachte seine mehr als zweieinhalbjährige Untersuchungshaft mit einem Satz auf den Punkt: »Für mich war Stammheim die Hölle auf Erden – für andere ist sie das heute noch.«

*

»Auf Grund meiner persönlichen Erfahrungen komme ich zu dem Schluss: In Stuttgart gilt nicht das Recht eines unbescholtenen Bürgers, sondern das des Konzerns DaimlerChrysler.«

Kai-Uwe Teich, ehemaliger Geschäftsführer der TS-Speditions-GmbH in Möckmühl

Die Odyssee des Kai-Uwe T.

Kai-Uwe Teich erging es in Schwäbisch Hall nicht besser als Gerhard Schweinle in Stammheim. »Erst nach drei Wochen wurde mir ein halbstündiger Besuch meiner Frau erlaubt, bewacht von einem Beamten der Justizvollzugsanstalt«, erzählt der gebürtige Leipziger. »Das Gefängnis in Schwäbisch Hall war ein über hundert Jahre alter übler Knast. Um mich herum waren Ratten, Mäuse und anderes Getier. Das Klobecken war voller Keime, die Schüssel lose, so dass man sich beim Setzen festhalten musste, damit man nicht vom Sockel fiel.«

Im Dezember 2001 schrieb Teich an die Stuttgarter Staatsanwältin Dr. Kerst, sie möge zu ihm kommen und ihn im Gefängnis oder gegebenenfalls auch in Stuttgart zur Sache vernehmen, weil ihm der Sinn seiner Verhaftung absolut unklar sei und sich kaum mit der zwanzigminütigen Befragung beim Haftrichter erklären lasse. Eine Antwort erhielt er nicht, stattdessen wurde seine Post kontrolliert.

Wie Gerhard Schweinle hatte auch Kai-Uwe Teich mit gesundheitlichen Problemen zu kämpfen. Im März 2002 bekam er starke Magenschmerzen, ein Problem, das ihn bereits im Vorjahr zu einem stationären Krankenhausaufenthalt gezwungen hatte.

In seiner Not wandte sich Kai-Uwe Teich an den zuständigen Abteilungsleiter der Justizvollzugsanstalt Schwäbisch Hall. »Ich erhielt weder eine Reaktion, noch wurde ich einem Arzt vorgeführt«, erklärt Teich. »Auch meine schriftliche Bitte um ärztliche Behandlung wurde vom Haftrichter mit der Begründung abgelehnt, ich solle eben noch einmal einen Antrag in der JVA stellen – das wäre nicht seine Aufgabe.« Verzweifelt wandte sich der Leipziger schriftlich an seine Frau. Über sie drohte er dem Richter, ihn wegen Verletzung seiner Amtspflichten anzuzeigen. Schließlich sei der Haftrichter für das Wohl der von ihm inhaftierten Untersuchungsgefangenen verantwortlich. Eine halbe Stunde später wurde Teich zum Arzt gebracht und medikamentös versorgt. »Damit waren sie zumindest ihrer Verpflichtung nachgekommen«, sagt Teich.

*

Mit Beginn der Hauptverhandlung am 18. September 2002 wurde Kai-Uwe Teich nach Stuttgart-Stammheim gebracht. Zwei Wochen später erfolgte seine Rückverlegung nach Schwäbisch Hall, drei Wochen später wurde er erneut nach Stammheim verfrachtet. »Zu jeder Verhandlungspause wurde ich zwischen den Anstalten hin und her verlegt, inzwischen vierzehn Mal«, schildert Teich seine Odyssee. Die vielen Verlegungen hatten zur Folge, dass Teichs Besuchstermine gestrichen wurden, so dass sich der Kontakt zu seiner Familie auf das Briefeschreiben beschränkte. Auch am Einkauf konnte er oft nicht teilnehmen, da die Gelder zwischen den Justizvollzugsanstalten hin und her überwiesen werden mussten, was bis zu drei Wochen dauern konnte.

Kurz vor Weihnachten 2002 wurde Teich in einer Gerichtsverhandlung mitgeteilt, dass er nach Heimsheim bei Pforzheim verlegt werde. »Dort war ich dann drei Tage immer in den gleichen Kleidern.« Hinzu kam, dass er auf engstem Raum mit sechs oder sieben anderen Gefangenen hausen musste, die in vier Doppelstockbetten schliefen – sofern sie überhaupt schlafen konnten. Über Weihnachten und Neujahr wurde er mit einem Drogensüchtigen zusammen eingesperrt.

Nach zwei Wochen sollte Teich wieder nach Stammheim verlegt werden. Beim folgenden Telefonat mit der Stuttgarter Richterin explodierte er: »Ich bin doch nicht Ihr Postpaket, das Sie nach Gutdünken hin und her schicken können!« beschwerte er sich. Schon in einer der Verhandlungen hatte Teich die Richterin aufgefordert, sie sollte »den Quatsch mit dem Verschicken endlich lassen«. Wütend warf er ihr vor: »Wissen Sie, ich glaube sowieso daran, dass Sie Ihr Urteil schon von Anfang an unter dem Tisch haben. Also, wozu brauchen Sie mich im Gericht? Lassen Sie mir meine Ruhe in irgendeinem Loch. Verhandeln Sie allein weiter und schicken Sie mir das Urteil zu, wenn Sie fertig sind.«

Sätze wie diese zeigen, wie sehr Kai-Uwe Teich der Prozess mitnahm und wie gering sein Vertrauen in die Objektivität des Landgerichts Stuttgart war.

Als Teich erneut verfrachtet werden sollte, setzte er sich vehement zur Wehr – diesmal mit Erfolg. Zwar wurde er wieder nach Stammheim verlegt, allerdings blieb er für den Rest seiner Haftzeit dort. »Über die Monate hinweg kam ich mir vor wie Frachtvieh, das von einem Käfig zum nächsten transportiert wurde«, schildert Teich seine Stimmungslage.

Fortan saß er in seiner Zelle in der Transportabteilung im Hochsicherheitsgefängnis Stammheim: »Ich wurde in eine winzig kleine Zelle gepfercht. Das Fenster war durch eine Baustellenbohle von außen verstellt, und so drang kaum Licht herein.« Teichs Haftbedingungen unterschieden sich in einem Punkt deutlich von Schweinles Situation, denn nach und nach wurden weitere Gefangene bei Teich untergebracht. Über die Monate hinweg musste er sich die 7,45 Quadratmeter kleine Zelle mit 23 anderen Leuten teilen. »Fast jeder von ihnen kam aus einem anderen Land, so dass wir uns manchmal nicht einmal richtig verständigen konnten«, sagt Teich, der seine Zeit in Untersuchungshaft teilweise auf engstem Raum mit Schwerverbrechern verbringen musste.

*

Eines Tages wurde ein Mann mit einer Hepatitis in Teichs Zelle verbracht. Wegen der Ansteckungsgefahr dieser Leberentzündung bat Teich darum, in einer Einzelzelle untergebracht zu werden. Zu Weihnachten 2002 jedoch saßen insgesamt 1097 Gefangene in dem Hochsicherheitsgefängnis, das einst für 600 Inhaftierte gebaut worden war. Zu dieser Zeit hausten oftmals drei Häftlinge in einer 7,45-Quadratmeter-Zelle oder acht in einer 14-Quadratmeter-Zelle. »Meine Bitte um Verlegung des Hepatitis-Patienten blieb von der durchaus verständnisvollen JVA-Leitung unbeantwortet. Auch mein schriftlicher Antrag an die Richterin blieb unbeantwortet«, berichtet Kai-Uwe Teich.

Während der Hauptverhandlung vor dem Landgericht Stuttgart bat Teich um Unterstützung und weigerte sich, in seine Zelle in Stuttgart-Stammheim zurückzugehen. »Hepatitis ist durch Tröpfcheninfektion übertragbar, und ich hatte damals noch meine Familie, meine Frau und die beiden Kinder«, begründet Teich seine Weigerung. »Durch den Wind, den ich hier machte, fanden die Beamten im Knast dann doch eine Lösung.«

*

Diverse Anträge Teichs auf Sonderbesuche wurden abgelehnt, unter anderem der Besuch seiner Frau anlässlich des Hochzeitstags, die gemeinsame Geburtstagsfeier mit den Kindern und viele andere mehr. Je länger die Haft andauerte, umso schwieriger gestaltete sich der Kontakt zur Familie. Er solle doch schreiben, bekam er regelmäßig zur Antwort, wenn er um Termine mit seiner Familie bat. Um den Wert dieser Empfehlung einordnen zu können, muss man wissen, dass Briefe aus dem Gefängnis zwischen zehn Tagen und einem Monat unterwegs gewesen sind.

Vor der Verkündung des Urteils am 11. August 2003 durch das Landgericht Stuttgart wurden die Besuche seiner Frau immer rarer, später brachte sie seine Tochter nicht mehr mit, zuletzt blieben die Besuche ganz aus. Teich sucht nach Worten, um das schwer Nachvollziehbare zu erklären: »Vielleicht ist das Verhalten meiner Frau auch irgendwie verständlich. Beinahe zwei Jahre war ihr Mann weg, und es bestand keine Hoffnung auf ein kommendes Ende dieser Situation.« Dazu lastete ein unglaublicher Druck auf der Familie des Angeklagten. »In der Öffentlichkeit standen wir wie Kriminelle da. Mehr kann ich darüber nicht sagen, das ist alles viel zu hart.«

Bis zu seiner Untersuchungshaft führte Kai-Uwe Teich ein intaktes Familienleben. »Ich hatte ein heiles Leben, eine liebe Frau, liebe Kinder.« Als Teich im November 2003 auf Antrag begnadigt wurde, fuhr er unverzüglich nach Hause. Zwei Jahre nach seiner Inhaftierung klingelte er zum ersten Mal wieder an der Tür zu seiner Wohnung. Doch er war nicht mehr willkommen. Seine persönlichen Sachen fand er in einer kleinen Garage verstaut.

»Die einzige, die sich aus meiner Familie über meine Heimkehr freute, das war meine dreieinhalbjährige Tochter Anna-Maria. Als ich verschleppt wurde, war sie gerade eineinhalb Jahre alt gewesen«, erzählt Kai-Uwe Teich. »Diese Zeit unseres Lebens kann mir niemand mehr zurückgeben.«

Die Worte seiner Tochter Anna-Maria blieben das Schönste, was ihm als Erinnerung an den Tag seiner Freilassung geblieben ist: »›Papa, ich lass dich jetzt nie mehr weg. Bitte bleib für immer hier.‹ Hätte sie das damals nicht gesagt, wäre ich sicher schon längst weit weggezogen«, sagt Kai-Uwe Teich.

Der frühere TS-Geschäftsführer fühlt sich in seinem Rechtsempfinden zutiefst verletzt, denn »redliche Geschäftsleute wie Schweinle und ich wurden ewig lange inhaftiert«. Bis heute verfolgen ihn die Zeit im Gefängnis und die 74 Prozesstage vor Gericht. »In meiner Zelle habe ich mich in den beiden Jahren immer wieder gefragt, was ich DaimlerChrysler angetan habe, dass ich so etwas ertragen musste.« Kai-Uwe Teich sieht sich seines guten Rufes, seiner Familie, seines Berufs, seiner Zukunftsperspektive beraubt. Bitter fragt er sich: »Was ist das für eine Firma, die drei Jahre lang mit mir zusammenarbeitet und mich dann anzeigt? Was ist das für eine Staatsanwaltschaft, die vollkommen einseitig zu ermitteln scheint? Was sind das für Richter, die einem in Graumarktgeschäfte verwickelten Konzern mehr Glauben zu schenken scheinen als einem unbescholtenen Menschen?« Und er fasst seine Erfahrungen zusammen: »In der Öffentlichkeit standen wir wie Kriminelle da. Der Daimler-Konzern hat mir meine Familie und damit mein Leben kaputt gemacht.« Teich folgert aus alledem: »Meines Erachtens gilt in Stuttgart nicht das Recht eines unbescholtenen Bürgers, sondern das des Konzerns DaimlerChrysler.«

sechs
Acht Limousinen in drei Minuten

»Es ging damals um einen ganz bestimmten Kunden,
mit dem ich seinerzeit drei Minuten
am Rande eines Formel-1-Rennens gesprochen hatte.«
Dieter Zetsche am 1. Oktober 2005

Auffällige Gedächtnislücken

9. Dezember 2002. An diesem Montag war ein prominenter Manager vor der 11. Wirtschaftsstrafkammer des Stuttgarter Landgerichts geladen. Begleitet von seinem Rechtsanwalt Dr. Eddo Compart nahm der Daimler-Vorstand seinen Weg über den »verdeckten« Gang vorbei am Richterzimmer in den Gerichtssaal. Durch die Tür schräg links hinter dem von Richtern und Schöffen besetzten Podium werden üblicherweise Kriminelle in Handschellen und von zwei Sicherheitsbeamten begleitet in den Sitzungssaal geführt.

Gerhard Schweinles Fall wurde anfangs von vier, später von drei Richtern, zwei Schöffen und einer erstaunlich kritischen Ersatzschöffin bearbeitet.

Der heutige Termin war mit Zetsche abgestimmt worden, der eigens aus der Chrysler-Zentrale eingeflogen kam. Zu dieser Zeit zählte Zetsche zu den heißesten Anwärtern auf die Nachfolge des Vorstandsvorsitzenden der DaimlerChrysler AG. In Stuttgart ist »der Daimler« für fast alle eine Art Heiligtum, der größte Arbeitgeber, der Stolz einer ganzen Region.

Als der schlanke Mann mit dem Walrossbart den Gerichtssaal betrat, wurde er von der Vorsitzenden Richterin begrüßt und mit der Achtung behandelt, die einem Daimler-Vorstand gebührt.

*

9.00 Uhr. Linker Hand saß die Staatsanwaltschaft, vertreten durch Frau Dr. Kerst, in der Mitte die Richter und Schöffen, rechter Hand Schweinles Rechtsanwälte sowie der Anwalt von Kai-Uwe Teich, ganz rechts außen Schweinle und Teich in gebührendem Abstand voneinander. Dr. Zetsche und sein Rechtsanwalt Dr. Compart nahmen in der Mitte Platz, wie alle durch die etwa einen Meter hohe Absperrung vom Auditorium getrennt. Was den rund vierzig Zuschauern, zur Hälfte etwa Journalisten, in dem völlig überfüllten Sitzungssaal an diesem Morgen dargeboten wurde, klang vergleichsweise harmlos und barg dennoch Sprengstoff.

Zeuge Dr. Dieter Zetsche, geboren am 5. Mai 1953, Diplomingenieur, President und Chief Executive Officer bei DaimlerChrysler, mit dem Angeklagten nicht verwandt und nicht verschwägert, wegen Meineids nicht vorbestraft. Dieter Zetsche wurde gemäß Paragraf 55 Strafprozessordnung (StPO) über sein Auskunftsverweigerungsrecht belehrt und machte Angaben zur Sache.

Die Fragen blieben freundlich im Ton, für drängendes Nachfragen gab es wohl keinen Anlass. Zetsche schien sich Mühe zu geben, aber die Vorgänge lagen drei Jahre zurück, da musste man sich nicht an alles erinnern können. Damals, 1995 bis 1999, war er im Mercedes-Vorstand für den Vertrieb zuständig, im September 1999 wurde ihm vom Aufsichtsrat das Nutzfahrzeugressort übertragen, zum November 2000 wechselte er an die Chrysler-Spitze.

Den Spediteur Gerhard Schweinle, ja, den habe er zwei-, drei-, viermal gesehen, erinnerte sich Zetsche, vor allem am Rande von Formel-1-Rennen auf dem Nürburgring. Aber an spezifische Geschäftsgespräche konnte er sich nicht erinnern.

Ob er dort irgendwelche Zusagen gemacht habe? Nein, natürlich nicht. Zu spezifischen Geschäften habe er keine Zusagen getroffen. Allerdings habe er als weltweit tätiger Daimler-Vertriebsvorstand mit der Vertriebsorganisation Strategien entwikkelt. Die Verkäufer seien jedoch separat tätig gewesen. Seine Aufgabe sei es nicht, Autos zu verkaufen.

Die Absatzzahlen der Schweinle-Gruppe waren ihm ungefähr bekannt. Nein, an Gesprächen mit Herrn Schweinle über irgendwelche Mengen anzukaufender Autos habe er nicht teilgenommen. Aber er könne sich daran erinnern, dass Kollegen auf ihn zugekommen seien mit der Überlegung, hundert Fahrzeuge an Schweinle zu verkaufen.

In aller Seelenruhe fuhr Zetsche fort. Ihm wie auch anderen Vorständen habe ein Vorstandskontingent an Fahrzeugen zur Verfügung gestanden. Dieses V-Kontingent beinhalte eine reglementierte Anzahl von Neufahrzeugen. Bezüglich der Modelle CL 500 und CL 600 – zwei extravagante Coupés mit Fünf- beziehungsweise Sechslitermotoren – hätten ihn Kollegen angesprochen, denn ein Kunde sollte Fahrzeuge schneller erhalten, die Lieferzeiten hätten damals bis zu einem Jahr betragen. Ja, einige dieser Limousinen habe er abgegeben, auf die Konditionen jedoch keinerlei Einfluss genommen. Dieter Zetsche verwies auf die aus seiner Sicht Verantwortlichen: die deutsche Vertriebsorganisation, die Entscheidungskompetenz gehabt habe, genauer gesagt: allein die Entscheidungskompetenz.

Wer könne entscheiden, ob von einem schriftlichen Vertrag abgewichen werden könne? fragte die Vorsitzende Richterin Regina Rieker-Müller. Da müsse er auf Herrn Panka verweisen, sagte Zetsche, den Leiter der Vertriebsabteilung. Eine Unterverantwortung bezüglich des Vertriebs trage in diesem Zusammenhang auch der Pkw-Vertriebschef Deutschland, Herr Dr. Fahr.

Zetsche wusste, weshalb er hier war, und er kannte den Kern des Problems: Ja, früher habe es Lieferungen in graue Märkte gegeben, aber er selbst habe diese nicht geduldet, denn Graumarktgeschäfte seien hausintern verboten und würden nicht gemacht. Wir liefern nicht an Wiederverkäufer oder nichtautorisierte Händler, erklärte Zetsche, Graumarktgeschäfte würden von Daimler unterbunden.

Als er 1995 bei Mercedes-Benz Vertriebsvorstand wurde, habe es Graumarktaktionen größeren Umfangs gegeben, in die Mitarbeiter von Daimler-Benz involviert gewesen seien. Der Daimler-Vorstand verwies auf Presseberichte Anfang der Neunziger

Jahre. Der Fall Fink, so Zetsche, dürfte hier bekannt sein. Damals hatte der hochrangige Daimler-Mitarbeiter Dieter Fink massiv Graumarktgeschäfte zum Nachteil von Mercedes-Benz betrieben. Er selbst, fuhr Zetsche fort, habe Graumarktgeschäfte unterbunden und verboten und keinerlei Absprachen getroffen; allen Mitgliedern des Unternehmens seien derartige Geschäfte ausdrücklich untersagt gewesen.

Ob ihm bekannt sei, welche Mengen der Spediteur Gerhard Schweinle abgenommen habe, wurde Zetsche gefragt. Da gebe es Listen, antwortete der Ex-Vertriebsvorstand, auf denen stünden die Namen der besten DaimlerChrysler-Kunden und damit auch der von Herrn Schweinle. Schweinle sei ein guter Nutzfahrzeugkunde gewesen mit kontinuierlichen Geschäften. Dabei habe es sich um dreistellige Stückzahlen im Lkw-Bereich gehandelt. Schließlich sei dessen Firma ein großes Speditionsunternehmen. Selbstverständlich seien vornehmlich Wagen der DaimlerChrysler AG eingesetzt sowie Privat- und Firmenfahrzeuge gekauft worden. Die Zahl der durch Schweinle abgenommenen Pkw kenne er nicht.

Ob es möglich gewesen sei, dass das Mercedes-Autohaus Gramling aus Mosbach mit Unterstützung des Daimler-Gebietsbetreuers Graumarktgeschäfte förderte? wurde Zetsche gefragt. Der sagte, er kenne weder den Namen des Händlers Gramling noch den des Vertriebsmitarbeiters. Der gehöre zwar zur Daimler-Vertriebsorganisation in Berlin, arbeite aber in Mannheim.

Dagegen sei ihm Herr Dr. Fahr als langjähriger Mitarbeiter sehr gut bekannt, dieser genieße sein »volles Vertrauen«. Immer wieder betonte Zetsche den entscheidenden Punkt: Parallelmarktgeschäfte durften seit 1995 nicht mehr getätigt werden – und es seien auch keine getätigt worden.

Irgendwann hätten ihn Mitarbeiter angesprochen, dass er doch mit Gerhard Schweinle zusammenkommen solle. Bekanntlich sei die Schweinle-Gruppe ein bedeutender Kunde im Nutzfahrzeugbereich. Ob er denn auch Geschäfte arrangiert habe, wurde Zetsche gefragt. Ja, er habe Herrn Schweinle acht Fahrzeuge vom Typ CL 500 und CL 600 zugesagt und einen entsprechenden Hinweis auf der Rückseite von Schweinles Visitenkarte notiert, erinnerte sich Zetsche und widersprach damit seiner anfänglichen Feststellung, keine Zusagen getroffen zu haben. Daraufhin habe er seine Mitarbeiter zur Lieferung der Limousinen angewiesen. Üblicherweise habe es sich um Einzellieferungen aus dem Vorstandskontingent gehandelt.

Verwunderung im Gerichtssaal. Ob denn die Lieferung solch hoch begehrter Luxuslimousinen normal gewesen sei, wurde Zetsche gefragt. Der verwies auf einen Multimilliardär aus Hongkong, der nach fünf Fahrzeugen der Superluxusklasse vom Typ Maybach gefragt habe. So etwas sei doch ganz normal.

Gerhard Schweinles Vorwurf, Zetsche habe beim Treffen auf dem Nürburgring zu ihm gesagt, dass die über den Graumarkt gelieferten Fahrzeuge nicht in Deutschland auftauchen dürften, bestritt der Chrysler-Chef ebenso wie Schweinles Aussage, die Graumarktgeschäfte seien offen diskutiert worden.

Was eigentlich passiere, wenn jemand ein Fahrzeug kaufe und sofort weiterverkaufe, wurde Dieter Zetsche gefragt. Werde der Kunde dann gleich rausgeworfen? Wenn sich ein Weiterverkauf angebahnt habe, dann sei jeweils ein Mitarbeiter an ihn herangetreten, erklärte Zetsche. Ihm sei auch klar gewesen, dass die Fahrzeuge zu einem Problem würden, sobald sie auf dem deutschen Markt als Neufahrzeuge erschienen. Dass aber solche Automobile von Herrn Schweinle aufgetaucht wären, habe er nie gehört, und seine Mitarbeiter hätten diesbezüglich auch nichts an ihn heran getragen.

Unumwunden erklärte Zetsche, dass es kein Problem sei, wenn die Fahrzeuge in Spanien oder Italien auftauchten, in gewisser Weise sei das sogar gut. Dann könne der Konzern gegenüber der EU nachweisen, nicht auf die autorisierten Händler eingewirkt zu haben, dass diese die Pkw nicht auch an Ausländer verkaufen dürften. In diesen Tagen stand nämlich der Vorwurf der Europäischen Kommission im Raum, DaimlerChrysler verbiete seinen Händlern, Fahrzeuge an Kunden außerhalb ihres Verkaufsgebietes oder ihres EU-Landes zu vertreiben.

Dieter Zetsche wurde ein Schreiben der DaimlerChrysler AG vom 7. September 2001 vorgehalten, dem zu entnehmen war, wie viele Neuwagen aus Deutschland auf dem taiwanesischen Markt aufgetaucht sind. Darin wandte sich der für den Großraum Mannheim zuständige Mercedes-Mann an Gerhard Schweinle und wies diesen darauf hin, dass zum Stichtag 10. August 2001 »insgesamt 81 Provisionsanträge der taiwanesischen Mercedes-Benz-Importgesellschaft« vorlägen. Diese betrafen »Einlieferungen auf ihre Neuwagenabnehmer« für die Monate März bis Juni 2001. So waren im März acht, im April 42, im Mai 24 und im Juni sieben Einheiten in Taiwan aufgetaucht. Für »ganz erhebliche« Irritationen bei dem Gebietsbetreuer von Mercedes und seinem Berliner Chef Dr. Fahr hatte die »von Ihnen zugesicherte Haltedauerempfehlung von 6 Monaten nach Auslieferung« geführt. Eine Durchschrift des Schreibens, so der handschriftliche Vermerk, war Gramling und seinem Verkaufsleiter zur Kenntnis gegeben worden.

Dieses Schreiben ist aufschlussreich, denn es belegt, dass man in der Mannheimer Mercedes-Niederlassung wusste, dass Schweinle eine angeblich vereinbarte sechsmonatige Haltefrist nicht einhielt, und sogar den genauen Überblick hatte, wann die Mercedes-Pkw in Taiwan eintrafen. Dennoch lieferten Gramling und DaimlerChrysler weiter Fahrzeuge an den Neudenauer Spediteur.

Zetsche erklärte, DaimlerChrysler verkaufe keinesfalls an Wiederverkäufer, auch wisse er nichts von einer entsprechenden Rolle Schweinles. Wäre Schweinle ein Wiederverkäufer gewesen, so hätten erhebliche Konsequenzen gedroht, vor allem Sanktionen gegen den Vertriebsbereich. Zu Absprachen, so Zetsche, sei es nicht gekommen. Er habe erst mit der Vorladung als Zeuge zur heutigen Verhandlung von alledem erfahren. Grundsätzlich seien zweistellige Rabatte für den Hersteller nicht attraktiv, und deshalb verkaufe man auch nicht an Wiederverkäufer.

Ob er das Protokoll der Zeugenvernehmung von Dr. Jürgen Fahr kenne? Ja, das habe er gelesen. Zetsche bejahte auch die Frage, ob er im Jahr 1999 der verantwortliche Mann für die

Schweinle-Gruppe war. Aber dass Herr Schweinle Pkw-Kunde war, nein, das habe er nicht gewusst. Er sei davon ausgegangen, dass dieser mit seinem Unternehmen einen größeren Fuhrpark für die Mitarbeiter unterhalten habe. Womöglich habe Herr Schweinle auch in beträchtlichem Umfang Leasinggeschäfte getätigt. Nein, von einer Gesamtmenge von 1800 Fahrzeugen wisse er nichts. Jedenfalls seien mit seiner Amtsübernahme 1995 keine Parallelmarktgeschäfte mehr gelaufen, Lieferungen habe es keine mehr gegeben.

Unvereidigt wurde der frühere Vertriebsvorstand Dieter Zetsche im allseitigen Einverständnis um 10.22 Uhr entlassen.

*

Nach Ansicht von Teilnehmern der Verhandlung wurde Dieter Zetsche im Landgericht Stuttgart privilegiert behandelt. »Die Strafkammer hat gemerkt, dass sie einen der größten Momente ihrer Geschichte erlebt«, meint Rechtsanwalt Peter Müller. Ganz im Gegensatz zu den Angeklagten Schweinle und Teich hätten die leitende Richterin Rieker-Müller und ihre beiden Co-Richterinnen »einen ungeheuren Respekt« vor Zetsche gezeigt und sich nach dem Motto verhalten: »Jetzt kommt einer der großen industriellen Halbgötter.«

*

Präzise hatte sich Dieter Zetsche an die von ihm genehmigte Lieferung der damals heißbegehrten CL-Coupés erinnert. Dass Schweinle gleich acht CL-Limousinen erhielt, war ungewöhnlich, üblich war zu diesem Zeitpunkt eine Lieferzeit von bis zu einem Jahr. Warum bedachte Dieter Zetsche Gerhard Schweinle mit der großzügigen CL-Lieferung?

Gerhard Schweinle zufolge soll sich das Ganze so zugetragen haben: Am 26. September 1999 sei es beim Großen Preis von Europa auf dem Nürburgring zur ersten Begegnung zwischen Zetsche und Schweinle gekommen. »In der Greschbachhalle ist eigens ein abgeschirmter Besuchertisch eingerichtet worden«, erinnert sich Schweinle, »und dort hat uns Dr. Zetsche hingebeten.« Mit dabei gewesen sei noch ein weiterer Vorstand der Autoindustrie nebst Gattin. »Wir baten den befreundeten Vorstand um Verständnis, dass es sich um ein Sechs-Augen-Gespräch handeln musste.« Als sie unter sich waren, ging Schweinle Zetsche scharf an, weil Logistikaufträge in den DC-Werken Rastatt und Sindelfingen an wesentlich teurere und qualitativ schlechtere Logistiker vergeben wurden und dabei, aus seiner Sicht, »alle kaufmännischen Regeln gebrochen wurden«.

Gerhard Schweinle, der im Vorfeld dieses Treffens vom früheren Daimler-Mann Brandenburg wegen des schlechten Produktmixes im Graumarktgeschäft gebrieft worden sein will, sprach auch dieses Problem an und wies darauf hin, dass ein leicht verkäuflicher Fahrzeugtyp als Teil des Mixes geliefert werden sollte. Daraufhin soll ihm Zetsche die schnellstmögliche Lieferung von acht CL-500 und CL-600 Coupé zugesagt haben. Abschließend habe Dr. Zetsche den Neudenauer und seine Frau nochmals ausdrücklich darauf hingewiesen, dass die für den Parallelmarkt bestimmten Fahrzeuge nicht im deutschen Markt auftauchen sollten. Das würde großen Ärger mit den deutschen Händlern verursachen.

Mit den acht CL-Coupés hatte Schweinle das Beste vom Besten bekommen, was Daimler zu dieser Zeit zu bieten hatte.

Schweinles Firma TS erhielt die Fahrzeuge innerhalb eines Monats – wie Schweinle sagt, zu den gewohnten Konditionen. In der Zusage der Lieferung von acht CL 500 und CL 600 sieht Schweinle den »unumstößlichen Beweis dafür, dass Zetsche über meine Parallelmarktgeschäfte informiert war und diese fördern, wenn nicht sogar ausbauen wollte. Denn selbst für einen ›normalen Großkunden‹ war eine solche Gabe total unüblich. Er wusste, dass ich einen Ausgleich für die Ladenhüter brauchte. Wäre dem nicht so gewesen, hätte ich die acht CL-Limousinen nie und nimmer bekommen.«

*

Dieter Zetsche erklärte wiederholt, er habe nach 1995 mit den Graumarktgeschäften bei Mercedes aufgeräumt. Doch Zetsche höchstpersönlich war am 11. Mai 1998 vom Pkw-Vertriebsleiter Deutschland Dr. Jürgen Fahr – der laut Zetsches Aussage bei seiner Vernehmung im Fall Schweinle sein »volles Vertrauen« genoss – schriftlich über Graumarktaktivitäten in Kenntnis gesetzt worden. Fahr sprach das Problem an, dass Mercedes-Fahrzeuge seitens der deutschen DC-Vertriebsorganisation an Wiederverkäufer statt an Endkunden geliefert worden waren. So wie Ex-Daimler-Mann Brandenburg bei der Schweinle-Gruppe hatten diese die Fahrzeuge ins Ausland verschafft, beispielsweise nach Taiwan, und waren dabei mit den jeweiligen Mercedes-Alleinimporteuren aneinandergerasselt, denen daraufhin eine dreiprozentige »Übergrenzprovision« bezahlt werden musste. Diese Vertragsstrafe wurde je zur Hälfte vom Autohaus Gramling und der zur Schweinle-Gruppe gehörenden TS gezahlt.

Wenn Schweinles Darstellung stimmen sollte, was war dann der Hintergrund dieser Graumarktdeals? In Deutschland wurden und werden die Absatzschwächen einzelner Fahrzeugreihen argwöhnisch beobachtet und beurteilt. DaimlerChrysler führte interne Listen, in denen die Entwicklungen der jeweiligen Fahrzeugmarken erfasst wurden. Wenn beispielsweise die S-Klasse schwächelte, konnten in den Graumarkt gepumpte S-Klasse-Fahrzeuge dazu dienen, die Verkäufe hoch zu halten und damit die Mitkonkurrenten BMW und Audi in Schach zu halten. So könnte die DaimlerChrysler AG die Lieferungen an nichtautorisierte Zwischenhändler zum Kampf um Marktanteile nutzen.

*

Am 11. August 2003 befand das Stuttgarter Landgericht die beiden Angeklagten Gerhard Schweinle und Kai-Uwe Teich wegen Betrugs an DaimlerChrysler in drei Fällen und Steuerhinterziehung in acht Fällen für schuldig. Das Landgericht übernahm das Zahlenwerk der DaimlerChrysler AG und addierte die auf der Basis jährlich vereinbarter Mengenrabattabkommen erfolgten Bestellungen. Anhand dieser Daimler-Daten berechnete das Gericht die Größenordnung des Betrugs gegenüber dem Konzern für die Jahre 1999, 2000 und 2001. Demnach belief sich der Gesamtschaden für die DaimlerChrysler AG auf 4,14 Millionen DM.

Das Urteil war hart: Gerhard Schweinle wurde zu einer Gesamtfreiheitsstrafe von vier Jahren, Kai Uwe Teich zu drei Jahren verurteilt. Zu diesem Zeitpunkt befanden sich die beiden Verurteilten bereits knapp zwei Jahre in der äußerst harten Untersuchungshaft. Mit anderen Worten: Auf Schweinle warteten weitere zwei und auf Teich ein weiteres Jahr Haft. Die vermeintlichen Straftäter wurden in ihre Zellen zurückgeführt.

*

»Letztlich übernimmt das Landgericht dabei
nur Behauptungen der als Zeugen
einvernommenen Mitarbeiter der DCVD.«
Der Bundesgerichtshof im Juni 2004 in seiner Begründung
für den Freispruch von Gerhard Schweinle
und Kai-Uwe Teich vom Vorwurf des Betrugs

Eine schallende Ohrfeige vom Bundesgerichtshof

Am Abend des 9. Juni 2004, zehn Monate nach der Urteilsverkündung des Landgerichts Stuttgart, erging der Beschluss des 5. Strafsenats des Bundesgerichtshofs (BGH). Auf Gerhard Schweinles Revisionsantrag hin hob der BGH in Leipzig das Urteil vom 11. August 2003 »wegen Steuerhinterziehung u.a.« auf, was auch für Kai-Uwe Teich galt: Der Freispruch erfolgte, »soweit die Angeklagten wegen Betrugs in drei Fällen verurteilt wurden«, auf Kosten der Staatskasse, die auch die Auslagen der beiden Angeklagten zu tragen hatte. Bezüglich des Umfangs der Aufhebung wurde die Angelegenheit »zu neuer Verhandlung und Entscheidung [...] an eine andere Strafkammer des Landgerichts zurückverwiesen«.

Damit wurden Schweinles vierjährige und Teichs dreijährige Haftstrafen aufgehoben. Bis zu seiner Freilassung war Schweinle mehr als zweieinhalb Jahre in der JVA Stammheim eingesessen, Teich hatte zwei Jahre in Schwäbisch Hall, Stammheim und Heimsheim verbracht und war während der 24 Haftmonate insgesamt vierzehnmal verlegt worden. Zwar wurden Teich und Schweinle gemeinsam angeklagt, doch durch Anordnung der Richterin Rieker-Müller wurde ihnen die Möglichkeit zur persönlichen Abstimmung ihrer Verteidigung genommen. Zugleich wurde den Rechtsanwälten auferlegt, einen Gedankenaustausch der beiden Angeklagten während der Verhandlung nicht zuzulassen. Damit hatten einzig die Anwälte die Möglichkeit zur Korrespondenz.

Auf zehn Seiten begründete der BGH seinen Freispruch. »Die Verurteilungen wegen Betrugs in drei Fällen begegnen durchgreifenden rechtlichen Bedenken«, so die fünf BGH-Richter. Dies führe »zur Aufhebung des landgerichtlichen Urteils und zum Freispruch der Angeklagten«. Das Urteil stellte eine massive Kritik an der Rechtsprechung der Stuttgarter Richter dar. So könnten die Verurteilungen wegen Betrugs »deshalb keinen Bestand haben, weil das Landgericht zu Unrecht einen Vermögensschaden [...] angenommen« habe. Dieser war von den Stuttgarter Richtern mit 4,14 Millionen DM ermittelt worden und stützte sich auf die Einschätzungen zweier leitender Daimler-Mitarbeiter – gemeint waren Dieter Zetsche und Jürgen Fahr – aus dem Verkaufsressort. Daraufhin hatte das Landgericht Stuttgart nach Ansicht des BGH fälschlicherweise angenommen, die an die Schweinle-Gruppe verkauften Fahrzeuge hätten »mit aller Wahrscheinlichkeit auch an Einzelkunden in Deutschland« veräußert werden können. Jetzt stellte der Bundesgerichtshof unmissverständlich fest: »Damit bestimmt das Landgericht den Vermögensschaden im Sinne des § 263 StGB nicht rechtsfehlerfrei«, ein Betrug sei nicht begründbar.

Auch die Beweisführung des Landgerichts zum Vermögensschaden könne »keinen Bestand haben, weil das Landgericht seine Folgerung, die Fahrzeuge hätten auch an Einzelkunden mit geringeren Rabatten verkauft werden können, nicht belegt hat«, so die weitere Begründung des Bundesgerichtshofs. In ihrer Kritik benannten die BGH-Richter den Kern des Problems: »Letztlich übernimmt das Landgericht dabei nur Behauptungen der als Zeugen einvernommenen Mitarbeiter der DCVD.« Doch »Tatsachen, die diese Hypothese hätten stützen können, werden nicht mitgeteilt«. Dagegen sei der Kundenkreis für hochpreisige Fahrzeuge »zwangsläufig endlich«, so dass nicht ohne weiteres unterstellt werden könne, »weitere Kunden würden zusätzliche Autos zu gleichen Rabattkonditionen kaufen«.

Die Rüge des BGH an die Stuttgarter Richter gipfelte im Vorwurf, »sämtliche Anhaltspunkte« hätten gefehlt. Die vom Landgericht angenommene Absatzfähigkeit erweise »sich damit nicht als tragfähige Schlussfolgerung, sondern als bloße Vermutung ohne den notwendigen Beleg durch Tatsachen«. Hierauf, so der BGH, könne »eine Verurteilung nicht gestützt werden«.

Aufschlussreich waren auch die Ausführungen an einem weiteren Punkt, in dem das Urteil der BGH-Richter dem des Landgerichts Stuttgart diametral entgegenstand: Womöglich hätten sich zu einem Rabatt unterhalb dem, der Schweinle gewährt wurde, »eine größere Anzahl von Fahrzeugen verkaufen lassen«. Aber, so der BGH, der betriebswirtschaftliche Erfahrungsschatz bestehe »mit umgekehrter Zielrichtung«. Ein Hersteller sei daran interessiert, seine Marktchancen in optimaler Weise zu nutzen, und gebe dabei auch Mengenrabatte, falls sich diese lohnen. »Schon dieser Gedanke spricht dafür, dass die DaimlerChrysler AG nicht über zusätzliche Kunden verfügt hat« – und dementsprechend auf Schweinle und viele andere nichtautorisierte Mercedes-Händler angewiesen war.

Bei einer neuen Hauptverhandlung müsse »neu beurteilt werden, ob sich dann ein stillschweigendes Einverständnis zwischen Verantwortlichen der Daimler-Chrysler AG und dem Angeklagten ausschließen ließe«. Die näheren Umstände hätten auf Grund einer – vom Landgericht nur unzureichend durchgeführten – »Gesamtwertung sämtlicher Umstände« geprüft werden müssen.

So gesehen konnte DaimlerChrysler insgeheim sogar damit zufrieden sein, dass keine weitere Hauptverhandlung wegen des Betrugsvorwurfs zu Stande kam, denn dort wäre womöglich das ganze Ausmaß der Graumarktgeschäfte offenbar geworden.

Seit rund einem Jahrzehnt muss sich DaimlerChrysler vor der EU-Kommission in Brüssel verantworten, da die Haltevereinbarung gegen die EU-Vorgaben der freien Marktwirtschaft verstößt, den Wert des Produkts schmälert und die Möglichkeiten des freien Handels einschränkt. So gesehen müsste das »Mengenrabattabkommen« eigentlich »Verwerterrabattbestimmung« heißen, weil die Ware an Wert verliert.

Die Haltevereinbarung sollte in der Vergangenheit der Verhinderung von Graumarktgeschäften dienen, indem durch sie die vertikalen und horizontalen Wettbewerbsbeschränkungen kanalisiert wurden. Bei Mercedes-Verkäufen im Inland musste der Vertriebsweg vom Hersteller über die Niederlassungen beziehungsweise Händler zum Endkunden eingehalten werden. Im Ausland führte der Weg vom Hersteller über die Importeursgesellschaft zu den Niederlassungen beziehungsweise Händlern und von dort zu den Endkunden. Damit wurden bei Mercedes freie Händler und andere Kunden vom Wettbewerb ausgeschlossen. Doch die Lage hatte sich mit den Graumarktgeschäften geändert: Lag der Vorwurf früher in der Beschränkung des freien Wettbewerbs, so liegt er heute in der Umgehung der von der Europäischen Union gegenüber DaimlerChrysler eigens gewährten Gruppenfreistellungsverordnung, die dem Unternehmen ausdrücklich erlaubt, den Wettbewerb zu beschränken. DaimlerChrysler erwirkte bei der EU eine Sonderregelung, an die sich der Konzern halten musste – was er offenbar nicht tat.

Dafür, dass Mitarbeiter der DaimlerChrysler AG davon Kenntnis gehabt haben müssten, dass Schweinle die sechsmonatige Haltevereinbarung gebrochen haben soll, könnten gemäß der Argumentation der BGH-Richter »folgende Gesichtspunkte sprechen: Der erhebliche Umfang der Bestellungen mag schon aus Gründen der Kundenpflege nahegelegt haben, nähere Informationen über die ›Schweinle-Gruppe‹ einzuholen, die unschwer die Unmöglichkeit einer auch nur befristeten Eigennutzung durch deren Mitarbeiter erbracht hätte.«

Nach Ansicht des BGH hätten die Daimler-Verantwortlichen Einblick in die dem Konzern vorliegenden Schweinle-Bilanzen nehmen können, was leicht möglich war, und so hätten sie problemlos erkannt, dass der Spediteur unmöglich eine so große Anzahl von Fahrzeugen für sich und seine Mitarbeiter benötigen konnte. Auf eine entsprechende Kenntnis könnte nach Ansicht des Bundesgerichtshofs die Tatsache hindeuten, dass die Neuzulassungen von Mitarbeitern des Autohauses Gramling auf der Basis eines Versicherungsvertrages durchgeführt wurden, »der von der beiderseitigen Geschäftsgrundlage ausging, die Fahrzeuge nicht am öffentlichen Straßenverkehr teilnehmen zu lassen«.

Und noch ein Punkt hätte den Zuständigen im Daimler-Vertrieb auffallen müssen – wenn sie an einer näheren Aufklärung interessiert gewesen wären: Dass die Mercedes-Fahrzeuge in naher Zukunft ins Ausland exportiert werden sollten, war an der so genannten Fernost-Ausstattung erkennbar, was laut BGH »einen alsbaldigen Weiterverkauf nach Asien aufdrängte«.

Zudem verwiesen die Leipziger Richter auf einen Vermerk aus dem Jahr 1998. Dieser dokumentierte die Zustimmung des DCVD-Gebietsmanagers »zum Export eines Fahrzeugs nach Japan«. Aus gutem Grund hatten sich ab dem Jahr 2000 die Übergrenzprovisionen gehäuft, die dann gezahlt werden mussten, wenn der Mercedes-Gebietsschutz verletzt worden war. In Fernost hatte sich die Zahl der Übergrenzprovisionen innerhalb eines Jahres mehr als verdreifacht. »Dennoch«, so der Kommentar der BGH-Richter, »kam es bis Ende Oktober 2001 zu Fahrzeuglieferungen an den Angeklagten, obwohl das Phänomen derartiger Parallelexporte der Daimler-Chrysler AG bereits bekannt war«.

Mit anderen Worten: DaimlerChrysler hatte nach Feststellung des BGH von den Graumarktexporten gewusst und weiterhin Fahrzeuge an die Schweinle-Gruppe zum Export nach Asien geliefert. Mehr noch: Daimler-Vertreter Gramling hatte unter Vermittlung des zuständigen Daimler-Gebietsbetreuers sogar schriftlich eine Provisionsteilung für im Ausland aufgetauchte Fahrzeuge vereinbart.

*

Vom Vorwurf des Betrugs wurde Gerhard Schweinle freigesprochen und mit ihm auch Kai-Uwe Teich, die Frage der Steuerhinterziehung wurde an das Landgericht zurückverwiesen.

In einem zweiten Beschluss hob der 5. Strafsenat des Leipziger Bundesgerichtshofs den Haftbefehl des Landgerichts Stuttgart vom 8. August 2002 sowie den Haftfortdauerbeschluss vom 11. August 2003 auf: »Der Angeklagte Schweinle ist in der vorliegenden Sache sofort aus der Untersuchungshaft zu entlassen.« Die weitere Fortführung der Untersuchungshaft sei »nicht mehr verhältnismäßig«.

Gerhard Schweinle war ein freier Mann. Hinter ihm lag eine Haftzeit von zwei Jahren, sechs Monaten und elf Tagen unter extrem harten Bedingungen, die er nach höchstrichterlichem Entscheid einem Fehlurteil seitens der Stuttgarter Justiz zu verdanken hatte. Noch am Tag des BGH-Urteils holte ihn sein Rechtsanwalt gegen 21 Uhr ab und fuhr ihn nach Hause. Die Familie war überglücklich, endlich wieder beisammen zu sein.

Allerdings konnte Schweinle diese und viele weitere Nächte kaum einschlafen. Das grelle Licht der Scheinwerfer in der Stammheimer Zelle hatte ihn für mehr als zweieinhalb Jahre nicht ruhig schlafen lassen. »Bei Dunkelheit lag ich wach im Bett, dachte über alles nach und suchte nach einem Grund für meine Inhaftierung«, erzählt Schweinle. Die Geschehnisse lassen ihn bis heute – und womöglich ein Leben lang – nicht los. »Ich saß als unschuldiger Mann in Untersuchungshaft. Wahrscheinlich bin ich einer der am längsten inhaftierten Untersuchungshäftlinge in Deutschland. Die ganze Zeit über wusste ich, dass ich unschuldig war und sich der Vorwurf der Strafbarkeit meiner Handlungen als unhaltbar erweisen würde. Jetzt bin ich froh, dass ich bei meiner Familie bin.«

*

Der Bundesgerichtshof hatte die Begründungen des Landgerichts Stuttgart, die zu Schweinles Verurteilung führten, an den entscheidenden Punkten scharf kritisiert. Das war eine schallende Ohrfeige aus Leipzig, die in Stuttgart ein grundlegendes Umdenken hätte nach sich ziehen müssen. Doch Schweinle hoffte vergeblich auf Gerechtigkeit.

Trotz des Freispruchs durch den Bundesgerichtshof versuchte DaimlerChrysler über das Landgericht Heilbronn per Arrestierungsverfahren Zugriff auf das Vermögen von Schweinle und seiner Frau Sigrid zu bekommen, denn Sigrid Schweinle hatte die Geschäfte weitergeführt, während ihr Mann in Stammheim einsaß. Angesichts dieser dramatischen Situation versteigt sich Gerhard Schweinle, für den es an die Existenz geht, zu einer waghalsigen Deutung der Ereignisse: »Nachdem es dem Konzern und der Staatsanwaltschaft nicht gelungen war, mich finanziell und psychisch in den Ruin zu treiben, wollte DaimlerChrysler an unser Restvermögen, unsere letzte Lebensgrundlage ran.« Gerhard Schweinles Gerechtigkeitsempfinden ist zutiefst verletzt, »denn obwohl mich der Bundesgerichtshof vom Betrugsvorwurf frei gesprochen hatte, versuchte DaimlerChrysler mich über seinen Stuttgarter Rechtsanwalt zu ruinieren.« Nach dem klärenden BGH-Urteil gab das Landgericht Heilbronn am 17. August 2004 Schweinles Berufung Recht. DaimlerChrysler musste die Gerichtskosten und die Kosten für die Anwälte des Neudenauers bezahlen.

*

»Ich teile die Auffassung der Staatsanwaltschaft Stuttgart, dass ein Anfangsverdacht gegen den Beschuldigten Dr. Dieter Zetsche wegen falscher uneidlicher Aussage nicht vorliegt.«

Die Generalstaatsanwaltschaft Stuttgart in einem Bescheid an Gerhard Schweinle

In dubio pro Daimler?

Aus dem Nichts heraus baute das Ehepaar Schweinle mit einem geliehenen Lkw, den Gerhard Schweinle in den Achtzigern noch selbst fuhr, im Laufe von zwei Jahrzehnten ein international anerkanntes Logistikunternehmen auf – eine richtige Erfolgsgeschichte. Aus Erfahrung wussten sie, dass man als führendes Logistikunternehmen nur existieren konnte, wenn man auch die besten Kunden gewinnen konnte. Im Lauf der Jahre gelang es ihnen, die renommiertesten Unternehmen Europas von ihrer Leistungsfähigkeit zu überzeugen. Neben DaimlerChrysler gehörten Michelin, Goodyear, Ronal, Continental, SAI, Takata-Petri und viele andere zu den Kunden der Schweinles. »Unser Unternehmen hatte seine absolute Blütezeit in der Zeit vor der Verhaftung. Wir waren finanziell und wirtschaftlich gesund und hatten keinen Konkurrenten zu fürchten«, sagt Gerhard Schweinle.

In der im Mai 2001 fertig gestellten dreistöckigen Geschäftszentrale in Möckmühl hatte ein blühender Unternehmensverbund seinen Sitz. Jeder der drei Geschäftsbereiche belegte in dem Gebäude großzügig gestaltete Räume. Im ersten Stock residierte Gerhard Schweinle, Geschäftsführer der Star Logistics AG, Schweinle Logistics Control GmbH und der Schweinle Leasing GmbH. Darüber managte der vormalige Daimler-Mann Uwe Brandenburg alias Simon den Geschäftsbereich TS-Speditions-GmbH.

Von Mockmühl aus lenkte Gerhard Schweinle mit seinen 14 Mitarbeitern die Logistikgeschäfte, vom großen Hof aus fuhren rund 250 fest angestellte Fahrer und ebenso viele Frachtführer mit ihren Sattelzugmaschinen und Sattelauflegern in die Welt hinaus.

Heute prangt ein Schild »Zu verkaufen« vor dem Bürohaus mit der 35 000 Quadratmeter großen Freifläche. Die Sattelzugmaschinen sind längst verschwunden, das Gebäude ist ausgeräumt, der Springbrunnen ist versiegt. In naher Zukunft erfolgt die Zwangsversteigerung.

Als Gerhard Schweinle im Juni 2004 die Justizanstalt Stuttgart-Stammheim verlassen durfte, dachten die meisten seiner Mitmenschen, dass der Geschäftsmann psychisch gebrochen sein müsste. Das Urteil des Stuttgarter Landgerichts, das vernichtende Medienecho und die folgende Inhaftierung hatten seine gesamte berufliche Existenz zerstört. Während des Prozesses war die örtliche Presse über ihn hergefallen und hatte die Haltung des Oberstaatsanwalts nahezu kritiklos übernommen. Wochenlang wurden halb- oder ganzseitige Berichte in den Medien publiziert, die Schweinles vormals guten Ruf ruinierten. Sein Freispruch hingegen wurde von den Medien weitgehend ignoriert.

Trotzdem konnte Schweinle der Sache eine positive Seite abgewinnen: Plötzlich hatte er viel Zeit, Zeit, die er früher im Tagesgeschäft nie gehabt hatte. Diese Zeit wollte er jetzt nutzen, um Gerechtigkeit zu bekommen. Energie geladen wie in alten Tagen machte er sich an die Arbeit, beauftragte mehrere Anwälte und zog nun seinerseits juristisch gegen diejenigen zu Feld, die seine berufliche Existenz zerstört hatten.

Am 10. Dezember 2004 erstattete er Anzeige gegen den Daimler-Anwalt Jacobi und den Daimler-Autohändler Gramling, seinen Verkaufsleiter und den Daimler-Gebietsbetreuer, am 15. März 2005 gegen den Chrysler-Chef Zetsche, dem Schweinle falsche uneidliche Aussage und Anstiftung zum Meineid vorwarf.

Zetsche, als Daimler-Vertriebsvorstand und damit auch für die Schweinle-Gruppe Zuständigem müssten »die Pkw-Abnahmezahlen der Schweinle-Gruppe ebenso bekannt gewesen sein wie die Größe und die Struktur der Schweinle-Gruppe«, argumentiert Gerhard Schweinle. In Kenntnis dieser Zahlen könne Zetsche »zu keinem Zeitpunkt ernsthaft geglaubt haben«, dass die an Schweinle gelieferten insgesamt rund 3000 Mercedes-Fahrzeuge – von denen lediglich 1800 Gegenstand der gerichtlichen Auseinandersetzung waren – »tatsächlich durch Mitarbeiter der Schweinle-Gruppe gefahren würden«. Das gelte auch für die Lieferung der acht Mercedes vom Typ CL 500 und CL 600. Für ein Transportunternehmen erscheine es »im höchsten Maße unglaubhaft, dass auch nur eine solche Luxuslimousine benötigt« werde, geschweige denn acht der extrem teuren Fahrzeuge innerhalb weniger Tage. Diese Autos kosteten damals rund 215 000 DM pro Stück.

Woher aber sollte Dieter Zetsche in seiner Funktion als Vertriebsvorstand wissen, dass die Schweinle-Gruppe weder die acht CL noch die 3000 Mercedes-Fahrzeuge für sich selbst benötigte, sondern dass sie sie weiterverkaufen und in den Graumarkt absetzen würde? Hätte er denn die Bilanzen der Firmengruppe studieren können?

Kein Problem, meint Schweinle. Denn Zetsche war in einer Außerordentlichen Aufsichtsratssitzung am 24. September 1999 das Vorstandsressort Nutzfahrzeuge übertragen worden. Da Schweinle die schrittweise Beschaffung der 500 Mercedes-Sattelzugmaschinen für seine Unternehmensgruppe über die Daimler-eigene Bank abwickelte, lagen Daimler die Bilanzen der Schweinle-Gruppe vor. Aus diesen ging unter anderem hervor: Zum damaligen Zeitpunkt verfügte die Schweinle-Gruppe über »einen Pkw-Bestand von insgesamt 23 Fahrzeugen« – 23 und nicht Hunderte oder gar Tausende.

Die Lieferung Tausender von Mercedes-Pkw an Schweinle – angeblich mit einem halben Jahr Haltezeit verbunden – konnte in keinster Weise dessen Eigenbedarf dienen. In seiner Strafanzeige vom 15. März 2005 formulierte Schweinle das so: »Es erübrigt sich vor diesem Hintergrund jedweder Hinweis darauf, dass die Schweinle-Gruppe auf dieser Basis nie und nimmer 3000 Pkw als Bestandsfahrzeuge hätte halten oder gar bezahlen können.« Selbst für einen Spediteur vom Kaliber eines Gerhard Schweinle waren derlei Geschäfte nicht bezahlbar. »Das Geld kam immer über Gramling. Es wurde alles vorfinanziert: die Fahrzeuge inklusive der Vorsteuerfinanzierung. Aus diesem Grund brauchte TS keinerlei Kredite bei Banken«, behauptet

Schweinle. »Intern war es ja so, dass möglichst wenige von der Sache wissen durften, ein Kredit über die DC-Bank hätte doch sofort alles publik gemacht.«

*

6. April 2005, Hauptversammlung der DaimlerChrysler AG in der Messe Berlin. Während sich Tausende von Aktionärinnen und Aktionären im Imbissbereich Würstchen und Kartoffelsalat genehmigten, focht drinnen ein Jurist einen Kampf mit Worten: »Sehr geehrter Herr Schrempp, verehrter Vorstand, liebe Mitaktionäre, ich vertrete die Schweinle-Gruppe als deren Justitiar als Aktionär Ihres Unternehmens.« Der Einführung folgte eine polemisch überspitzte Anklage: »Sehr geehrter Herr Vorstandsvorsitzender: Ihr Unternehmen produziert bereits seit Jahren am Markt vorbei – sowohl was die Qualität als auch was die Quantität betrifft. Nun – wo sind diese ganzen Fahrzeuge geblieben, die Sie zuviel gefertigt haben? Sie werden sie wohl kaum verschenkt haben, oder?« wollte Schweinles juristischer Beistand wissen. »Nein – Sie pressen sie in den Markt, einen Markt, der nach lakonischer Feststellung des Bundesgerichtshofs nun einmal ›endlich‹ ist.« Und nachdem niemand bereit sei, »für Fahrzeuge mit derartigen Qualitätsmängeln die von Ihnen geforderten ›Mondpreise‹ zu bezahlen«, suche das Unternehmen verwegene Wege, diese Fahrzeuge dennoch abzusetzen: »Den grauen Markt – oder wie Sie und Ihre Helfershelfer es zu bezeichnen belieben: Den ›Parallelmarkt‹! Dies würde prinzipiell niemanden stören – außer den hohen Wettbewerbskommissar der EU und die Opfer Ihrer Strategie vielleicht.«

Im Folgenden verwies der Jurist auf die drohenden Bußgeldzahlungen in Höhe von vielen Millionen Euro, fragte nach den bilanziellen Rückstellungen und beklagte die Ausnutzung der Zwischenhändler bis hin zu deren Inhaftierung. Das Ergebnis sei offensichtlich, meinte Hilt: »Jetzt stehen Ihnen ganze Halden von Neufahrzeugen sauer, weil sich kein Mensch mehr traut, Ihre perfide Vertriebsstrategie umzusetzen.«

Die Ausführungen des Juristen gipfelten in provozierenden Fragen: »Wo sind die Autos, Herr Schrempp – wo verstecken Sie diese? Etwa wieder in Asien, wo die eigentlich autorisierten Händler schon gar nicht mehr wissen, wie sie regulär Autos Ihres Hauses verkaufen sollen? Oder wieder in Italien, wo ein Mercedes erst nach einer entsprechenden ›Umsatzsteuer-Reinigung‹ überhaupt verkäuflich ist?«

Wohl selten hatte die Rede eines Aktionärs so viel Unmut in den Reihen der Vorstände und Aufsichtsräte ausgelöst.

*

Die Staatsanwaltschaft benötigte gerade Mal zehn Wochen, um Gerhard Schweinle mitzuteilen, dass sie seiner Strafanzeige gegen Zetsche wegen uneidlicher Falschaussage »keine Folge gegeben« habe. So seien die vorgebrachten Tatsachen des Anzeigeerstatters »nicht geeignet, einen Anfangsverdacht der Falschaussage« gegenüber Zetsche zu bejahen.

In seiner vierseitigen Begründung folgte der Staatsanwalt im Wesentlichen der Argumentation des Daimler-Vorstands bei seiner Vernehmung vom Dezember 2002, wonach jeder Begünstigte der Schweinle-Gruppe »theoretisch in den Genuss von zwei Neuwagen pro Jahr [hätte] kommen können«. Insofern sei das vom Anzeigeerstatter Schweinle gegenüber den Daimler-Chrysler-Verantwortlichen präsentierte Mobilitätskonzept »nicht von vornherein und offensichtlich unschlüssig, auch wenn die jährlichen Abnahmezahlen deutlich über dem Lkw-Bestand lagen und in keiner Weise mehr mit der Zahl der Firmenangestellten korrespondierten«.

Aus dem Umstand, dass Schweinle vom DaimlerChrysler-Vorstand acht der damals äußerst begehrten CL-Fahrzeuge zugesprochen bekam, ließe sich der Staatsanwaltschaft zufolge »keine Kenntnis des Beschuldigten hinsichtlich einer vertragswidrigen Graumarkttätigkeit des Anzeigeerstatters ableiten. Im Gegenteil ist nicht ersichtlich, warum der Beschuldigte Fahrzeuge, die problemlos am regulären Markt absetzbar gewesen wären, einem nichtautorisierten Wiederverkäufer zukommen lassen sollte.« Genau das aber hatte Zetsche getan: Der damalige Daimler-Vertriebsvorstand hatte acht Fahrzeuge aus dem Vorstandskontingent abgezweigt und an Schweinle liefern lassen.

Zum Ende seiner Begründung fasste der Staatsanwalt zusammen: Insgesamt sei »daher nicht erkennbar, warum der Beschuldigte als Vorstandsmitglied für den Vertriebsbereich, und damit als nicht mit Details einzelner Kunden- und Verkaufsvorgänge befasster Manager, positive Kenntnis von der vertragswidrigen Graumarkttätigkeit des Anzeigeerstatters gehabt haben soll«.

Gegen diese Einstellungsverfügung legte Schweinle am 10. Juni 2005 bei der übergeordneten Aufsichtsbehörde, der Generalstaatsanwaltschaft, Beschwerde ein.

*

Auch die Generalstaatsanwaltschaft in Stuttgart ließ Schweinle auflaufen. »Ihre Beschwerde gegen die Einstellungsverfügung der Staatsanwaltschaft Stuttgart ist unbegründet«, ließ sie ihn am 26. Juli 2005 wissen. »Ich teile die Auffassung der Staatsanwaltschaft Stuttgart, dass ein Anfangsverdacht gegen den Beschuldigten Dr. Dieter Zetsche wegen falscher uneidlicher Aussage nicht vorliegt.« Die Oberstaatsanwältin verwies darauf, dass sie den Gründen der staatsanwaltschaftlichen Verfügung »nichts mehr hinzuzufügen« habe.

*

Am 1. September 2005 wurde bei Gerhard Schweinle eine neuerliche Hausdurchsuchung durchgeführt – diesmal wegen des Vorwurfs der Verletzung des Wertpapierhandelsgesetzes (WpHG). Hintergrund war der Verdacht auf Insiderhandel im Zusammenhang mit der Rücktrittsmeldung des DaimlerChrysler-Vorstandsvorsitzenden Jürgen E. Schrempp. Im Rahmen dieser Durchsuchung öffnete einer der Ermittlungsbeamten in Schweinles Privatwohnung ein Schreiben, das an diesem Tag in seinem Briefkasten gelandet war. Darin durften die ungebetenen Gäste folgendes lesen: »Der 5. Strafsenat des Bundesgerichtshofs hat am 11. August 2005 beschlossen: Auf die Revision des Angeklagten Schweinle wird das Urteil des Landgerichts Stuttgart vom 4. März 2005 gemäß § 349 Abs. 4 StPO aufgehoben […]. Im Umfang der Aufhebung wird die Sache zur neuen Verhandlung und Entscheidung […] an eine andere Strafkammer des Landgerichts zurückverwiesen.« Gerhard Schweinle war erneut mit einer Revision vor dem Bundesgerichtshof Leipzig erfolgreich gewesen.

Zum zweiten Mal kassierte das Landgericht Stuttgart eine Zurechtweisung von höchster Instanz: Nach dem ersten BGH-Freispruch wegen Betrugs hatte das Landgericht die Gesamtstrafen für Schweinle und Teich wegen Steuerhinterziehung zu hoch angesetzt. Das Gericht war davon ausgegangen, Kai-Uwe Teich hätte merken können, dass ein Dritter eine Umsatzsteuerhinterziehung begangen hatte, und er habe dies nicht unterbunden. Weiter unterstellte das Gericht, dass Teich sein Wissen mit an Sicherheit grenzender Wahrscheinlichkeit an Schweinle weiter geleitet hätte – wofür es jedoch keinerlei Beweise gab. Obwohl Schweinle nach Ansicht des BGH »keinerlei Vorteile von dieser Steuerhinterziehung eines Dritten gehabt hätte«, sei dies ein bedingter Vorsatz der Umsatzsteuerhinterziehung.

Nachdem Schweinle mehr als zwei Jahre und sechs Monate in Stammheim inhaftiert war, hatte das Landgericht die Strafe, die eigentlich nur eine Bewährungsstrafe hätte sein dürfen, der Haftstrafe angepasst und Schweinle zu einer Haftstrafe von zwei Jahren und acht Monaten verurteilt – möglicherweise mit dem Ziel, keine Entschädigung zahlen zu müssen und das Gesicht zu wahren.

Entsprechend deutliche Worte fanden die BGH-Richter in ihrem zweiten Urteil gegenüber den Stuttgarter Kolleginnen: Das angefochtene Urteil lasse »nicht erkennen, welche strafschärfenden Gesichtspunkte die nunmehr deutliche Erhöhung der jetzigen Einsatzstrafe […] rechtfertigen könnten«. Zudem stellten die Leipziger Richter fest, »dass der Angeklagte Schweinle in einem Umfang Untersuchungshaft verbüßt hat, der sich im Blick auf die nunmehr [...] festzusetzende Freiheitsstrafe als unangemessen lang darstellt.«

War das erste BGH-Urteil als schallende Ohrfeige zu werten, so handelte es sich bei diesem zweiten Urteil um einen juristischen Tiefschlag.

*

»Macht mir diesen Stall sauber!«
Jürgen E. Schrempp über den Vertriebsfilz (Februar 2005)

Feuerwehrmann Zetsche

In der Ära Schrempp-Kopper galt es vor allem, mit stetig steigenden Verkäufen der Vision näher zu kommen, die Nummer eins der Autowelt zu werden. Keine leichte Aufgabe angesichts der weltweiten Überproduktion und des harten Konkurrenzkampfs in Europa, Asien und den USA.

DaimlerChrysler hatte in den Jahren der als »Hochzeit im Himmel« apostrophierten Übernahme der Chrysler Corporation größte Schwierigkeiten, das Schremppsche Ziel auch nur annähernd zu erreichen. Im Juli 2003 legte Gerhard Schweinle dem Stuttgarter Landgericht eine Berechnung vor, die offenbarte, in welcher Zwangslage sich DaimlerChrysler angesichts unzureichender Fahrzeugverkäufe befunden hatte und befand.

1999 produzierte das Unternehmen genau 1 097 142 Personenkraftwagen, verkaufte davon jedoch nur 1 080 267. Mit anderen Worten: Allein in diesem Jahr blieben 16 875 Fahrzeuge unverkauft, die vergeblich auf einen ersten Fahrzeughalter warteten. Auch im Jahr darauf produzierte Daimler Automobile auf Halde, wenn auch in geringerem Umfang: Von den 1 161 601 gefertigten Fahrzeugen konnten 1 154 861 an die Frau und den Mann gebracht werden, 6740 Pkw blieben unverkauft. Dramatisch entwickelte sich die Lage im Jahr 2001. Der Gesamtumsatz brach um 6 Prozent, der in Deutschland um 11 Prozent und der bereinigte Operating Profit sogar um 74 Prozent ein. Mit ein Grund dafür waren die unzureichenden Fahrzeugverkäufe, denn von den 1 249 941 hergestellten Automobilen wurden lediglich 1 229 678 unters Volk gebracht. Das machte allein in diesem Jahr 20 263 unverkaufte Fahrzeuge.

Summa summarum wurde in diesen drei Jahren ein Überschuss von 43 878 nicht verkaufter Autos produziert. Diese Fahrzeuge von Mercedes, Smart und Maybach standen zusätzlich in den ohnehin schon überfüllten Showrooms, in Towers oder auf Halden – und warteten auf Godot. Rechtsanwalt Peter Müller, einer der Anwälte von Gerhard Schweinle, konstatierte trocken, dass »ohne die mit Mengenrabatt an die Schweinle-Gruppe verkauften Fahrzeuge sich die Menge der überproduzierten und nicht verkauften Fahrzeuge um diese Fahrzeuge erhöht hätte«.

Mit anderen Worten: Ohne die »Parallelmarktgeschäfte« mit Schweinle und anderen hätte sich die Zahl der Standfahrzeuge deutlich erhöht, wären die Verkaufszahlen noch schlechter gewesen, hätten Vorstand wie Aufsichtsrat noch mehr in der Kritik gestanden.

Der Deutschlandvertrieb der DaimlerChrysler AG nutzte eine Vielzahl freier Händler – wohl 50 oder mehr, darunter mehr als zehn Großhändler wie Schweinle – für seine Zwecke. Gerhard Schweinle steht pars pro toto für viele Geschäftsleute, die meisten von ihnen rechtschaffene Menschen: Die Südfleisch GmbH handelte mit Fleisch, Schweinle war Spediteur, und Franz Attinger war Ladenbauer. Sie alle wurden von DaimlerChrysler gebraucht, einige der Betroffenen meinen »missbraucht«, denn Gerhard Schweinle zufolge seien Vertreter der DaimlerChrysler AG häufig auf sie zugekommen – und nicht, wie oft behauptet, sie auf das Unternehmen – und hätten ihnen die Provisionen der Graumarktgeschäfte schmackhaft gemacht.

Das Problem war nur: Graumarktgeschäfte waren schlecht fürs Image der Nobelmarke Mercedes. Konnten vielleicht ein paar Strafverfahren das Image des Konzerns wieder aufpolieren, weil damit das Signal gegeben wurde, dass gegen Graumarktgeschäfte hart vorgegangen werde?

Fakt ist, dass es zu Verfahren gegen Graumarkthändler kam. Gerhard Schweinle und Kai-Uwe Teich saßen mehrere Jahre in Untersuchungshaft, und erst der Bundesgerichtshof sprach sie frei. Auch gegen Franz Attinger ermittelte die Stuttgarter Staatsanwaltschaft, doch nach Schweinles BGH-Freispruch wurde gegen Attinger nie ein Strafverfahren eröffnet. Warum auch: Die Fahrzeugverkäufe ins Ausland waren und sind nach deutschem Recht unbedenklich; sie verstoßen höchstens gegen die hausinternen Richtlinien der DaimlerChrysler AG.

*

Am 1. Oktober 2004 war Eckhard Cordes vom Nutzfahrzeug- zum Mercedes-Vorstand avanciert. Der Mann hatte Profil, Schaffenskraft und Willensstärke. Cordes definierte die Ziele und setzte sie konsequent um, »von Schritt eins, Maßnahme eins generiert, bis Schritt fünf, Maßnahme implementiert«. Das war gut so, denn als er kam, stand er vor einem Berg von Problemen, die ihm sein Vorgänger Jürgen Hubbert hinterlassen hatte: Rückrufaktionen nie gekannten Ausmaßes, Smarts in Türmen, Maybachs in Showrooms, Image am Boden, Bilanzen im Keller.

Das Schlimmste aber erwartete Cordes noch: die Offenbarung, dass die Mercedes Car Group in Graumarktgeschäfte verstrickt war, deren Ausmaße zu diesem Zeitpunkt nicht erfassbar waren. Der Macher-Typ versprach, den Graumarktsumpf trokkenzulegen: »Wo Fehler erkannt werden, handeln wir hart und kompromisslos. Das gilt im Moment vor allem für den Vertrieb«, sagte er im April 2005.

Unterstützt vom Unternehmensschutz, stürzte Cordes sich in die Arbeit, ging dem Vorwurf der Bestechlichkeit nach und ließ den Vertrieb nach Graumarktmachenschaften durchforsten. Danach rollten Köpfe, mussten Niederlassungsleiter gehen, wurden Strafverfahren in die Wege geleitet. Deutschlandvertriebschef Eckhard Panka wurde in den Ruhestand versetzt, der Chef für den Vertrieb Pkw-Deutschland, Jürgen Fahr, sowie die Niederlassungsleiter von Hamburg und Leipzig, Walter Missing und Siegbert Zeh, wurden fristlos gekündigt oder hinausgebeten.

Konsequenter Weise musste sich Eckhard Cordes auch mit der Zeit von 1995 bis 1999 beschäftigen, als Dieter Zetsche – sein großer Gegenspieler um die Schrempp-Nachfolge – erst Vertriebs- und dann Nutzfahrzeugvorstand gewesen war. Was er dabei festgestellt hat, bleibt vorerst sein Geheimnis. Seine intensive Aufklärungsarbeit in Sachen Graumarktskandal konnte er nicht zu Ende bringen, denn mit dem Rücktritt von Jürgen Schrempp wurde Dieter Zetsche – und nicht er – zum künftigen Vorstandsvorsitzenden berufen.

Mit Zetsches Einstieg als Vorsitzender der Mercedes Car Group zeichnete sich im September 2005 eine neue Strategie im Konzern ab. Öffentlich machte das Wort von der »lässlichen Sünde« bei »Parallelmarktgeschäften« die Runde. Fortan hieß die Linie: Graumarktgeschäfte sind legal und auf Grund der konzerninternen Richtlinien auch konzerintern abzuhandeln. Selbst wenn die Geschassten wie Eckhard Panka oder Siegbert Zeh vor Gericht obsiegen sollten, könnten sie nach Paragraf 14 des Kündigungsschutzgesetzes dennoch frei- und per Abfindung ruhig gestellt werden.

*

Im Frühjahr 2005 hatte Jürgen E. Schrempp noch vollmundig gefordert: »Macht mir diesen Stall sauber!« und eine schonungslose Aufklärung des Graumarkthandels gefordert. Das machte sich gut, konnte aber nur schlecht kaschieren, dass er selbst die DCVD, die Niederlassungsleiter und die Händler angetrieben hatte, den Gesamtkonzern über permanent gesteigerte Verkäufe an die Spitze aller Autokonzerne zu führen.

Mit dem 1. Januar 2006 ist Dieter Zetsche als Schrempp-Nachfolger neuer DaimlerChrysler-Chef und hält alle Macht in Händen. Vom neuen Leitwolf erhofft sich der selbst schwer angeschlagene Aufsichtsratschef Hilmar Kopper, dass er den DaimlerChrysler-Konzern wieder auf Kurs bringt.

Zu Beginn von Zetsches Amtszeit als Vorstandsvorsitzender

der DaimlerChrysler AG brennt es im Konzern lichterloh. Der Feuerwehrmann kommt aus den USA und hat den Auftrag, unter anderem den Qualitäts-Brand, den Smart-Brand, den Maybach-Brand, den Überproduktions-Brand und den Graumarkt-Brand zu löschen. Wer die Feuerwehr ruft, will sicher sein, dass sie das Feuer löscht – und nicht selbst mitgezündelt hat. Kann das beim früheren Vertriebsvorstand ausgeschlossen werden?

Im Interview mit den *Stuttgarter Nachrichten* gestand Dieter Zetsche Anfang Oktober 2005 seine Kenntnis des Graumarktskandals ein. Mit der Tatsache einer sechsstelligen Zahl von Fahrzeugen konfrontiert (vergleiche die Tabelle auf S. 278), die bei Händlern und Jahreswagen-Centern auf Käufer warteten, meinte der kommende Vorstandsvorsitzende: DaimlerChrysler löse »Verklumpungen, die sich gebildet haben«, auf. Zetsches Ansatz zur Problemlösung klang so simpel wie logisch: »Sie müssen mehr verkaufen und dürfen nicht mehr so viele Fahrzeuge in diese Pipeline hineindrücken. Genau das tun wir.«

Doch genau das tat Daimler so nicht. Um den siechenden Absatz anzukurbeln, war die früher geltende Verkaufssperre bei Vorführwagen bereits im August 2005 aufgehoben worden, so dass Kunden fabrikneue Vorführwagen schon nach einem Tag mit einem Nachlass von rund 15 Prozent kaufen konnten. In den Medien wurde das als »Notprogramm« interpretiert.

Nach Fahrzeugen befragt, mit denen der Konzern in den vergangenen Jahren nicht nur autorisierte, sondern auch freie Händler beliefert hatte, antwortete Zetsche in erstaunlicher Offenheit: »Ich habe nie behauptet, dass es keine Graumarktgeschäfte gibt. Diese existieren überall in der Industrie und auch bei Daimler. Davon wussten alle – mich eingeschlossen.«

Davon wussten alle! Das Eingeständnis überraschte, nachdem DaimlerChrysler in den Jahren zuvor die Kenntnis von Graumarktgeschäften zunächst geleugnet, sie später als zu unterbinden bezeichnet und Gerhard Schweinle und Kai-Uwe Teich wegen vermeintlichen Betrugs bei Graumarktgeschäften angezeigt hatte. Erst als der Bundesgerichtshof in Leipzig die Fehlurteile des Landgerichts Stuttgart aufgehoben und die beiden Spediteure vom Betrugsvorwurf freigesprochen hatte und erst als sich nunmehr auch andere Angeklagte wie Jürgen Fahr vor Gericht zur Wehr setzten, sollten »alle« davon gewusst haben.

Nach dem seinerzeitigen Strafprozess befragt, in dem er als Zeuge ausgesagt hatte, wich Zetsche aus: »Damals stand nie die Frage im Raum, ob ich von solchen Geschäften weiß oder nicht. Wäre die Frage gestellt worden, hätte ich sie genau so beantwortet.« Bei seiner Vernehmung am 9. Dezember 2002 vor der 11. Wirtschaftsstrafkammer des Landgerichts Stuttgart hatte Zetsche noch erklärt, Daimler liefere nicht an Wiederverkäufer oder nicht autorisierte Händler, der Graumarkt werde unterbunden.

An das Treffen mit Gerhard Schweinle, das am 26. September 1999 auf dem Nürburgring stattgefunden und an dem auch Schweinles Frau teilgenommen hatte, erinnerte sich Dieter Zetsche im Oktober 2005 so: »Es ging damals um einen ganz bestimmten Kunden, mit dem ich seinerzeit drei Minuten am Rande eines Formel-1-Rennens gesprochen hatte.«

Hatte Zetsche wirklich in nur »drei Minuten« dem damaligen Daimler-Großkunden und Graumarkthändler Gerhard Schweinle acht der damals neu auf dem Markt eingeführten Coupés vom Typ CL 500 und CL 600 aus dem Vorstandskontingent zugesprochen? Wie konnte in nur »drei Minuten« ein Geschäft über die Bühne gegangen sein, bei dem acht Fahrzeuge im Wert von insgesamt rund 1,7 Millionen DM mit den damals üblichen Rabatten den Besitzer wechselten?

Die Darstellung von Sigrid und Gerhard Schweinle klingt ganz anders. Ihrer Erinnerung zufolge soll für das Treffen in der Greschbachhalle am Nürburgring eigens ein Eckbereich leer geräumt und abgeschirmt worden sein; das Gespräch an jenem Sonntagmorgen soll insgesamt mehr als eine Stunde gedauert haben. Detailliert kann das Ehepaar vom Verlauf ihres Sechs-Augen-Gesprächs mit dem Daimler-Vorstand berichten, von einigen privaten, aber vor allem von geschäftlichen Dingen, die damals besprochen worden sind. Das Wichtigste war aus Sicht der Familie Schweinle Zetsches Zusage, die heiß begehrten CL-

Modelle zu liefern. Diese konnten anschließend von Mercedes geliefert und letztlich vom Daimler-Mann Uwe Brandenburg über die TS-Speditions-GmbH im nunmehr wesentlich attraktiveren Fahrzeugpaket via »Graumarkt« an Kunden in Spanien, Frankreich, Italien, Dänemark und Österreich weiter geliefert werden.

Dass der neue DaimlerChrysler-Vorstandsvorsitzende seine Begegnung mit dem Neudenauer Spediteur auf ein Randgespräch von dreiminütiger Dauer herunter reden will, stimmt argwöhnisch. Könnte nicht Zetsches Einwilligung zu dem CL-Deal – die er bei seiner früheren Zeugenaussage vor dem Landgericht Stuttgart unumwunden bestätigt hat – als Indiz dafür gesehen werden, dass er womöglich aktiv an den Graumarktgeschäften mit der Schweinle-Gruppe beteiligt war? Hat er es eventuell sogar hingenommen, dass er mit seiner Aussage zu dem Fehlurteil der Stuttgarter Justiz beigetragen hat, in dessen Zusammenhang die beiden Geschäftsleute Schweinle und Teich für zweieinhalb beziehungsweise zwei Jahre inhaftiert und nahezu ruiniert worden sind?

Angesichts der Zweifel, die Zetsches Aussagen wecken, muss die Stuttgarter Staatsanwaltschaft, die im Fall Schweinle/Teich hart reagiert hat, endlich die Ermittlungen aufrollen. Denn selbst aus Sicht eines neutralen Beobachters ist nach den vorliegenden Informationen nicht auszuschließen, dass der neue Daimler-Chef in der Vergangenheit selbst am Graumarktbrand mitgezündelt hat.

Teil IV:
Das Bilanz-Desaster

sieben.
Das Bilanz-Desaster

»Der Aktienkurs ist für uns
der beste Gradmesser des Erfolgs.«
Jürgen E. Schrempp im März 1996

Das Aktienkurs-Desaster

Nach seiner Wahl zum Vorstandsvorsitzenden im Mai 1995 leitete Jürgen E. Schrempp die Umgestaltung des »integrierten Technologiekonzerns« Daimler-Benz AG zum Automobilkonzern ein – was von den Börsen honoriert wurde. Zehn Monate danach verkündete er weise Worte: Befragt nach dem zu erwartenden Verlauf des Aktienkurses, prognostizierte er einen weiteren Anstieg: »Das erwarte ich schon. Immerhin ist unser Kurs seit Sommer 1995 um rund 20 Prozent gestiegen und hat sich seit dem Amtsantritt des neuen Vorstandsteams 3 Prozent besser entwickelt als der DAX – für uns der beste Gradmesser des Erfolgs.«

Der Daimler-Chef definierte die Messlatte seiner Leistung erfreulich deutlich: Der Aktienkurs sei »der beste Gradmesser des Erfolgs«, erklärte er an diesem 25. März 1996 – ein Satz, an den er in den kommenden Jahren immer wieder erinnert werden sollte.

Tatsächlich war der Kurs der Daimler-Aktie seit Schrempps Amtsantritt zehn Monate zuvor von 34,64 Euro auf 41,67 Euro angestiegen. Forsch forderte der Vorstandsvorsitzende an diesem Tag: »Dieses Bewusstsein muss sich im ganzen Unternehmen durchsetzen.«

In den nächsten beiden Jahren konnte Schrempp Erfolge vorweisen, schuf Vertrauen und schaffte das scheinbar Unmögliche: Innerhalb von nur zwei Jahren durchbrach die DaimlerChrysler-

Aktie (DCX) die 100-Euro-Schallmauer. Der 8. Mai 1998 blieb allen Daimler-Aktionären in bester Erinnerung: Der an diesem Tag erreichte Wert von 103,10 Euro stellte fortan das Highlight in der Konzerngeschichte dar. Am Tag zuvor war der Megamerger von Daimler-Benz und der Chrysler Corporation bekannt gegeben worden, und Schrempp und Eaton hatten in London die Vereinbarungen zur Übernahme von Chrysler unterzeichnet. »Mister Shareholder Value« Jürgen E. Schrempp hatte Wort gehalten. Beurteilt am »Gradmesser des Erfolgs« – dem Aktienkurs – wurde der Daimler-Chef 1998 national wie international zum »Manager des Jahres« gekürt.

Bei der Übernahmehauptversammlung von Chrysler durch Daimler im September 1998 zeigte Schrempp visionäre Ziele auf. In wenigen Jahren wolle er »berichten können: DaimlerChrysler ist eines der ertrags- und wachstumsstärksten Unternehmen zu Beginn des 21. Jahrhunderts«. An diesem Ziel müsse sich »unsere gesamte Mannschaft messen« lassen. Die Daimler-Aktionäre folgten dem eindringlichen Appell ihres Vorstandsvorsitzenden und tauschten mehr als 98 Prozent der Daimler-Benz-Aktien in DaimlerChrysler-Aktien. Mit der Zustimmung der Chrysler-Aktionäre wurde der Zusammenschluss Wirklichkeit.

Am 17. November 1998, dem so genannten Day One, feierten Schrempp und Eaton den Start der DaimlerChrysler-Aktie und die Notierung an den großen Börsenplätzen der Welt. Mit dem weltweiten Handel der DaimlerChrysler-Aktie verkündeten die beiden Vorstandsvorsitzenden stolz einen Start, der »die Schranken der Finanzmärkte sprengt«. DaimlerChrysler habe eine Vorreiterrolle »als Weltkonzern über Grenzen hinweg«. Ihren absoluten Höhepunkt erreichte die DCX am 27. April 1999 mit 95,45 Euro – danach nahm das Aktienkurs-Desaster seinen Lauf.

*

Auch wenn sich der Konzern nach Kräften mühte, die Kursentwicklung der Daimler-Aktie schön zu reden, folgte ein Tiefschlag dem anderen. Von Schrempp heftig kritisiert wurde die Entscheidung von Standard & Poor's, die DCX nicht in den S&P-500-Aktienindex aufzunehmen. »›Enttäuscht‹ ist sicher nicht der richtige Ausdruck, aber erstaunt bin ich schon über diese kurzsichtige Entscheidung von Standard & Poor's«, so der deutsche Daimler-Chef. Schrempp zeigte sich unangenehm überrascht, dass »dieser wichtige Aktienindex, der die Wirtschaftskraft der USA widerspiegeln soll«, den drittgrößten Automobilhersteller der Welt ausgeschlossen hatte. Grundlage der S&P-Entscheidung war die von Schrempp gewollte rechtliche Verlagerung des Firmensitzes nach Deutschland. »Index-Anleger werden uns künftig über andere Indices erreichen, wo wir jetzt ein wesentlich größeres Gewicht haben werden«, versuchte Schrempp den Knockout zu beschönigen.

*

Ein Dreivierteljahr nach den beiden Außerordentlichen Hauptversammlungen in Stuttgart und Wilmington hatte die DaimlerChrysler-Aktie bereits deutlich an Wert eingebüßt und wurde nur noch bei 89,15 Euro notiert. Für Schrempp scheinbar kein ernst zu nehmendes Problem, denn beim Aktionärstreffen am 18. Mai 1999 sinnierte der Vorstandsvorsitzende in der Berliner Messehalle vor fast 20 000 Anteilseignern über den »Ausbau unserer Beziehungen zu Investoren, Analysten und zu Ihnen, unseren Aktionären«. Mit der Einführung der Namensaktie, »dem ersten globalen Wertpapier«, habe Daimler »ein Zeichen in der Finanzwelt gesetzt«. Die aufbauenden Worte gipfelten in dem Versprechen: »Meine Damen und Herren, schon jetzt, in der Integrationsphase, schaffen wir neuen Wert für unsere Kunden, Aktionäre und Mitarbeiter.«

Schrempp sagte »schaffen« und nicht »können« oder »wollen wir schaffen«. Damit nahm Schrempps leeres Aktienkurs-Versprechen seinen Anfang. Zu den Leidtragenden seiner Geschäftspolitik sollten Anleger wie Beschäftigte gleichermaßen zählen.

*

Die enttäuschende Geschäftsentwicklung im ersten Quartal bewirkte einen Kurseinbruch der DCX im Juli 1999. An der Wall Street hatte man zwei Dollar Gewinn je Aktie prognostiziert, doch Daimler konnte lediglich 1,53 Dollar ausweisen und hatte zudem versäumt, frühzeitig eine Gewinnwarnung auszusprechen. Zuweilen führen bereits verfehlte Gewinnerwartungen im Bereich weniger Cents je Aktie zu Kurseinbrüchen, weshalb sich New Yorker Analysten im Fall von DaimlerChrysler geschockt zeigten. Innerhalb von zwei Wochen erlitt die Daimler-Aktie einen Kursabschlag von rund 16 Euro.

Im Konzern versuchte man der Negativentwicklung auf verschiedenen Ebenen entgegen zu treten. »Wir motivieren unsere Mitarbeiter, an der Steigerung des Unternehmenswertes mitzuwirken«, suchte Personalvorstand Günther Fleig hausintern den Erwerb von Belegschaftsaktien schmackhaft zu machen. Möglichst viele der 220 000 Daimler-Beschäftigten in Deutschland sollten Miteigentümer werden und jeweils 5 bis 30 Aktien erwerben. Wer 15 oder mehr Aktien kaufte, erhielt eine Bonusaktie geschenkt.

Seit einem Vierteljahrhundert konnten Daimler-Mitarbeiter bereits Belegschaftsaktien zeichnen, neu waren das attraktive Angebot der Bonusaktie und die Tatsache, dass das Kursrisiko abgesichert wurde. Denn entscheidend war der Kassakurs, der am 25. Oktober 1999 bei 70,60 Euro lag. Sollte dieser bis zum 15. November sinken, so bekamen die Daimler-Mitarbeiter ihre Anteile zu dem geringeren Preis – was tatsächlich geschah, denn am Stichtag lag der Kurs der DCX bei 68,95 Euro. Erst danach trugen die Beschäftigten das Kursrisiko.

Ein verlockendes Angebot, das dazu angetan war, dem Imageverfall der Daimler-Aktie auch konzernintern entgegen zu wirken – was aber letztlich nicht klappte. Als Robert J. Eaton am 21. Januar 2000 seinen vorzeitigen Rücktritt als Co-Chairman verkündete, setzte sich der Abstieg der DCX fort.

Zwei Wochen danach war die Aktie auf 67,82 Euro gefallen, was Schrempp nicht daran hinderte, in Freiburg im Breisgau ausgelassen ein kulturelles Großereignis zu feiern.

Die Nachfrage nach Eintrittskarten zu diesem Aschermittwochmeeting war deutlich größer als in den Jahren zuvor. Als Ehrenmützenträger des Vorjahres wurde Baden-Württembergs Innenminister Thomas Schäuble die Ehre zu Teil, die Laudatio auf den Obernarren des Jahres zu halten: Vor fast 500 Gästen wurde Jürgen E. Schrempp im Freiburger Kolpinghaus mit der Zunftehrenmütze des »Fasnetrufers« gekrönt. In Schrempps Heimatstadt haben die Fasnetrufer den Ruf von »Edelnarren«. Besonders bei Tierfreunden beliebt ist der echte, aufrecht stehende Katzenschwanz, der an diesem Abend auch Schrempps Haupt zierte. Bedauerlich nur, dass der Daimler-Vorsitzende die Narrenkappe nicht auch bei den folgenden Bilanzpressekonferenzen und Aktionärstreffen trug, dort nämlich hätte sie ihm gut zu Gesicht gestanden.

*

Bei der Hauptversammlung am 19. April 2000 betonte Schrempp, dass sich »der Gewinn pro Aktie im ersten Quartal von 1,64 auf 1,69 Euro um 3 Prozent erhöht« habe. De facto rangierte sie gerade bei 67,70 Euro und war seit der Chrysler-Übernahme um knapp 30 Euro eingebrochen. Der Aktienkurs läge »somit am oberen Ende der Markterwartung«, meinte Schrempp unverdrossen und fügte hinzu: »Aus heutiger Sicht erwarten wir, dass sich beim Ergebnis die Erwartungen des Finanzmarktes mit unserer internen Vorausschau decken und wir den Gewinn pro Aktie weiter steigern werden.« – »Werden«, sagte Schrempp, nicht »können« oder »wollen«.

Den Grund für den erhofften Höhenflug lieferte der Vorstandsvorsitzende gleich mit: »DaimlerChrysler ist ein hoch profitables Unternehmen mit hervorragender Substanz.« Außerdem scheine sich »in der Börsenentwicklung der letzten Tage denn auch ein gewisses Umdenken anzudeuten. Die teilweise stark überzogenen Gewinnerwartungen werden zurückgenommen oder korrigiert.« Zweifel schienen Jürgen Schrempp fremd, denn »unser Konzept wird sich auch wieder im Aktienkurs niederschlagen. Davon bin ich überzeugt.«

Das Jahr 2000 neigte sich dem Ende zu, und Schrempp kämpfte als nunmehr alleiniger Vorstandsvorsitzender einen Kampf gegen Windmühlen. Die Allianzen mit Hyundai und Mitsubishi waren vollzogen, Dieter Zetsche hatte James Holden von der Chrysler-Spitze verdrängt, der US-Investor Kirk Kerkorian hatte seine Klage wegen der unterstellten »Übernahme« von Chrysler eingereicht, und Chrysler befand sich in einer Krise dramatischen Ausmaßes. Nach dem Restrukturierungsprogramm bei der US-Abteilung befragt, prognostizierte Jürgen E. Schrempp Anfang Dezember: »Wenn diese Glaubwürdigkeit im Markt ist, werden wir wieder einen steigenden Aktienkurs sehen.« Jetzt gelte es glaubhaft zu machen, »dass wir unsere globale Strategie in allen Bereichen auch operativ optimal umsetzen, dann« – so Schrempp – »ist unsere Aktie sehr attraktiv«.

Zur Klarstellung: Spätestens jetzt war eine Situation eingetreten, die an Absurdität kaum noch zu überbieten war. Am 3. Januar 2000 hatte die DaimlerChrysler-Aktie bei 74,05 Euro gelegen, bis zum 29. Dezember war sie auf 44,74 Euro abgestürzt, was summa summarum einen Wertverlust von 29,31 Euro innerhalb eines Jahres bedeutete. Sehr attraktiv! Narri! Narro!

*

David Waller – Die Stunde des Blamierten

»Und wenn er dies so sagt,
dann besteht für Zweifel kein Platz mehr.«
David Waller, Buchautor, über Jürgen E. Schrempp

Im Jahr 2000 ging es mit der DaimlerChrysler AG unter Führung von Jürgen E. Schrempp und Hilmar Kopper steil bergab: der Aktienkurs befand sich im freien Fall und stürzte von 95,45 Euro im April 1999 auf 44,74 Euro Ende des Jahres 2000 ab. Der bereinigte Operating Profit hatte sich innerhalb von zwölf Monaten um knapp die Hälfte gemindert. In den beiden Jahren seit der Chrysler-Übernahme mussten 25 000 Beschäftigte das Unternehmen verlassen. Entsprechend schlecht war die Presseresonanz für Schrempp und seine Mannen.

Das sollte sich ändern, am besten mit einem Buch, das die ganze Wahrheit über Schrempps Lebenswerk mit der Schaffung der ersten, besten und einmaligsten Welt AG DaimlerChrysler ins rechte Rampenlicht rücken würde.

Der Mann dafür war der britische Unternehmensberater und Wirtschaftsjournalist David Waller. Waller schrieb ein Buch, das »ohne die Unterstützung Jürgen Schrempps, der mir in beispielloser Weise den Zugang zu Informationen über sein Unternehmen und seine Person ermöglichte«, nicht zu Stande gekommen wäre: Autor des Buches *Die Stunde des Strategen. Jürgen Schrempp und der DaimlerChrysler-Deal.*

In diesem Buch spielten sich auf einer »heroischen Bühne« »dramatische Szenen« ab. Gewürdigt wurde der »charismatische, unorthodoxe Vorstandsvorsitzende«, über den im Buch unter anderem zu erfahren war, Jürgen E. Schrempp sei eine »beeindruckende Persönlichkeit«, die eine »äußerst dynamische geistige und körperliche Energie« ausstrahle. Bezeichnend sei »seine Bereitschaft, Fehler einzugestehen und die Konsequenzen dafür zu tragen«. So lange er, Jürgen E. Schrempp, der Kapitän des Schiffes sei, bleibe der Kurs. »Und wenn er dies so sagt, dann besteht für Zweifel kein Platz mehr«, wusste Waller.

Am 18. Oktober 2000 kam ein von geistiger und körperlicher Energie beseelter Jürgen E. Schrempp zur Buchvorstellung ins Frankfurter Kongresszentrum, wo sich sogar noch Hilmar Kopper hinzu gesellte. Bezeichnenderweise fand die Buchpräsentation in einem Raum namens »Illusion« statt. In den Jahren danach zerplatzten all die schönen Illusionen.

In den folgenden Jahren fristete die DaimlerChrysler-Aktie ein bescheidenes Dasein mit einigen Auswüchsen nach oben und nach unten. Für 2001 legte Jürgen E. Schrempp Wert darauf, dass »die Aktie um 8 Prozent gestiegen« sei. Derlei pseudopositive Aussagen musste er sich im Folgejahr gänzlich verkneifen, denn zum 30. Dezember 2002 war die Aktie mit 29,15 Euro weiter in den Keller gerutscht. Am 12. März 2003 wurde mit 23,94 Euro der historische Tiefpunkt der DCX erreicht. Bei der Hauptversammlung knapp einen Monat später konnte der Daimler-Chef das Aktienkurs-Desaster nicht länger ignorieren: »Wir alle sind mit dem Verlauf unserer Aktie nicht zufrieden. Und ich sagte: wir alle.«

Was also konnte er anderes tun, als auf die »negativen Entwicklungen an den Kapitalmärkten« zu verweisen, die »das wirkliche Potenzial von DaimlerChrysler nicht zum Ausdruck« kommen ließen. Was aber ein rechter Mann ist, der gibt nie auf: »Wir sind jedoch zuversichtlich, dass unser Aktienkurs die fundamentale Stärke und die Zukunftsaussichten Ihres Unternehmens mittelfristig besser reflektieren wird« ließ er seine Aktionäre wissen. Denn, so Schrempp, »wie Sie sehen, haben wir in allen Geschäftsfeldern spürbare Fortschritte erzielt«. Das vergangene Jahr sei »für uns ein wichtiger Schritt – aber eben nur ein Zwischenschritt – auf dem Weg zur nachhaltigen Profitabilität. Weitere werden folgen. Diese Entwicklung sollte auch den Aktienkurs positiv beeinflussen.«

An diesem 9. April 2003 stand die DaimlerChrysler-Aktie bei 30,81 Euro – weit weniger als ein Drittel des Wertes vier Jahre zuvor.

*

Als Optimismus nichts half, verwies Schrempp im September 2003 bezüglich des Börsenkurses auf die Frage der Perspektive: Auf dramatisch klingende Vergleichszahlen »kommt man nur, wenn man den Kurs am Tag der Fusion mit dem gegenwärtigen vergleicht. Tatsächlich sind die Aktien auf Grund der Euphorie über den angekündigten Zusammenschluss bereits vor der Fusion stark gestiegen. Das verzerrt den Vergleich.«

Warum also die ganze Aufregung? »In den letzten beiden Jahren hat sich unsere Aktie besser entwickelt als der Dax«, erklärte er all den Unzufriedenen. Besonders missmutig reagierte der Daimler-Chef auf Vergleiche mit dem wesentlich besser abschneidenden Topkonkurrenten aus München, der – nach der Erfahrung des Rover-Desasters – zielstrebig aus eigener Kraft gewachsen war. »Verglichen mit dem Höchstkurs« hätten »fast alle Automobilunternehmen deutlich im Kurs verloren.« Höchstkurs hin oder her, Fakt war, dass die BMW-Aktie im letzten halben Jahr von 22,55 Euro (Mitte März) auf 35,53 Euro (Mitte September) um mehr als 50 Prozent zugelegt hatte.

Im Übrigen beweise sich »der Erfolg einer Strategie erst mittel- und langfristig«. Verglichen mit anderen Automobilherstellern sei DaimlerChrysler »einzigartig«. So war sich Schrempp im September 2003 »hundertprozentig sicher, dass sich das letztlich auch im Börsenkurs niederschlagen wird. Wir sind hervorragend aufgestellt« – ein Satz, den man sich angesichts des Aktienkurses auf der Zunge zergehen lassen sollte.

Einen neuen Erklärungsversuch für das Aktienkurs-Desaster offenbarte der mittlerweile vom baden-württembergischen Ministerpräsidenten Erwin Teufel zum Ehrenprofessor gekürte Schrempp am 21. Oktober 2004, zu einem Zeitpunkt, da die DCX bei 32,55 Euro vor sich hindümpelte: Daimler habe schließlich »Dividenden an die Aktionäre gezahlt«, außerdem liege das Unternehmen »im Mittelfeld der Dax-Unternehmen. Und wir sind ja noch nicht fertig.« Das stimmte, fertig hatte Prof. h. c. Schrempp noch nicht – *noch* nicht.

*

Professor honoris causa Schrempp

»Doch den wenigsten Geehrten dürfte bewusst sein, auf welche Tradition Teufels Titelvergabe zurückgeht.«
Kommentar der Stuttgarter Zeitung
anlässlich der Rede von Prof. h. c. Jürgen E. Schrempp
zu Ehren von Erwin Teufel

Am 9. Oktober 2003 wurde Jürgen E. Schrempp endlich in den Status erhoben, der ihm angesichts seiner einmaligen Wertvernichtung gebührte: Der baden-württembergische Ministerpräsident Erwin Teufel verlieh ihm den Titel eines Ehrenprofessors – Professor honoris causa. Die Grundlage für diesen »justizfreien Hoheitsakt«, so das baden-württembergische Staatsministerium auf Anfrage, ist bis heute umstritten, denn sie findet sich so nicht in der Landesverfassung. Dafür verwies das Staatsministerium auf eine Rechtsgrundlage aus nationalsozialistischen Tagen: »Titel kann nur der Führer und Reichskanzler verleihen«, heißt es im Gesetz über Titel, Orden und Ehrenzeichen vom Juli 1937. Wenn das so ist, warum durfte dann Teufel Schrempp zum Professor h. c. ernennen?

In jedem Fall war es eine schöne Karriere in der akademischen Welt für den Geehrten, der in der Mittelstufe sitzen geblieben war und das Freiburger Rotteck-Gymnasium mit der Mittleren Reife verlassen hatte. Schrempp hatte Glück gehabt, dass damals das Ingenieurstudium an der Höheren Technischen Lehranstalt (HTL) in Offenburg noch ohne Abitur möglich gewesen war.

»Sie sind an der Spitze des Weltunternehmens DaimlerChrysler Ihrer Heimat und Baden-Württemberg treu geblieben«, lobte der Landesvater. Artig bedankte sich Schrempp, er sei »stolz auf diese hohe Auszeichnung aus meinem Heimatland«, schließlich habe er sich vier Jahr-

zehnte zuvor als Daimler-Stift nicht träumen lassen, dass er einst Professor werden würde.
Anderthalb Jahre danach bot sich dem Freund die Gelegenheit, dem Freunde zu danken. In einem zweistündigen Festakt vor 1200 Gästen fand am 17. April 2005 in der Stuttgarter Oper die feierliche Verabschiedung von Ministerpräsident Erwin Teufel statt. Professor h. c. Schrempp fand lobende Worte für den scheidenden CDU-Ministerpräsidenten: »Erwin Teufel ist für mich ein Partner, ein Freund, auf den man sich verlassen kann. Ein Mann, der wie nur wenige authentisch ist.« Teufel sei »mit Kraft, Transparenz, Geradlinigkeit und Glaubwürdigkeit zu einem wirklichen Vorbild« geworden. »Entschlossenheit ist sein wichtigstes Markenzeichen.« Fehlte nur noch, dass er ihn zum Mercedes-Vorstand ernannt hätte – ehrenhalber, versteht sich.

Beim größten deutschen Konzern hatte das Wort »Aktionäre« seit 1999 eine ganz neue Bedeutung erfahren. So konnte man den Eindruck gewinnen, als sollten die AktioNÄRRinnen gefälligst ihr Geld an der Konzernkasse abliefern und sich ansonsten anderweitigen Vergnügungen hingeben. Dabei war manch einem Aktionär das Lachen in den letzten Jahren vergangen, vor allem dann, wenn er sein redlich erspartes Geld in Deutschlands ehemals renommiertestes Unternehmen investiert hatte, um fürs Alter vorzusorgen. Wer im April 1999 DaimlerChrysler-Aktien (DCX) für 95,45 Euro pro Stück erwarb, dessen Kapital wurde innerhalb von vier Jahren auf 23,94 Euro auf fast ein Viertel reduziert.

In den nächsten beiden Jahren krankte die DCX zwar an der alt bekannten Fieberkurve, stieg aber zumindest um zehn Euro pro »Wertpapier« an. Viel zu wenig, beklagte die Börse, und so brodelte und zischte es im März 2005 gewaltig in der Finanzküche. »Industriekonzerne wie DaimlerChrysler oder die Deutsche Telekom vernichten systematisch das Kapital ihrer Aktionäre«, wetterte Egbert Prior, Herausgeber des in Frankfurt erscheinenden Börsenbriefs *Prior Börse.* »Die Frage lautet, wann geht es endlich rund bei Daimler, Telekom und Konsorten?« fragte Prior und schimpfte über das Management von DaimlerChrysler und der Deutschen Bank, das sich »als besonders dreist und unfähig erwiesen« habe.

Unter Verweis auf den Verfall des Daimler-Aktienkurses meinte der Börsenkenner, daran lasse sich »der Niedergang des einst so stolzen Unternehmens am besten ablesen. Mit 34 Euro liegt die Notierung niedriger als vor zwanzig Jahren.« Angesichts dessen warnte Prior, er »warte auf den Tag, dass endlich einmal ein Hedgefonds auf den Plan tritt und bei DaimlerChrysler aufräumt«. So weit sollte es – zumindest vorerst – allerdings nicht kommen.

Priors Kritik war symptomatisch für den weit überwiegenden Teil der Börsenwelt, der – wie die *Frankfurter Allgemeine Sonntagszeitung* – sich bei DaimlerChrysler »eine neue Führung« wünschte. Seit geraumer Zeit, so die Zeitung, mache »das böse Wort vom ›Schrempp-Kopper-Abschlag‹ die Runde«.

Schrempp erduldete derlei Vorwürfe seit Jahren und wies sie immer weit von sich. Unbeeindruckt eröffnete er im April 2005 einmal mehr einen positiven Ausblick: »Die Strategie steht, jetzt müssen wir die Profitabilität steigern und zeigen, dass wir stark in der Umsetzung sind.« Diese Entwicklung »wird sich dann auch in einem steigenden Aktienkurs niederschlagen«. Seit seinem Amtsantritt vor zehn Jahren hätten »die Aktionäre insgesamt, wenn man Kursentwicklung und Dividendenzahlung berücksichtigt, jährlich einen so genannten Total Shareholder Return von rund 6 Prozent erhalten. Es wurde also Wert geschaffen.«

Die Bilanz der Kursentwicklung seit der DaimlerChrysler-Gründung sprach für sich. Doch selbst Schrempps Standardargument, wonach man seine Leistung nicht am Aktienkurs von 1998 messen dürfe, sondern vielmehr den Stand der Daimler-Benz-Aktie von 1995 zu Grunde legen müsse, ging gründlich am Kern des Problems vorbei. Denn Mister Möchtegern-Shareholder-Value hatte seinen Aktionärinnen und Aktionären in all den Jahren seit 1995 wieder und wieder eine Kurssteigerung der DaimlerChrysler-Aktie versprochen – und genau dieses Versprechen nicht eingehalten: Am 24. Mai 1995, dem Tag von Schrempps Amtsantritt als neuer Vorstandsvorsitzender, lag die Daimler-Aktie bei umgerechnet 34,64 Euro. Auf den Tag genau zehn Jahre später war sie auf 32,32 Euro gefallen. Selbst nach dem 27. April 1999, als die DCX mit 95,45 ihren Höchststand bei DaimlerChrysler erreicht hatte, versprach Jürgen E. Schrempp, »neuen Wert für unsere Aktionäre« zu schaffen. Unter »neuem Wert« jedoch verstanden weit mehr als eine Million Daimler-Aktionäre einen Wertzuwachs ihrer angelegten Gelder und nicht einen dramatischen Kursverfall. Mit seiner leeren Aktienkurs-Versprechung machte der Konzernchef die Aktionärinnen und Aktionäre zu AktioNÄRRinnen. Schrempp, in den Anfangsjahren von Börsianern anerkennend als »Mister Shareholder Value« tituliert, mutierte de facto zum »Mister Value Killer«, der er bis Ende Juli 2005 blieb.

Am 28. Juli des Jahres 2005 wurden die Börsianer, die Anleger und die Beschäftigten der DaimlerChrysler AG endlich erlöst: Schrempps Rücktrittsankündigung wurde von Finanzanalysten freudig begrüßt und von der Börse belohnt. So verkündeten Analysten von Merrill Lynch, »das Undenkbare ist geschehen«, und stuften die Daimler-Aktie justament von »verkaufen« auf »halten«. *Kaufen* wäre gleich am frühen Morgen die bessere Empfehlung gewesen, denn von 9.40 Uhr bis 10.32 Uhr stieg die DCX von 36,55 Euro um drei Euro an und notierte auch am Tagesende bei 39,49, nachdem sie zwischenzeitlich die 40-Euro-Marke deutlich übertroffen hatte.

Besser als Jürgen Pieper könnte man das gesamte Schrempp-Kopper-Desaster nicht auf den Punkt bringen. Nüchtern bilanzierte der Analyst des Bankhauses Metzler: »Das Unternehmen steht heute schwächer da als zum Amtsantritt Schrempps vor zehn Jahren.« Damals, 1995, befand sich Daimler-Benz in einer der bislang schwersten Krisen der Nachkriegsgeschichte.

*

»DaimlerChrysler wird […] seinen Aktionären ausgezeichnete Renditen bieten.«
Jürgen E. Schrempp und Robert J. Eaton am 17. November 1998

Das Rendite-Desaster

Tun wir das, was Jürgen E. Schrempp nicht gerne sieht: Erinnern wir uns an die guten alten Zeiten, an den 17. November 1998, als Schrempp und Eaton zum Start der DaimlerChrysler-Aktie gemeinsam in New York verkündeten: »Wir sind begeistert vom Start dieses einmaligen Unternehmens, für das Wachstum, Innovation und herausragende globale Marken im Mittelpunkt stehen. Wir starten mit einem Portfolio außergewöhnlicher Aktiva: mit einigen der innovativsten Produkte und zugkräftigsten Marken der Welt, finanzieller Stärke und Flexibilität, herausragenden technischen und technologischen Fähigkeiten, einer ausgewogenen Fahrzeugpalette in allen Marktsegmenten und einer Gruppe von weltweit tätigen Transport- und Dienstleistungsunternehmen. Unser Zusammenschluss basiert auf profitablem Wachstum und wird dieses Wachstum weiter fördern. DaimlerChrysler wird nicht nur effizienter sein, sondern auch qualifizierte Arbeitsplätze sichern und schaffen und seinen Aktionären ausgezeichnete Renditen bieten.«

Das Versprechen vom »profitablem Wachstum« wurde allenfalls im Jahr eins nach der Chrysler-Übernahme erfüllt. Danach mussten alle Beteiligten erkennen, dass Schrempps Vision von der Welt AG auf Sand gebaut war. »Ich schaue immer nach vorne, nicht nur zurück«, beliebte der Daimler-Chef von seinen Fehlentscheidungen abzulenken. Die Gabe eines »guten Managements« sei vor allem, »mit Problemen fertig zu werden. Also: nach vorne schauen! Es geht nach oben. Das ist es, was mich hauptsächlich interessiert.«

Also, blicken wir zurück! Es ging nach unten. Das ist es, was uns an Schrempps Leistung hauptsächlich interessiert.

*

Bei der Außerordentlichen Hauptversammlung im September 1998 wollte Jürgen Schrempp seinen Aktionärinnen und Aktionären die Übernahme der Chrysler Corporation schmackhaft machen. Großspurig verkündete der Herr der Versprechungen: »Wir werden Ihnen, den Eigentümern auch des neuen Unternehmens, eine deutlich höhere Ausschüttung bieten.«

Bis zum Jahr 2000 erhielten die Aktionäre für jedes der Daimler-Wertpapiere eine ansehnliche Dividende in Höhe von 2,35 Euro. Auf Grund des Bilanz-Desasters im Geschäftsjahr 2001 musste dieser Wert auf 1,00 Euro gemindert werden, wobei die Ausschüttungen lediglich als Barbiturat für die aufgebrachten Anteilseigner zu verstehen waren. Auch in den kommenden Jahren wurden die vergleichsweise hohen Zuwendungen der drei Anfangsjahre bei Weitem nicht erreicht. Angesichts des Daimler-Desasters konnte für die Jahre 2002 bis 2004 lediglich noch eine Dividende von jeweils 1,50 Euro ausbezahlt werden.

Die anfangs rund 1,4 Millionen (1998) und später etwa 1,7 Millionen Daimler-Aktionäre (2004) bekamen die verfehlte Geschäftspolitik des Vorstands und seines Vorsitzenden und das Versagen des Aufsichtsrats nachhaltig am eigenen Geldbeutel zu spüren. Denn aus der von Schrempp versprochenen »deutlich« höheren Ausschüttung war innerhalb weniger Jahre eine Dividendenkürzung geworden, und Schrempps Versprechen war wieder einmal unerfüllt geblieben.

*

Bereits als Daimler-Benz-Chef hatte sich Jürgen E. Schrempp den Ruf des Mister Shareholder Value erworben. Künftig werde »man uns daran messen, ob und wann wir unsere Ziele erreichen«. Ziel sei, »den Wert des Unternehmens zu steigern, indem wir mindestens 12 Prozent auf das eingesetzte Kapital erwirtschaften und somit dem Anleger eine bessere Rendite bieten, als er auf dem Kapitalmarkt erzielen kann«, lautete Schrempps klare Vorgabe.

Bei der ersten Hauptversammlung nach der Fusion mit Chrysler im Mai 1999 schien alles aufs Beste geregelt: »Alles, was wir tun, ist auf die konsequente Steigerung des Unternehmenswertes ausgerichtet. Ihr Unternehmen wird nicht nur größer, sondern wertvoller«, verkündete der Shareholder-Value-Schrempp am Rednerpult. Dieser Wertzuwachs zeige sich »in steigender Profitabilität und in nachhaltigem, profitablem Wachstum. Sie alle haben nicht nur eine Renditevorgabe, sondern auch das Ziel, schneller zu wachsen als der Markt.«

Sparen wir uns die weiteren Schremppschen Rendite-Versprechungen – oder waren es Rendite-Versprecher? – der kommenden Jahre, denn das Ergebnis war wie so oft: Schrempps Illusionen zerplatzten wie Seifenblasen, und am Ende standen die Anleger mit leeren Händen da. In einer Studie verglich die Investmentbank CSFB im Sommer 2004 Konzerne verschiedener Branchen. Die DaimlerChrysler AG, nach dem Umsatz größter deutscher Automobilhersteller, brachte es im internationalen Ranking bei der Rendite auf einen erschreckenden 32. Platz.

Im April 2005 nutzte Jürgen E. Schrempp das alljährliche Aktionärstreffen zu einem flammenden Appell: »Ich wiederhole nochmals: Es ist unsere unternehmerische Verantwortung, die Rendite des Konzerns deutlich über die Kapitalkosten hinaus zu steigern. Das hat allerhöchste Priorität.« Unterdessen hatte das Daimler-Desaster im Frühjahr 2005 auch den langjährigen Goldesel erfasst, die Mercedes Car Group. Die Umsatzrendite lag mittlerweile im automobilen Mittelklassebereich von 3,5 Prozent, also weit unterhalb der versprochenen »hervorragenden« Ergebnisse.

Mercedes-Chef Eckhard Cordes kam nicht umhin, das Verfehlen der eigenen Ziele einzuräumen. Dennoch ging er zum Angriff über: »Das ist nicht unser Maßstab. Wir haben die beste Marke der Welt. Und damit werden wir ein deutlich besseres Ergebnis erzielen«, so Mister Mercedes wagemutig. Man müsse »in Kauf nehmen, dass wahrscheinlich nie alle Divisionen gleichzeitig Spitzenrenditen erzielen können«.

In diesen Tagen war Schrempp bereits zehn Jahre lang Vorstandsvorsitzender des Daimler-Konzerns. Zehn lange Jahre, in denen er den Aktionären »bessere« und »ausgezeichnete« Renditen versprochen und auch diese Versprechungen nicht im Mindesten eingehalten hatte. Die unerfüllten Aktienkurs-, Dividenden- und Rendite-Versprechungen des Jürgen Erich Schrempp waren ein Schlag für alle, die ihr Geld in gutem Glauben an die Erfüllung der Schremppschen Ankündigungen in die DaimlerChrysler AG investiert hatten.

*

»Wir werden keine Fabriken schließen
und keine Arbeitsplätze abbauen.«
Jürgen E. Schrempp im Mai 1998

Das Arbeitsplatz-Desaster

Es fiel Jürgen E. Schrempp nicht schwer, seine Betriebsräte um den Finger zu wickeln. »Ich werde um jeden Arbeitsplatz kämpfen«, verkündete er nur einen Monat nach seinem Amtsantritt als neuer Daimler-Benz-Chef in einer schweren Krisenzeit und hatte damit die Gewerkschafter hinter sich geschart, die ihm im Aufsichtsrat den Rücken stärkten. Was Schrempp im Juni 1995 angekündigt hatte, misslang jedoch angesichts der desaströsen Lage des Gesamtkonzerns. Von 1995 auf 1996 wurde die Beschäftigtenzahl um 20964 gesenkt, 1997 konnte sie auch durch Neueinstellungen um 10039 auf 300068 gehoben werden.

1998 landeten Schrempp und Eaton den DaimlerChrysler-Coup. Am 11. Mai 1998, nur vier Tage nachdem Schrempp und Eaton in London den Fusionsvertrag zur Gründung der DaimlerChrysler AG unterzeichnet hatten, gelobte Schrempp eine goldene Zukunft: »Beide Unternehmen sind höchst profitabel. Wir werden keine Fabriken schließen und keine Arbeitsplätze abbauen.« Vielmehr würde DaimlerChrysler von Synergievorteilen profitieren. Bei der Außerordentlichen Hauptversammlung am 18. September 1998 erklärte Schrempp: »Wir wollen mit der Fusion nicht nur Arbeitsplätze erhalten – wir wollen neue schaffen.« Die Voraussetzungen dafür seien »hervorragend«.

Nur allzu gerne betonte der Arbeitsplatzkämpfer Schrempp, »ohne gute Leute hätten wir nicht diese Erfolge. Ich bin stolz auf jeden Mitarbeiter.« Der Erfolg ließ nicht lange auf sich warten. Mit der Übernahme der Chrysler Corporation durch die Daimler-Benz AG war die Beschäftigtenzahl des deutsch-amerikanischen Unternehmens um 141 434 auf 441 502 angewachsen, im Folgejahr fanden weitere 25 436 Menschen Arbeit im Daimler Chrysler-Konzern, so dass Ende 1999 466 938 Menschen bei DaimlerChrysler Beschäftigung gefunden hatten.

In den Jahren danach zeigte sich, was Schrempps Versprechen, keine Fabriken zu schließen und keine Arbeitsplätze abzubauen, Wert war. Auf Grund der desaströsen Geschäftspolitik und der gescheiterten Vision der Welt AG wurde die Beschäftigtenzahl Jahr für Jahr stetig gesenkt: im Jahr 2000 um 50 437, 2001 um 44 031, 2002 um 6899, 2003 um 3508 auf 362 063 Beschäftige. Innerhalb von vier Jahren und gut drei Monaten hatte sich die Beschäftigtenzahl seit dem Firmenzusammenschluss von Daimler und Chrysler um 104 875 vermindert. Auch wenn 2004 endlich wieder neue Arbeitsplätze geschaffen und 22 660 neue Arbeitsplätze bei DaimlerChrysler verbucht werden konnten, so war die Gesamtbilanz bis dato mit 82 215 Beschäftigen im Minusbereich.

Für Michael Inacker, Leiter für Politik und Außenbeziehungen, klangen die Zahlen weitaus schlimmer als die Wirklichkeit. Er verglich die wesentlichen Ab- und Zugänge miteinander. Demnach waren im Zeitraum von 1999 bis 2004 rund 44 800 Beschäftige auf Grund von Zugängen hinzugekommen, beispielsweise durch den japanischen Nutzfahrzeughersteller Fuso, den Bahnproduzenten Adtranz oder Detroit Diesel. Demgegenüber seien im gleichen Zeitraum 108 200 Abgänge, sprich die mit Verkäufen von Unternehmensteilen verbundene Reduzierung der Beschäftigtenzahl, zu verzeichnen gewesen, so bei der EADS, bei Adtranz oder der Temic. Abgesehen davon, dass es nach einem Verkauf nicht selten zu einem Arbeitsplatzabbau im neuen Unternehmen kommt, beinhaltete selbst die Inacker-Bilanz einen verbleibenden »Beschäftigungsrückgang um 27 200 Personen«.

Dieser resultierte aus den »seinerzeit erforderlichen Turnaround-Programmen« bei der Chrysler Group und beim US-Nutzfahrzeughersteller Freightliner. Aus Inackers Sicht konnte diese Arbeitsplatzvernichtung durch »die Umsetzung aller Maßnahmen sozialverträglich abgefedert werden beziehungsweise erfolgte durch Ausschöpfung der natürlichen Fluktuation«. Inacker kam in seiner Betrachtungsweise zu dem Ergebnis, dass »die Personalverringerung bei der Chrysler Group« – er vermied geflissentlich die Worte »Entlassung« und »Arbeitslosigkeit« – auf Grund »des extrem verschärften Wettbewerbs in Nordamerika auch ohne den Zusammenschluss mit Daimler-Benz nötig geworden« wäre. Mehr noch: »Wahrscheinlich wäre er ohne den Merger sogar noch stärker ausgefallen.«

Selbst wenn man der Daimler-Sicht folgt, hatte Schrempp sein Versprechen gebrochen, denn Abertausende von Arbeitsplätzen waren nach dem Zusammenschluss vor allem in den USA vernichtet worden. Ob mit oder ohne Merger mehr oder weniger Arbeitsplätze bei Chrysler geschaffen oder vernichtet worden wären, bleibt pure Spekulation.

Mit Schrempps irriger Arbeitsplatz-Garantie ging die Werkserhalt-Garantie einher. Dennoch wurden bei Chrysler in den USA und Lateinamerika sechs Werke geschlossen, da half kein Drumrumreden.

Enden wir, wie wir begonnen haben: mit den weisen Worten des großen Arbeitsplatz- und Werkserhalters Schrempp. Der dankte bei der Hauptversammlung 2003, in jenem Jahr, bis zu dem DaimlerChrysler mehr als 100 000 Beschäftigte abhanden gekommen waren, »allen unseren Mitarbeiterinnen und Mitarbeitern von Auburn Hills über Stuttgart bis Tokio, vom Entwicklungsingenieur bis zum Kundenberater, vom Lehrling bis zur

Führungskraft ausdrücklich und von ganzem Herzen für ihre hervorragende Arbeit« – jedenfalls denen, die noch an Bord waren.

*

»Nach den Worten des Aufsichtsratschefs von DaimlerChrysler, Hilmar Kopper, hat Jürgen Schrempp in den vergangenen zehn Jahren den Unternehmenswert des Automobilbauers verdoppelt.«

Meldung der Deutschen Presseagentur (dpa) vom September 2005

Was Schrempp den Konzern gekostet hat

In Sachen Geldvernichtung konnte Jürgen E. Schrempp schon vor seiner Zeit als Daimler-Chef auf langjährige Erfahrung zurückblicken, wobei er es in früheren Jahren sogar noch fertigbrachte, damit zu kokettieren, wie der Fall des niederländischen Flugzeugbauers Fokker NV zeigt: 1993 hatte die Daimler-Luft- und Raumfahrtsparte Dasa unter der Führung des Freiburgers eine 51-prozentige Mehrheitsbeteiligung an Fokker übernommen. Drei Jahre danach drehte der mittlerweile zum Daimler-Benz-Vorsitzenden avancierte Schrempp den Geldhahn bei Fokker zu.

Auf der Bilanzpressekonferenz zum Fokker-Desaster erklärte Schrempp am 10. April 1996 im Mercedes-Museum in Untertürkheim vor holländischen Journalisten: »Mit Fokker habe ich einen Fehler gemacht, den man sich in meiner Position nur einmal erlauben kann.« Dann aber habe er »die richtige Entscheidung getroffen, das Band mit Fokker zu zerschneiden«. Fokker sei ein »schönes Unternehmen, prachtvolle Flugzeuge, aber ein Lovebaby mit Krebs ist nicht zu heilen«. Emotional bewegt erzählte Schrempp, wie er in seinem Haus in Südafrika saß und »den Knoten durchhauen« musste.« Um Fokker, so Schrempp tief berührt, »habe ich geweint, wirklich wahr«.

Wie er sich danach fühlte, wurde er gefragt: »Phantastisch«, lautete seine Antwort, »Sie können mich arrogant nennen, das ist mir egal.« Was danach folgte, konnte sich tatsächlich nur jemand bar jeglicher Kontrolle erlauben: »Ich bin der erste Topmann, der 2,3 Milliarden Mark verspielt hat und dann auch ohne Umschweife sagt: ›Das war ganz allein meine Schuld‹«, erklärte Schrempp und ergänzte: »Während andere Manager für 50 Millionen entlassen werden, stehe ich noch hier. Finden Sie das arrogant?«

Arrogant wirkte er zweifellos in dieser Situation, zumal seine Ausführungen in dem Satz gipfelten: »Daimler-Benz braucht mich mehr als ich Daimler-Benz.«

Warum haben Hilmar Kopper und die anderen Aufsichtsräte nicht schon damals Schrempps Vertrag aufgelöst?

Die Mannen um Hilmar Kopper hatten bereits im Mai 1995 geduldet, dass Schrempp vom Sessel des Dasa-Vorsitzenden in den des Daimler-Chefs wechselte. Damals wurde der Daimler-Jahresfehlbetrag von insgesamt 5,73 Milliarden DM in der Öffentlichkeit voll und ganz Reuter angelastet, obwohl 4,18 Milliarden Miese von der Dasa kamen, die Schrempp zu verantworten hatte.

*

In den kommenden Jahren bastelte Schrempp an der Verwirklichung seiner Vision von der Welt AG. Im Herbst 1998 verleibte sich Daimler-Benz die Chrysler Corporation ein und lachte sich dabei ein Problem namens Kirk Kerkorian an. Über sein Investmentunternehmen Tracinda forderte der US-Milliardär acht Milliarden Dollar Schadensersatz, weil es sich bei dem Merger nicht um eine Fusion, sondern um eine Übernahme gehandelt habe – ein Argument, das Schrempp im Interview mit der *Financial Times* selbst angedacht hatte. Kerkorian nahm Schrempps Aussagen ernst und klagte, da er als Chrysler-Aktionär damit zu wenig Geld für seine Aktien erhalten habe. Die erste Runde im Rechtsstreit ging an Daimler, Kerkorian aber legte Rechtsmittel ein.

Andere Kleinaktionäre griffen dieses Argument in einem weiteren Verfahren auf. Im August 2003 schloss DaimlerChrysler einen Vergleich, die Sammelkläger erhielten 300 Millionen Dollar, wovon 220 Millionen Dollar durch Versicherungsschutz gedeckt waren. Schrempp & Co. kamen mit einem blauen Auge davon, denn die Kleinaktionäre hatten insgesamt 22 Milliarden Dollar Schadensersatz gefordert.

*

Eigentlich hätten die Daimler-Aufsichtsräte und -Aktionäre nach dem Fokker- und dem Chrysler-Desaster gewarnt sein müssen. Stattdessen ließ man den Daimler-Chef schalten und walten, öffnete das Füllhorn weit und jagte weiterhin die vornehmlich von den Mercedes-Beschäftigten erwirtschafteten Milliarden in die Welt hinaus. Erinnert sei nur an die vermeintlich freudige Kunde, wonach der Erwerb des 34-prozentigen Daimler-Anteils an Mitsubishi Motors um 10 Prozent von 450 Yen pro Aktie auf 405 Yen pro Aktie reduziert werden konnte, womit sich der Kaufpreis von 2,4 auf 2,2 Milliarden Euro verringerte. Bei DaimlerChrysler feierte man chaotische Jahre, bis die Milliarden-Zuwendungen an den japanischen Allianzpartner im April 2004 endlich von Vorstand und Aufsichtsrat gestoppt wurden – entgegen Schrempps ursprünglicher Intention. Für den im November 2005 bekannt gegebenen Verkauf des verbliebenen 12,4-prozentigen Mitsubishi-Anteils erhielt DaimlerChrysler rund 970 Millionen Euro.

*

Schrempps Festhalten am Smart-Projekt kostete – und kostet – den Konzern weitere Milliarden. Seit seiner Markteinführung 1998 mussten für den Bonsai-Benz Milliarden Euro aufgewandt werden. Nachdem sich die Smarties in den vertikalen Halden namens Smart-Towers türmten, beschloss die Daimler-Führung eine weitere Finanzspritze als so genannte »Umstrukturierungsmaßnahme«. Alles in allem handelte es sich um ein Milliardengrab. Wie hoch die Kosten für Schrempps Luxusliner Maybach sind, blieb bis heute ein Konzerngeheimnis. Vieles spricht dafür, dass die Entwicklungskosten des Maybach mangels ausreichender Verkäufe nicht eingefahren werden konnten – und wohl auch nicht mehr eingefahren werden.

Auch das Qualitäts-Desaster bei Mercedes kostete den Konzern viel Geld. Im Frühjahr 2005 mussten rund 1,3 Millionen Fahrzeuge fast aller Mercedes-Klassen der Baureihen vom Juni 2001 bis zum November 2004 im Rahmen einer so genannten Qualitätsoffensive in die Werkstätten zurück gerufen werden. Nach Ansicht von Experten kostete allein diese Rückrufaktion die DaimlerChrysler AG knapp eine halbe Milliarde Euro.

Teuer dürfte auch die Schadensersatzforderung der Bundesregierung an das Toll-Collect-Konsortium, sprich an DaimlerChrysler und die Telekom, werden. Der Bund macht Ersatzansprüche für den Ausfall der fest eingeplanten Mautgebühren für den Zeitraum vom 1. September 2003 bis 31. Dezember 2004 geltend, insgesamt knapp 4,6 Milliarden Euro zuzüglich Zinsen.

Der Abbau von rund 8500 Arbeitsplätzen vor allem in den Mercedes-Werken Sindelfingen, Untertürkheim und Bremen, der im Herbst 2005 in die Wege geleitet wurde, soll den Konzern 950 Millionen Euro kosten – auch dies ein Ergebnis des Missmanagements, das Folgen für Abertausende von Beschäftigten zeitigte.

Offen ist, ob auf DaimlerChrysler beziehungsweise die Versicherung des Unternehmens wegen der Umstände, unter denen die Ad-hoc-Meldung anlässlich der Ankündigung des Schrempp-Rücktritts erfolgte, Kosten zukommen. In Wirtschaftskreisen wurde schon mit einer Summe von 5 Milliarden Euro oder mehr spekuliert.

Die Frage, was all die Schremppschen Eskapaden den Konzern letztlich gekostet haben, lässt sich abschließend nicht beantworten. Hätte Schrempp die Konzentration auf das Kerngeschäft Fahrzeugbau bei der Daimler-Benz AG betrieben, wäre der Konzern wohl die Perle der Großindustrie geblieben und hätte in der Dekade Schrempp-Kopper wesentlich mehr Geld erwirtschaften können. *Doch Schrempps Ziel,* durch Übernahmen, Aufkäufe, Beteiligungen und Allianzen die Nummer eins der Autowelt zu schmieden, *stand dem Erfolg im Weg* – nicht zuletzt deshalb, weil sich viele dieser Unternehmen als marode und die eingegangenen Engagements sich als unrentabel erwiesen. Hilmar Kopper bedankte sich in der ihm eigenen Art bei seinem Duzfreund.

*

16. September 2005. Auf der Internationalen Automobilausstellung (IAA) in Frankfurt/Main offenbarte Kopper vor rund tausend Vertretern des weltweiten Vertriebs, welch einmalige Lebensleistung sein Vorstandsvorsitzender Jürgen E. Schrempp erbracht hatte: Dieser habe in den vergangenen zehn Jahren den Unternehmenswert des Daimler-Konzerns verdoppelt. In dieser denkwürdigen Dekade sei ein Gewinn von 46 Milliarden Euro erzielt worden, die Aktionäre hätten eine Dividendensumme von 13 Milliarden Euro erhalten.

Der so Gewürdigte verkündete höchstpersönlich, dass er sich bis zum 31. Dezember 2005, seinem letzten Arbeitstag im DaimlerChrysler-Konzern, mit großer Freude seiner Aufgabe als Vorstandsvorsitzender hingeben werde.

*

»Die besten Mitarbeiter gewinnen wir nur dann für uns, wenn wir sie international wettbewerbsfähig und leistungsorientiert bezahlen.«

Jürgen E. Schrempp bei der Übernahmehauptversammlung am 18. September 1998

Das Gehalts-Desaster

Als Manager hat man es nicht leicht, schon gar nicht, wenn man Jürgen E. Schrempp heißt. In seiner zehn Jahre und sieben Monate währenden Amtszeit als Vorstandsvorsitzender bei Daimler-

Benz beziehungsweise DaimlerChrysler musste er viele Fehlschläge einstecken: die jahrelangen Misserfolge bei Chrysler, das Scheitern seiner Welt AG durch den Rückzug bei Mitsubishi und die Trennung von Hyundai, das Bilanz-Desaster mit dem Verfall des Aktienkurses, die auf Grund der Überproduktion entstandenen Ladenhüter auf den Mercedes-Halden, in den Showrooms und den Smart-Towers, die Wahl zum schlechtesten Manager weltweit und vieles andere mehr.

Dafür, dass wenigstens die Bezahlung stimmte, sorgte Hilmar Kopper zusammen mit den übrigen Mitgliedern des Präsidialausschusses, der gemeinhin die Höhe der Vorstandsbezüge vorvereinbarte und formal für die Vorlage an das zwanzigköpfige Kontrollgremium zuständig war. Seit Gründung der DaimlerChrysler AG waren Hilmar Kopper als Daimler-Aufsichtsratschef und Manfred Schneider, der frühere Vorstands- und heutige Aufsichtsratsvorsitzende der Bayer AG, als Mitglieder im vierköpfigen Präsidialausschuss dabei. Im Jahr 1999 trat Erich Klemm an die Stelle des verstorbenen Gesamtbetriebsratsvorsitzenden Karl Feuerstein, und nach Bernhard Walters Ausscheiden übernahm erst Bernhard Wurl, dann Thomas Klebe den Sitz des zweiten IG-Metallers.

Unter Koppers Vorsitz legte das Vierergremium die Vorstandsgehälter fest, wobei mal eher fixe, mal eher variable und erfolgsorientierte Komponenten eine Rolle spielten. Letztlich einig aber war man sich offensichtlich in dem entscheidenden Punkt: DaimlerChrysler war eine Aktiengesellschaft mit Welt-AG-Anspruch, also mussten auch Welt-AG-Gehälter gezahlt werden.

Wie hoch waren die Zuwendungen an die einzelnen Vorstände, wie hoch die an den Vorstandsvorsitzenden? Und welche Vorstände erhielten in welchem Jahr einen Bonus oder einen Malus wegen der Leistungen, die sie erbracht oder nicht erbracht hatten? Antworten auf solche Fragen wurden den Aktionären weder im Geschäftsbericht noch bei Nachfragen auf den Hauptversammlungen mitgeteilt. Über die Höhe der Einzelzuwendungen an die Vorstände und an den Vorstandsvorsitzenden vereinbarten die Vertreter der Kapital- und der Arbeitnehmerseite

Stillschweigen. Veröffentlicht wurde via Geschäftsbericht lediglich, was dem Vorstand als Ganzes zugesprochen wurde.

Was der DaimlerChrysler-Vorstand verdiente

Vorstandsgehälter der Daimler-Benz AG	**Geschätztes Gehalt des Vorsitzenden**
1995: 11,9 Mio. DM für 10 Vorstände*	1,60 Mio. DM (Ende 05/95 bis 12/95)**
1996: 14,0 Mio. DM für 13 Vorstände	2,00 Mio. DM für den Vorsitzenden
1997: 20,0 Mio. DM für 11 Vorstände	3,32 Mio. DM für den Vorsitzenden
Gesamt: 45,9 Mio. DM für alle Vorstände	**6,92 Mio. DM für den Vorsitzenden**
23,47 Mio. € für alle Vorstände	**3,54 Mio. € für den Vorsitzenden**

** gesamtes Jahr 1995*

Vorstandsgehälter der DaimlerChrysler AG	**Geschätztes Gehalt des Vorsitzenden**
1998: 41,0 Mio. Euro für 17 Vorstände	5,54 Mio. Euro für den Vorsitzenden
1999: 55,4 Mio. Euro für 18 Vorstände	5,82 Mio. Euro für den Vorsitzenden
2000: 52,6 Mio. Euro für 14 Vorstände	7,00 Mio. Euro für den Vorsitzenden
2001: 22,0 Mio. Euro für 11 Vorstände	3,66 Mio. Euro für den Vorsitzenden
2002: 50,8 Mio. Euro für 13 Vorstände	7,24 Mio. Euro für den Vorsitzenden
2003: 40,8 Mio. Euro für 13 Vorstände	5,82 Mio. Euro für den Vorsitzenden
2004: 31,6 Mio. Euro für 12 Vorstände	4,86 Mio. Euro für den Vorsitzenden
Gesamt: 294,20 Mio. € für alle Vorstände (1998–2004)	**39,94 Mio. € für den Vorsitzenden**
Gesamt: 317,67 Mio. € für alle Vorstände (1995–2004)	**43,48 Mio. € für den Vorsitzenden**

Angaben der Vorstandsgehälter laut Geschäftsberichten der Daimler-Benz AG und der DaimlerChrysler AG; Angaben des Vorstandsvorsitzenden geschätzt.

*** Angabe für 8 Monate*

Angesichts der Geheimhaltungsstrategie von Vorstand und Aufsichtsrat haben die Medien notgedrungener Maßen in den letzten Jahren das Ratespiel »Wie hoch ist das Gehalt von Jürgen E. Schrempp?« aufgeführt. Da man üblicherweise davon ausgeht, dass der Vorstandsvorsitzende etwa das

Doppelte seiner Vorstandskollegen bekommt, lässt sich abschätzen, dass Schrempp für seine Vorsitzendentätigkeit von Mai 1995 bis Dezember 2005 – ohne Aktienoptionen – ein Gehalt von rund 43,48 Millionen Euro erhalten hat. Bezieht man in diese Berechnung Schrempps Zuwendungen für seine 44-jährige Mitarbeit bei Daimler-Benz bzw. DaimlerChrysler und vor allem seine Vorsitzendentätigkeit bei der Dasa sowie sein Gehalt als Mitglied des Vorstands der Daimler-Benz Holding ab 1989 mit ein, so liegt dieser Wert wohl nochmals um mehrere Millionen Euro höher. Insgesamt dürfte Jürgen E. Schrempp als Vorstandsmitglied bzw. Vorstandsvorsitzender mehr als 50 Millionen Euro erhalten haben – ohne Aktienoptionen, versteht sich.

Zu Schrempps Leistungen zählt allen voran die Gründung der DaimlerChrysler AG, die auf seine persönliche Initiative zurückgeht. Wie immer man diese Leistung bewertet, eines hat der Freiburger damit auf jeden Fall bewirkt: die Einführung US-amerikanischer Spitzengehälter in deutschen Aktiengesellschaften. Nach der Deutschen Bank wurden in den vergangenen Jahren zumeist bei DaimlerChrysler bundesweit die zweithöchsten Managergehälter bezahlt.

*

In Wirtschaft wie Politik wird nach Leistung und Verantwortung bezahlt. Besonders beeindruckend offenbart sich dieses Verhältnis beim Vergleich des DaimlerChrysler-Vorsitzenden mit dem deutschen Bundeskanzler. Als Vorstandsvorsitzender von DaimlerChrysler verdiente Jürgen E. Schrempp im Jahr durchschnittlich rund 5 700 000 Euro, Gerhard Schröder 213 077 Euro – also weniger als ein Sechsundzwanzigstel. Anders gesagt: Um das Jahresgehalt des Bundeskanzlers zu erwirtschaften, musste Daimler-Boss Schrempp 13,6 Tage, also knapp zwei Wochen, arbeiten. So gerecht ist die Welt.

Mit der Ankündigung seines Rücktritts zum 31. Dezember 2005 ließ Schrempp zugleich verlautbaren, er verzichte auf die ihm zustehenden zweieinhalb Jahresgehälter seines bis 2008 laufenden Vertrages. Ein Jahresgehalt von durchschnittlich 5,7 Millionen Euro zu Grunde gelegt, ließe er sich damit mehr als 14 Millionen Euro entgehen.

*

Im September 1998 hatte Jürgen E. Schrempp erklärt, »der Manager soll durchaus spüren, wenn das Geschäft nicht sehr gut geht«. Seit dem Jahr 1999 gingen die Geschäfte überwiegend sehr schlecht. Schrempp hätte fortan eine Gehaltsminderung erfahren und spätestens im Katastrophenjahr 2001 zurücktreten müssen.

Ehre, wem Ehre gebührt

Im Jahr 2005 wiesen bereits 18 der 30 Unternehmen des Deutschen Aktienindex (DAX) freiwillig die Gehälter für jedes Vorstandsmitglied in den Geschäftsberichten aus:
Allianz AG, Altana AG, Bayer AG, Commerzbank AG, Continental AG, Deutsche Bank AG, Deutsche Börse AG, Deutsche Lufthansa AG, Deutsche Post AG, Deutsche Telekom AG, E.ON AG, Metro AG, RWE AG, Schering AG, Siemens AG, SAP AG, ThyssenKrupp AG, TUI AG

Die schwarzen Schafe

In ihrer Betonburg-Mentalität verharrten noch immer folgende zwölf DAX-Unternehmen, die sich weiterhin gegen den Einzelausweis der Vorstandsgehälter sperren:
adidas-Salomon AG*, BASF AG, Bayerische Motoren Werke AG, Bayerische HypoVereinsbank AG*, **DaimlerChrysler AG,** Fresenius AG, Henkel KGaA, Infineon Technolo-

gies AG, Linde AG, MAN AG*, Münchner Rückversicherungs-Gesellschaft AG, Volkswagen AG**
Immerhin hat DaimlerChrysler 2005 erstmals die Tantiemen der Aufsichtsratsmitglieder einzeln dokumentiert. Wann folgt der Vorstand?

* Diese Unternehmen weisen lediglich die Vergütungen der Vorstandsvorsitzenden individuell aus.
** MAN und Volkswagen wiesen 2005 das Gehalt des Vorstandsvorsitzenden gesondert aus. VW hat für 2006 den Einzelausweis aller Vorstandsmitglieder angekündigt.

Wäre Schrempp noch länger im Amt geblieben, hätte er unter Umständen ab dem Jahr 2006 sein Gehalt veröffentlichen müssen. Das wollte er immer vermeiden. Während der Dekade seiner Regentschaft bei Daimler hatte er sich für die Einführung eines US-amerikanischen Gehaltsniveaus bei deutscher Nichtveröffentlichungspflicht stark gemacht. Erst ab dem Jahr 2006 greift die gesetzliche Pflicht der Einzelausweisung der Managergehälter – allerdings hat die rot-grüne Bundesregierung in ihrem grundsätzlich lobenswerten Gesetzentwurf eine kontraproduktive Hintertür eingebaut: Mit einer Dreiviertelmehrheit der Stimmen können Großaktionäre diese Offenlegung verhindern, was im Falle des Autovermieters Sixt sogleich geschehen ist.

Das Verhältnis von völlig überzogenen Vorstandsgehältern bei gleichzeitig desaströsen Managementleistungen war auf den Daimler-Hauptversammlungen der letzten Jahre vor allem von den Kritischen AktionärInnen permanent thematisiert worden, doch die Verantwortlichen zeigten sich immun dagegen. Daimler-Manager wie Schrempp und seine Mitstreiter erhielten mithin die höchsten Gehälter in der Republik – und der Begriff der »sozialen Marktwirtschaft« eine völlig neue Bedeutung.

acht

Das Rücktritts-Desaster

»Ich hätte den Vertrag nicht unterschrieben,
wenn ich nicht vorgehabt hätte, ihn zu erfüllen.«
Jürgen E. Schrempp im Juni 2004

Das Aufsichtsrats-Desaster

12. Januar 2004. In einem »Special Report« berichtete das renommierte New Yorker Wirtschaftsmagazin *Business Week* über die schlechtesten Manager. Unter der Überschrift »The Worst Managers« blickte die Betrachter das halbseitige Porträtfoto eines frustrierten Daimler-Chefs an. In der Begründung der Wahl zum weltweit schlechtesten Manager des Jahres 2003 wurde Jürgen E. Schrempp die Ankündigung – »Erwarten Sie das Außergewöhnliche« – vorgehalten, die er bei der Außerordentlichen Hauptversammlung 1998 zum Zusammenschluss von Daimler-Benz und der Chrysler Corporation den Aktionären gegenüber gemacht hatte. Fünf Jahre später zeige sich, dass alles daneben gegangen sei. Statt des erwarteten Operating Profits von rund 2 Milliarden Dollar bei Chrysler befürchteten die Analysten bei einem sinkenden Marktanteil nunmehr einen Verlust von etwa 360 Millionen Dollar. Ganz anders die japanischen Autoproduzenten, die ihre Verkäufe erhöht und einen Profit ausgewiesen hätten.

Doch damit war die *Business Week* noch nicht am Ende. Dem japanischen Autobauer Mitsubishi Motors, bei dem DaimlerChrysler einen 37-prozentigen Anteil hielt, wurde nachgesagt, Ende des Steuerjahres im März 2004 einen operativen Verlust von 404 Millionen Dollar auszuweisen. Selbst Mercedes-Benz sei im Mark erschüttert: Die Marktforscher J. D. Power & Associates Inc. führten die weltweit bekannteste Marke für exklusive

Automobile beim Faktor Langzeitqualität nur auf Platz 26. Danach befragt, hatte Schrempp jeden Kommentar verweigert.

Zu unguter Letzt beschrieb das Wirtschaftsmagazin, dass der DaimlerChrysler-Chef und sein Team vor Gericht gezerrt wurden. Im August 2003 musste DaimlerChrysler 300 Millionen Dollar bezahlen, weil Schrempp die Fusion mit Chrysler als Zusammenschluss unter Gleichen (»Merger of Equals«) bezeichnet hatte. Das aber war nur das Vorspiel zum 2-Milliarden-Dollar-Prozess des früheren Chrysler-Großaktionärs Kirk Kerkorian gegen den deutsch-amerikanischen Konzern, der reklamierte, dass er einen größeren Gewinn aus dem Aktiengeschäft erzielt hätte, wenn die Übernahme von Chrysler als solche deklariert gewesen wäre.

»Can it get worse?« Ob es noch schlechter werden könnte, fragte die *Business Week*. Für die Aktionäre vielleicht, lautete die Antwort. Denn Schrempps »freundlicher Aufsichtsrat« führte zu diesem Zeitpunkt bereits Gespräche über eine Vertragsverlängerung für den Daimler-Vorsitzenden. Für Jürgen E. Schrempp hätte es imagemäßig nicht schlimmer kommen können, auch wenn er sich diesen Katastrophentitel mit Nobuyuki Idei von Sony und anderen teilen durfte.

*

Die *Business Week* sollte mit ihrer Befürchtung Recht behalten. Auf seiner ersten ordentlichen Sitzung im Jahr 2004 erklärte der Aufsichtsrat am 18. Februar, dass er Schrempps Vertrag als Vorstandsvorsitzender um drei weitere Jahre verlängern wolle, der sonst mit dem Jahresaktionärstreffen am 6. April 2005 geendet hätte.

Scheinbar sei »einem verdienten Mann wie Jürgen Schrempp, den die US-Zeitschrift *Business Week* als schlechtesten Manager des Jahres 2003 weltweit apostrophierte, nicht zumutbar, dass bei seinen Vertragsverlängerungen die Bestimmungen des Aktienrechtes eingehalten werden«, wetterte Lars Labryga von der Schutzgemeinschaft der Kapitalanleger (SdK) im März 2004.

Diese gestatteten nämlich erst ein Jahr vor Ablauf des aktuellen Vertrags eine Verlängerung. Trocken kommentierte Labryga: »Umgehungstrick 2001: vorzeitige Kündigung mit sofort anschließender Verlängerung. Umgehungstrick 2004: vorzeitige Fassung eines ›einstimmigen‹ Beschlusses.« Labrygas Bitte an den Aufsichtsratschef Hilmar Kopper lautete: »Treten Sie zurück! Allerdings: Jürgen Schrempp werden Ambitionen auf den Aufsichtsratsvorsitz nachgesagt. In diesem Fall: Bitte, Herr Kopper, bleiben Sie!« Das klang nach der Wahl zwischen Pest und Cholera.

*

Drei Tage vor der Hauptversammlung im April 2004 definierte der Daimler-Chef die Kriterien seiner Tätigkeit: »Ich möchte mich daran messen lassen, dass alle Aktivitäten des Konzerns unter den Besten in ihrem Bereich sind.« Neun Jahre nach seiner Ernennung zum Vorstandsvorsitzenden war Schrempp von diesem selbst gesetzten Ziel meilenweit entfernt.

Entsprechend heiß her ging es auf der Hauptversammlung am 7. April 2004, einem Tag, der dem Vorstands- und dem Aufsichtsratsratsvorsitzenden in besonderer Erinnerung bleiben dürfte. Denn vor den rund 9000 Aktionärinnen und Aktionären mussten Schrempp und Kopper ein Tribunal ertragen. Hatten in den Jahren zuvor vornehmlich die Kritischen AktionärInnen unbequeme Wahrheiten ausgesprochen und Schrempps wie Koppers Rücktritt gefordert, so ließen diesmal auch die Vertreter der großen Fondsgesellschaften kein gutes Haar an den beiden Topmanagern.

Im Namen der größten Publikumsfondsgesellschaft DWS fällte Klaus Kaldemorgen ein vernichtendes Urteil: »Stets hat das Frühwarnsystem versagt«, wetterte der deutsche Fondsmanager über die Situation bei der US-Nutzfahrzeugmarke Freightliner, bei Chrysler und Mitsubishi. Das Ergebnis und die unsicheren Zukunftsaussichten nannte Kaldemorgen »eine Zumutung für die Geduld der Investoren«. Bei Mitsubishi werde sich zeigen, »ob der Konzern noch die Kraft hat, Fehlentwicklungen zu korrigieren«. Vom Smart-Debakel bis hin zur Toll-Collect-Blamage benannte Kaldemorgen ein Desaster nach dem anderen und bilanzierte, der Vorstand habe »sein Vertrauenskonto bei den Aktionären deutlich überzogen«. Der Rundumschlag saß, zumal Kaldemorgen mit der DWS eine Tochter der Deutschen Bank AG vertrat, die zu diesem Zeitpunkt der größte Daimler-Anteilseigner war.

Die Schlachtplatte war eröffnet. Michael Schneider von der Fondsgesellschaft Deka Investment der Sparkassen kündigte angesichts der desaströsen Gesamtlage an: »Wir werden gegen die Entlastung des Vorstands und des Aufsichtsrats und gegen die Wiederwahl von Hilmar Kopper an die Aufsichtsratsspitze stimmen.« Der Fondsmanager hatte den Kern des Problems erkannt: das Verhältnis zwischen dem Vorstandsvorsitzenden Schrempp und Aufsichtsratschef Kopper: »Die Mängel gehen auf das Konto des Vorstandsvorsitzenden und die fehlende Kontrolle durch den Aufsichtsrat«, monierte Schneider, der die Trennung von Mitsubishi forderte und den guten alten Zeiten vor den Schremppschen Visionen von der Welt AG nachtrauerte. »Daimler-Benz alleine würde als Cash-Maschine gefeiert werden, und der Aktienkurs wäre doppelt so hoch.«

Wer immer ans Redepult ging und auf Vorstand oder Aufsichtsrat eindrosch, erhielt tosenden Applaus. Zu den Rednern zählte auch SdK-Sprecher Lars Labryga, der meinte, DaimlerChrysler sei ein Unternehmen, bei dem man »für schlechte Leistungen mit sozialistischen Mehrheiten belohnt wird« – ein Vorwurf, der sowohl auf die seit Jahren alle Fehlentscheidungen tolerierenden großen Anteilseigner wie auf die Abstimmungsergebnisse im Aufsichtsrat zutraf.

*

Im Februar hatte der Aufsichtsrat seine Absicht erklärt, Schrempps Vertrag nach neun langen Jahren der Schremppschen Vorstandschaft ein weiteres Mal verlängern zu wollen. In all den

Jahren hatte sich in der Belegschaft und bei vielen Aktionären eine Wut aufgestaut, die bei der Hauptversammlung 2004 zum Ausbruch gekommen war. Unter dem Eindruck des gerade Erlebten fassten die Aufsichtsräte auf ihrer Sitzung, die wie immer direkt im Anschluss an die Hauptversammlung stattfand, gleich zwei bedeutende Beschlüsse: Zum einen bestimmten sie den 69-jährigen Hilmar Kopper für drei weitere Jahre zu ihrem Vorsitzenden. Zum anderen wurde auch Schrempps Bestellung um weitere drei Jahre verlängert – in einem einstimmigen Beschluss, also mit Zustimmung auch der zehn Arbeitnehmervertreter.

Wieder einmal hatte der Aufsichtsrat versagt und seine erschreckende Inkompetenz bewiesen. Hilmar Kopper wurde bis zum Jahr 2007 im Amt bestätigt. Und anstatt den größten Kapital- und Arbeitsplatzvernichter in der Daimler-Konzerngeschichte und zu einem der »schlechtesten Manager der Welt« Gekürten aus dem Amt zu jagen, wurde dessen Bestellung sogar bis 2008 verlängert.

In dieser Sitzung hatte sich einmal mehr das ganze Aufsichtsrats-Desaster erwiesen. Dank der Vertragsverlängerung konnte Jürgen E. Schrempp fortfahren, das Geld seiner Aktionäre zu vernichten. Als er im Juni 2004 vom *Managermagazin* zur Lage des Gesamtkonzerns und zu seinem weiteren Vorgehen beim maroden Allianz-Partner Mitsubishi Motors befragt wurde, antwortete er: »Wenn ich einen Fluss durchschwimme – das Wasser ist kalt, mit Eisschollen drauf – und ich habe drei Viertel der Strecke hinter mir, dann schwimme ich doch nicht zurück.« Schrempp wähnte das andere Ufer in erreichbarer Nähe: »Wir wollen ans Ziel kommen. Wir haben noch eine Strecke vor uns.« Er wolle, »dass man am Schluss sagt: Der Plan ist aufgegangen«. Außerdem hätte er »den Vertrag nicht unterschrieben, wenn ich nicht vorgehabt hätte, ihn zu erfüllen«.

*

Selten schien eine Frage bei DaimlerChrysler so klar geregelt zu sein wie die nach dem nächsten Vorstandsvorsitzenden. Im

April 2004 erledigte sich die Frage nach dem Kronprinzen – Zetsche oder Cordes – wie von selbst. Denn im Büro von Chrysler-Chef Dieter Zetsche fand das Treffen von Daimler-Vorsitzenden statt, die sich gegen Schrempps Milliardengrab Mitsubishi wandten. Mit von der Partie waren Jürgen Hubbert, Wolfgang Bernhard, Bodo Uebber und Thomas Weber. Danach schien die Nachfolgegrage geregelt: Nur Mercedes-Vorstand Cordes hatte Schrempp vasallengleich die Treue gehalten. Zum Schluss waren Eckhard Cordes und Rüdiger Grube die letzten Mohikaner auf Schrempps Seite, die für weitere Milliardenzuschüsse für Mitsubishi Motors plädierten – der Dank des Vorstandsvorsitzenden konnte ihnen gewiss sein.

Es hat den Anschein, dass Schrempp die Niederlage im Mitsubishi-Konflikt seinem Ziehsohn Zetsche nicht verzeihen konnte.

Die Fronten waren also klar, und das einzig Spannende war die Frage, ob Schrempp schon im Jahr 2007 den Chefposten im Aufsichtsrat beanspruchen würde, wenn der Vertrag seines Förderers Kopper auslief. In dieser Funktion wäre es Schrempp ein Leichtes gewesen, die Zerschlagung dessen zu verhindern, was von seiner Welt AG noch übrig war.

Die Machtverhältnisse bei DaimlerChrysler waren Teil eines längst überholten Systems namens Deutschland AG, in dem die Großkonzerne durch ein Geflecht gegenseitiger Verbindlichkeiten von einzelnen mächtigen Managern und Aufsichtsräten beherrscht wurden. Durch Ämterpatronage, vor allem bei der Vergabe von Aufsichtsratsmandaten, kam es zu einer Vielzahl von Interessenkollisionen. Trotz der sich türmenden Probleme hielt Aufsichtsratschef Kopper seinem Vorstandsvorsitzenden Schrempp über Jahre hinweg den Rücken frei, und die Deutsche Bank machte derweil gute Geschäfte mit DaimlerChrysler. So lautete die entscheidende Frage im Sommer 2004 nicht: Wann tritt endlich das Duo Schrempp-Kopper, ab und wann endet die Deutschland AG auch bei DaimlerChrysler? Vielmehr wurde allseits gefragt: Wann wird Schrempp den Vorstands- mit dem Aufsichtsratssessel tauschen?

So konnte das Daimler-Desaster ein weiteres Jahr lang seinen Lauf nehmen. Erfreulich verlief die Entwicklung im Nutzfahrzeugbereich, die Lage bei der Chrysler Group hatte sich halbwegs stabilisiert. Zugleich jedoch mussten Hunderttausende von Mercedes-Fahrzeugen wegen Qualitätsmängeln in die Werkstätten zurückbeordert werden, beim Smart wurden Millionen von Euro in Restrukturierungsmaßnahmen gesteckt, die Verkäufe der A-, E-, M- und G-Klasse brachen ein, der Maybach zierte die Showrooms. Die Daimler-Absätze in Deutschland, in der Europäischen Union und den USA minderten sich 2004 mehr und mehr. Bezüglich der DaimlerChrysler AG hatte man sich bereits derart an Negativnachrichten gewöhnt, dass die erste gute Nachricht seit langer Zeit im Sommerloch 2005 für viele völlig überraschend kam.

*

»Diese Entscheidung und die überraschende Ankündigung
waren – darauf bin ich sehr stolz –
ein Meisterstück der Kommunikation.«
Jürgen E. Schrempp am 1. August 2005

Das Kommunikations-Desaster

28. Juli 2005. In einer ersten Ad-hoc-Meldung um 9.59 Uhr versuchte der Konzern die mittelprächtige Gesamtlage positiv zu verkaufen. So hatte DaimlerChrysler im zweiten Quartal 2005 lediglich einen Operating Profit von 1,7 Milliarden Euro erwirtschaftet gegenüber 2,1 Milliarden im gleichen Zeitraum des Vorjahres. Dieses Ergebnis läge »deutlich über den Erwartungen der Analysten«, ließ der Konzern verlautbaren. Gleichzeitig musste man allerdings eingestehen, dass insbesondere die Neuausrichtung des Smart kräftig Geld gekostet und der Umsatz selbst ohne diese Aufwendungen unter dem des Vorjahres gelegen hatte. Immerhin konnte DaimlerChrysler seinen Autoab-

satz gegenüber dem zweiten Quartal des Vorjahres weltweit um 4 Prozent auf 1,3 Millionen Fahrzeuge steigern. Erfreulich war die wenn auch nur leichte Steigerung der Beschäftigtenzahl zum 30. Juni 2005 auf weltweit 388 758 Mitarbeiterinnen und Mitarbeiter.

Die Medien, die Öffentlichkeit, die Daimler-Beschäftigten und – allen voran – die Aktionärinnen und Aktionäre aber beschäftigte an diesem Tag nur ein Thema: das der zweiten Ad-hoc-Mitteilung.

Die Nachrichten, die die DaimlerChrysler AG um 10.32 Uhr verbreitete, sorgten weltweit für Aufsehen, denn bei der Aufsichtsratssitzung vom selben Tag waren folgenschwere Personalentscheidungen getroffen worden: »Prof. Jürgen E. Schrempp (60) scheidet zum 31. Dezember 2005 aus dem Unternehmen aus. Dr. Dieter Zetsche (52) ab 1. Januar 2006 neuer Vorstandsvorsitzender. Thomas W. LaSorda (51) ab 1. Januar 2006 Leiter des Geschäftsfeldes Chrysler Group. Eric Ridenour (47) ab 1. Januar 2006 neuer COO (Chief Operating Officer) der Chrysler Group«, lauteten die Schlagzeilen. Nach 44 Berufsjahren würde Daimler-Chef Schrempp, dessen Vertrag eigentlich noch bis April 2008 lief, zum Jahresende vorzeitig aus dem Amt scheiden. »Diese Jahre waren geprägt durch leitende Funktionen in den USA, Südafrika und Deutschland sowie 17 Jahre Vorstandsvorsitz, von 1988 bis 1995 bei der Daimler-Benz Aerospace (Dasa) und seit 1995 bei der Daimler-Benz AG beziehungsweise der DaimlerChrysler AG.« So lautete die nüchterne Meldung, die jedes Wort des Dankes vermissen ließ.

Dr. Dieter Zetsche wurde für die Dauer von fünf Jahren zum neuen Vorstandsvorsitzenden bestellt. Dass der gebürtige Kanadier Tom LaSorda, als bisheriger Chief Operating Officer für das Tagesgeschäft verantwortlich, mit Jahresende die Leitung des Geschäftsfelds Chrysler Group übernehmen sollte, war keine Überraschung. Eric Ridenour wurde als sein Nachfolger für die Dauer von drei Jahren zum Vorstandsmitglied bestellt.

*

Eine Ad-hoc-Meldung, die keine war

Samstag, 16. Juli 2005. Begleitet von meiner Frau Eva sowie von Paul Russmann und dessen Begleiterin war ich auf der A61 unterwegs. Bei der Ausfahrt Gau-Bickelheim verließen wir die Autobahn und fuhren in Richtung Wöllstein. Gegen 13 Uhr erreichte uns auf Handy ein Anruf des Neudenauer Spediteurs Gerhard Schweinle, den meine Frau entgegennahm.

»Eine äußerst wichtige Mitteilung«, meinte Schweinle. Ich fuhr rechts ran und übernahm das Telefonat. Guter Dinge erklärte Schweinle: »Herr Schrempp wird in naher Zukunft seinen Rücktritt bekannt geben.« Angesichts der knappen Zeit vereinbarten wir ein zweites Telefonat für Sonntagabend.

Kurz darauf erreichten wir den »Kulturhof Eckelsheim« in dem gleichnamigen Ort in Rheinhessen. An diesem Samstagmittag feierten Angela Übele und Alexander Dauensteiner in der nahe gelegenen Kirche ihre Hochzeit. Dauensteiner ist wie Paul Russmann, Beate Winkler-Pedernera, Holger Rothbauer und Jürgen Grässlin Sprecher der Kritischen Daimler-Aktionäre, die sich hier mit Familienmitgliedern versammelt hatten. Erfreut ob der frohen Kunde der Schremppschen Rücktrittsambitionen prostete man sich im Kreis der Kritischen AktionärInnen mit einem Gläschen Sekt zu.

Bei dem vereinbarten Anruf am Sonntagabend berichtete Schweinle unter anderem Folgendes: »An mich ist aus dem Konzern massiv das Gerücht herangetragen worden, dass Schrempp zurücktreten wird. Nach all dem, was mir angetan worden ist, möchte ich das nicht der Stuttgarter Staatsanwaltschaft mitteilen, deshalb melde ich mich bei Ihnen als Journalist. Mich hat man angerufen und mir mitgeteilt: ›Wir sind gottfroh, dass der VW-Skandal passiert ist, das lenkt von DaimlerChrysler ab. Konzernchef Schrempp hat sich eingemauert, keiner weiß, was er im Moment tut. Cordes leitet die Geschäfte. Jürgen Schrempp wird in Kürze zurücktreten. Er ist nicht zu halten.‹«

Weitere Anrufe folgten, in denen genauere Informationen zum Schrempp-Rücktritt, zu der dramatischen Situation in der Daimler-Führungsebene sowie Hinweise auf mögliche Insidergeschäfte bei Aktienverkäufen mitgeteilt wurden.

Am 4. August 2005 wandte sich die Bundesanstalt für Finanzdienstleistungsaufsicht (BaFin) an mich und bat um Informationen wegen des Verbots von Insidergeschäften nach § 14 und der Ad-hoc-Publizitätspflicht nach § 15 Wertpapierhandelsgesetz (WpHG). In einem ausführlichen Schreiben vom 12. August 2005 legte ich daraufhin dar, wie ich am 16. Juli 2005 und in den Tagen danach über den bevorstehenden Rücktritt des Daimler-Vorsitzenden informiert worden war. Meinen Informanten nannte ich zu diesem Zeitpunkt noch nicht, obwohl Gerhard Schweinle ausdrücklich erklärt hatte, gegebenenfalls als Zeuge bereit zu stehen.

*

Eine Ad-hoc-Meldung, die um Tage, wenn nicht sogar um Wochen zu spät erfolgt, verdient weder diesen Namen noch dürfte sie die rechtlichen Vorgaben erfüllen. Die fünf Sprecher der Kritischen AktionärInnen DaimlerChrysler (KADC) nutzten ihr Wissen um Schrempps anstehenden Rücktritt bei allseits prognostizierter Aktienkurssteigerung nicht aus. Weder erwarben sie selbst eine einzige DaimlerChrysler-Aktie noch haben sie über Dritte Aktien gekauft oder verkauft, noch leiteten sie diese Information an Dritte weiter, auch nicht an andere Gäste der Hochzeit. »Wir setzen auf Geschäfte mit ethischer Grundlage und

auf verantwortungsvolles Handeln«, erklärte KADC-Sprecher Paul Russmann die Linie des Aktionärsverbands. »Deshalb machten wir unser Wissen auch erst nach Schrempps Rücktrittsankündigung publik.«
Klaus Köster, Leiter der Wirtschaftsredaktion der *Stuttgarter Nachrichten*, kommentierte: »Die Informationen, die er [Grässlin] der Börsenaufsicht zur Verfügung stellte, wurden von dieser offenbar als derart fundiert bewertet, dass sie diese zum Anlass für eine große Razzia nahm. Möglicherweise hat der große Goliath aus Stuttgart den widerspenstigen David aus dem Badischen gewaltig unterschätzt.«

Jürgen E. Schrempp trat ab und gab sich zufrieden. »Schon seit einiger Zeit« habe er mit dem Aufsichtsratsvorsitzenden Hilmar Kopper wegen seines Rücktritts gesprochen, erklärte er im *Focus*-Interview kurz nach seiner Rücktrittsankündigung. Mit Kopper habe er besprochen, wie es im Unternehmen aussehe und wie sich der Konzern entwickle. »In einem dieser Gespräche haben wir dann festgestellt, dass Ende des Jahres der günstigste Zeitpunkt für einen Führungswechsel ist.« Im zweiten Quartal habe Daimler »die Märkte sehr positiv überrascht«, und »alle Geschäftsfelder bewegen sich in die richtige Richtung«.

Aus diesem Grund seien Kopper und er zu der Erkenntnis gekommen, »dass das jetzt eine gute Idee ist. Diese Entscheidung und die überraschende Ankündigung waren – darauf bin ich sehr stolz – ein Meisterstück der Kommunikation.« Denn auch »das Timing war exzellent. So etwas in solch einem großen Unternehmen bis zuletzt vertraulich zu behandeln ist nicht einfach.« Der Markt habe das aber honoriert. In einer Telefonkonferenz gab Schrempp ein entsprechendes Statement: »DaimlerChrysler ist auf einem guten Weg, und I'm a very happy man.«

*

Glücklich waren an diesem Tag aber vor allem viele Daimler-Aktionäre, denn ob der Nachrichten aus dem Hause DaimlerChrysler schoss der Aktienkurs in die Höhe. Hatte er um 9.00 Uhr bei 36,50 Euro eröffnet, so setzte die DCX in den kommenden Stunden zum Höhenflug an, erreichte um 9.50 Uhr – also bereits kurz *vor* der ersten Ad-hoc-Meldung um 9.59 Uhr – den überraschenden Wert von 37,60 Euro und kletterte um 10.30 Uhr – zwei Minuten vor der zweiten Ad-hoc-Meldung – auf 38,75 Euro. Mit dem offiziellen Bekanntwerden des Schrempp-schen Rücktritts und Zetsches Nachfolge war um 10.40 Uhr bereits die 39-Euro-Marke geknackt, um 14.30 Uhr dann sogar die 40-Euro-Marke überschritten und kurz darauf der Tageshöhepunkt von 40,40 Euro erreicht. Mit anderen Worten: Wer sich um 9.00 Uhr mit DaimlerChrysler-Aktien eingedeckt und kurz nach 14.30 Uhr verkauft hatte, konnte an diesem Tag im Optimalfall einen Gewinn von 3,90 Euro pro Aktie erzielen – ein für die DCX sensationell hoher Wert und für Insider die Chance auf das Geschäft ihres Lebens.

Die Börse belohnte an diesem Tag nicht nur die halbwegs verträglichen Bilanzzahlen, sondern vor allem die Tatsache, dass Schrempp endlich den Weg freimachte. Mit der Nachricht seines Rücktritts zum Jahresende wurde die Hoffnung genährt, dass DaimlerChrysler zukünftig das Potential ausschöpfen konnte, das in ihm steckte. »Anleger bejubeln Schrempps Abgang«, titelte die *Financial Times Deutschland* in ihrem Aufmacher tags darauf und lag damit im Trend der nationalen wie internationalen Presse.

*

Kein »Meisterstück der Kommunikation«
Schrempps Rücktrittsankündigung und die Entwicklung des Aktienkurses waren *der* Aufmacher in der nationalen

wie internationalen Presse. Die Medien beurteilten Schrempps Amtszeit und seine Bilanz überwiegend kritisch.

Auszüge aus der deutschen Presse:

»Rückrufaktion bei Daimler« *die tageszeitung*

»Die Ankündigung, er werde zurücktreten, ließ den Kurs nach oben schnellen, wie es wohl keine seiner Taten in den zurückliegenden Jahren je geschafft hat.« *Frankfurter Allgemeine Zeitung*

»Der Mann, der von ganz unten kam, [...] ist an imperialer Überdehnung in Tateinheit mit Selbstherrlichkeit und Repression gescheitert.« *Freitag*

»Der Kapitalmarkt, den Schrempp einstmals zur entscheidenden Messlatte seines Erfolges machen wollte, fällt ein promptes und zugleich vernichtendes Urteil. Schrempps Rückzug löst eine Kursrallye aus. Höchststrafe für einen scheidenden Vorstandschef.« *Handelsblatt*

»Andererseits war die Ära Schrempp eine Zeit der beispiellosen Geldvernichtung. Kein Anlass, Danke zu sagen.« *Mannheimer Morgen*

»Die Vision seiner Welt AG hat sich nicht erfüllt. Mit der Art seines Abgangs setzt er aber noch einmal Maßstäbe.« *Stuttgarter Nachrichten*

»Schrempp geht, die Börse jubelt.« – »Der Leitwolf schleicht davon.« *Süddeutsche Zeitung*

»Dass er im Jahr 2008 als strahlender Sieger Daimler verlassen werde, glaubte nach der massiven Kritik auf der vergangenen Hauptversammlung selbst er nicht mehr. Verborgen geblieben war ihm nicht, dass zuletzt auch viele Topmanager auf den Führungsetagen der deutschen Dax-Unternehmen auf Distanz zu ihm gegangen waren.« *Frankfurter Allgemeine Sonntagszeitung*

»Er hat das Unternehmen schlecht geführt. Punkt.« *Welt am Sonntag*

Auszüge aus der internationalen Presse:

»Bei DaimlerChrysler herrscht Erleichterung über die Wachablösung. Schrempp war bei den Aktionären alles andere als populär.« *Cinco Dias* (Spanien)

»Krach bei Daimler. Der Rückzug Schrempps überrascht nicht angesichts der Tatsache, dass seine Führung seit langer Zeit in der Kritik steht.« *Corriere della Sera* (Italien)

»Es war ihm nicht gelungen, die versprochenen enormen Gewinne zu liefern.« *Detroit News* (USA)

»Schrempp zieht die Konsequenz aus den Rückschlägen, die er mit seinem Projekt der weltweiten Expansion erlitt.« *El Mundo* (Spanien)

»Schrempp gibt dem Druck jener nach, die ihm ein schlechtes Management zur Last legen.« *El País* (Spanien)

»Der ›Rambo der Nation‹, wie ihn die deutsche Presse genannt hat, scheint vor allem für die serienweisen Misserfolge seines Konzerns und das Scheitern seiner Strategie zu bezahlen.« *Le Figaro* (Frankreich)

»Jürgen Schrempp, einst ›Rambo der Nation‹ genannt, verlässt ruhmlos den Vorsitz des Autobauers DaimlerChrysler mit einer blassen Bilanz seiner internationalen Strategie.« *Le Nouvel Observateur* (Frankreich)

»DaimlerChrysler-Chef Jürgen Schrempp zum Ausgang geschoben.« *Les Echos* (Frankreich)

»DaimlerChrysler schaltet Schrempp ab.« *Libération* (Frankreich)

»Da das Geschäft fortdauernd schwach lief und sich Fehler wie die Kooperation mit Mitsubishi Motors häuften, kamen Rücktrittsforderungen von Aktionärsseite auf.« *Nihon Keizai Shimbun* (Japan)

»DaimlerChrysler-Aktien steigen, nachdem der Chef sich zum Rücktritt bereit erklärt.« *The Times* (England)

»Schlag für Deutschland-AG durch Schrempps vorzeitigen Abschied.« *Wall Street Journal Europe* (Belgien)

Am treffendsten brachte die *Frankfurter Allgemeine Sonntagszeitung* das Problem auf den Punkt: »Tatsächlich aber zeichnet sich die zehnjährige Ära Schrempp dadurch aus, dass ansonsten kaum ein Versprechen wahr wurde.«

Zusammenstellung: Autor und *Stuttgarter Nachrichten* vom 30.07.2005

Was tun, wenn das Kind in den Brunnen gefallen ist und nicht schwimmen kann? Hilmar Kopper gab sich in den Tagen nach Schrempps Rücktrittsverlautbarung tief geknickt. Das Fehlen jeglichen Dankeswortes an Jürgen E. Schrempp in der Ad-hoc-Meldung zu den Personalangelegenheiten sei »eine Panne« gewesen, startete der Aufsichtsratschef einen Rettungsversuch. Bei der Panne gepennt aber haben viele: Schrempp, der den an ihn gerichteten Dank nicht selbst formulieren wollte, was noch nachvollziehbar sein mochte. Kopper, der oberste Kontrolleur, der die wichtigste Meldung seit Jahren vor der Freigabe offensichtlich entweder nicht oder nicht sorgfältig genug gegengelesen hatte. Kommunikationschef Hartmut Schick, der sein Geld mit der optimalen Außendarstellung des Unternehmens verdiente.

So blieb Kopper nur das Eingeständnis einer Kommunikationskatastrophe: »Ich bin todunglücklich.«

*

»Ackermann vertreibt Schrempp.«
Schlagzeile der Stuttgarter Zeitung

Die Deutsche Bank – Profiteur von Schrempps Rücktritt

Die Deutsche Bank, bis dato größter Anteilseigner der DaimlerChrysler AG, nutzte die Gunst der Stunde. Nach der Ad-hoc-Meldung um 10.32 Uhr startete das Frankfurter Bankhaus einen Rundbrief bei institutionellen Anlegern, Versicherungen, Investment- und Pensionsfonds, um Abnehmer für ein Aktienpaket zu finden. Gegen 17.00 Uhr hatte sie 35 Millionen Aktien zu einem Preis von 39,50 Euro abgestoßen. Damit profitierte die Deutsche Bank mit einer gegenüber dem Eröffnungskurs rund achtprozentigen Kurssteigerung vom Schrempp-Rücktrittsbonus und konnte knapp 1,4 Milliarden Euro platzieren.

Auf diesen Tag hatten die Banker lange warten müssen, denn

der Verkauf der DaimlerChrysler-Aktien rechnete sich für sie erst ab einer Notierung von 38,50 Euro. Erst bei diesem Kurswert lag der Verkaufsgewinn über dem nach Bilanzierungsvorschriften zu buchenden Steueraufwand.

Nach dem Kurssprung des Tages kam der Verkaufscoup nicht überraschend, denn bereits in den Neunziger Jahren hatte die Deutsche Bank ihre Daimler-Beteiligung massiv reduziert. 1995, als Jürgen E. Schrempp mit Hilmar Koppers Rückendeckung zum Vorstandsvorsitzenden der Daimler-Benz AG berufen worden war, hielt die Deutsche Bank noch eine 24,4-prozentige Beteiligung am größten deutschen Industriekonzern, was einem Marktwert von *9 063 000 000 DM* entsprach. Zum 31. Dezember 1998, dem Jahr, als Daimler-Benz die Chrysler Corporation übernommen hatte, lag der Kapitalanteil der Deutschen Bank an DaimlerChrysler nur noch bei 12 Prozent, was angesichts des gestiegenen Aktienkurses einen beachtlichen Marktwert von *19 732 000 000 Euro* bedeutete.

Im Geschäftsjahr 2004 hatten die Frankfurter Banker ihr Portfolio an überwiegend deutschen börsennotierten Unternehmen »planmäßig« weiter abgebaut. So wurden 2004 die Beteiligungen an der Fresenius AG sowie an der Motor-Columbus AG vollständig verkauft, die an der Deutz AG von 10,5 auf 4,5 Prozent und die an der DaimlerChrysler AG von 11,8 auf 10,4 Prozent reduziert. Ende 2004 hielt das Frankfurter Bankunternehmen mit DaimlerChrysler (10,4 Prozent), der Allianz AG (2,5 Prozent) und der Linde AG (10 Prozent) lediglich noch drei größere Industriebeteiligungen. Mit der Transaktion vom 28. Juli 2005 sank der Anteil der Deutschen Bank an DaimlerChrysler von 10,4 auf 6,9 Prozent, womit das Emirat Kuwait zum größten Anteilseigner avancierte.

*

Der voluminöse Aktiendeal der Deutschen Bank lenkte den Blick in diesen Tagen verstärkt auf das Frankfurter Bankhaus. In den ersten Stunden nach der Nachricht vom vorzeitigen Schrempp-

Rücktritt fragte die Fachwelt nach dem eigentlichen Grund des Geschehens, schließlich hatte Schrempp noch im Vorjahr behauptet, er »hätte den Vertrag nicht unterschrieben, wenn ich nicht vorgehabt hätte, ihn zu erfüllen«.

Schrempp selbst schwieg sich über die Hintergründe seines Rücktritts aus. Vieles sprach dafür, dass der größte Anteilseigner, die Deutsche Bank, den Daimler-Chef zum Rücktritt veranlasst hatte.

Die Konzernführung war offensichtlich nervös und schickte einen Anwalt los, als die Kritischen AktionärInnen Daimler-Chrysler (KADC) mutmaßten, Schrempps Rücktritt sei nicht ganz freiwillig erfolgt.

*

»Nein, ich wusste das schon ein paar Tage.«
Jürgen Grässlin am 28. Juli 2005 über Schrempps Rücktrittspläne

Die juristische Keule des Konzerns

Am Abend des 28. Juli 2005, dem Tag der Rücktrittsankündigung von Jürgen E. Schrempp, gab ich in der *Landesschau* des Südwestrundfunks (SWR 3) ein Liveinterview. Am nächsten Tag erhielt ich ein Schreiben eines Berliner Rechtsanwalts, der erklärte, er vertrete die DaimlerChrysler AG und Jürgen E. Schrempp. Mit meinen Äußerungen in der SWR-Sendung hätte ich zahlreiche wahrheitswidrige Tatsachenbehauptungen über den Konzern und/oder Herrn Schrempp aufgestellt, monierte der Anwalt, wodurch die Persönlichkeitsrechte des Unternehmens und von Herrn Schrempp verletzt würden.

Unter Androhung einer Vertragsstrafe für den Fall der

Zuwiderhandlung forderte der Anwalt mich auf, in Bezug auf den Rücktritt von Herrn Schrempp folgende Äußerungen nicht zu verbreiten:

- seit dem 16. Juli 2005, also zwölf Tage vor der »Ad-hoc-Meldung« des Unternehmens, von der bevorstehenden Rücktrittsankündigung des Vorsitzenden gewusst zu haben.
- Die Bewertung der näheren Umstände, die den Rücktritt von Jürgen E. Schrempp begleiteten.
- Die Bewertung der Geschäftspraktiken des Vorstandsvorsitzenden.

Da derlei Aussagen kreditgefährdend seien, sollte ich freiwillig die Unterlassungserklärung – die dem Schreiben des Anwalts im Übrigen nicht beilag – abgeben, ansonsten müsse man gegen mich eine anderweitige Verfügung beantragen.
Drei Tage danach traf die zweite Aufforderung zur Abgabe einer Unterlassungserklärung ein. Ich hatte im Interview mit dem Deutschlandfunk, das zudem von der Wochenzeitung *Die Zeit* ins Internet gestellt worden war, behauptet: Schrempp »musste jetzt gehen, und das ist natürlich noch halbwegs ein guter Abgang, denn die ganzen Bilanzzahlen, die wir gestern gehört haben, sind meines Erachtens geschönt, und im Herbst wird das große Desaster ausbrechen«. Namens der DaimlerChrysler AG verlangte der Schrempp-Anwalt eine weitere Unterlassungserklärung, denn auch dies sei eine schwer kreditgefährdende Falschbehauptung.
Die dritte und vorerst letzte Aufforderung zur Abgabe einer Unterlassungserklärung erreichte mich in einem Schreiben vom 8. August 2005. Darin wurde gefordert, die folgende Aussage nicht länger zu verbreiten, wie sie in einem Bericht des *Stern* publiziert worden war: »Zeitweilig, behauptet Konzern-Kenner Grässlin, soll gut ein Fünftel der produ-

zierten Mercedes-Fahrzeuge über Graumarkthändler verkauft worden sein.« Im Namen der DaimlerChrysler AG wies der Anwalt mich darauf hin, ich könne mich schadensersatzpflichtig machen. Neben einigen vermeintlichen Ratschlägen wurde mir die baldige Geltendmachung von Schadensersatzansprüchen angedroht. Die mündliche Verhandlung im Verfahren Schrempp und DaimlerChrysler gegen mich wurde für den 27. Januar 2006 vor dem Hamburger Landgericht angesetzt.
Der Tübinger Rechtsanwalt Holger Rothbauer, der meine Vertretung übernommen hatte, meinte, die drei Unterlassungsbegehren verfolgten vornehmlich den Zweck, »mit der juristischen Keule den schärfsten Schrempp-Kritiker mundtot zu machen«. Rothbauer ließ den Konzern wissen, dass sein Mandant keine der drei Unterlassungserklärungen unterzeichnen werde.

Nicht nur die Kritischen AktionärInnen, auch eine Reihe von Tages- und Wochenzeitungen äußerten diesen oder einen ähnlichen Verdacht. So titelten in den Tagen nach Schrempps Rücktrittsankündigung die *Stuttgarter Nachrichten*: »Schrempp war nicht Herr des Verfahrens. Deutsche Bank war treibende Kraft« und verwiesen dabei auf einen Bericht in der französischen Zeitung *Les Echos*, der die Überschrift trug: »Schrempp wurde zum Ausgang geschoben«. »Der vorzeitige Ausstieg ging nicht auf einen Wunsch Schrempps zurück, sondern auf das Drängen auf Seiten der Anteilseigner«, erklärten die *Stuttgarter Nachrichten*.

Die *Stuttgarter Zeitung* publizierte einen Bericht mit dem Titel »Ackermann vertreibt Schrempp. Deutsche Bank erzwingt offenbar Ablösung des Daimler-Chefs«. Darin analysierten die drei Verfasser die Rücktrittsgründe des Daimler-Chefs: »Die Deutsche Bank hat nach Einschätzung von Frankfurter Finanzexperten den Vorstandswechsel an der Spitze von Daimler-

Chrysler erzwungen. Der Bankchef Josef Ackermann habe den Druck auf Jürgen Schrempp in den vergangenen Wochen erhöht und auch den Aufsichtsratschef Hilmar Kopper zu einer Lösung gedrängt, heißt es.« Die Begründung lieferte die *Stuttgarter Zeitung* gleich mit: »Die Deutsche Bank habe damit eine Kurssteigerung der Aktie erreichen wollen, um sich von ihrem Anteil an Daimler mit Gewinn trennen zu können, vermuten Insider.«

Die *Bild*-Zeitung analysierte: »Am Ende reichte es auch Daimler-Aufsichtsratschef Kopper, der seinen eigenen Vertrag bis 2007 erfüllen will. Eiskalt ließ er seinen Duzfreund fallen!«

Wenige Tage danach erklärte sich die Wochenzeitung *Freitag* Schrempps Rücktritt sogar mit einer kruden Mobbingtheorie: »Vermutlich haben die Vorstandskollegen die Fehlentscheidungen und die dunklen Seiten seines Führungsstils so umfassend dokumentiert, dass die Beweislast erdrückend wurde.« Für den Fall, dass sich Schrempp gewehrt hätte, »wäre wohl noch manche Leiche in seinem Keller ans Tageslicht gekommen«.

*

»Da durch die unterlassene rechtzeitige Veröffentlichung eine Vielzahl von Aktionären getäuscht wurde, beabsichtigt der Kläger, einen Musterfeststellungsantrag […] zu stellen.«
Klaus Rotter, Rechtsanwalt, in seiner Schadensersatzklage gegen den Vorstand der DaimlerChrysler AG

Insidergeschäften Tür und Tor geöffnet

Am 8. September 2005, sechs Wochen nachdem Jürgen Schrempp sich und andere mit seiner Rücktrittserklärung beglückt hatte, erhob der Münchner Rechtsanwalt Klaus Rotter Klage »wegen Schadensersatz« gegen die DaimlerChrysler AG, vertreten durch die Vorstände Jürgen E. Schrempp, Günther Fleig, Dr. Rüdiger Grube, Thomas W. LaSorda, Andreas Renschler, Eric Ridenour,

Thomas W. Sidlik, Bodo Uebber, Dr. Thomas Weber und Dr. Dieter Zetsche. Einer seiner Mandanten, der Rotter um Klageerhebung gebeten hatte, hatte am 9. März 2005 DaimlerChrysler-Aktien zum Stückpreis von 35,15 Euro erworben. Einen ersten Teil des Aktienpakets verkaufte er mit Verlust am 16. Mai 2005 zum Stückpreis von 31,85 Euro, nachdem der Kurs der DCX weiter gefallen war. Am Morgen des 28. Juli verkaufte er um 9.00 Uhr den zweiten Teil seines Daimler-Aktienpakets zum Stückpreis von 36,50 Euro mit leichtem Gewinn gegenüber dem vormaligen Einkaufspreis.

Der Aktionär konnte nicht wissen, dass die DaimlerChrysler-Aktie just an diesem Donnerstag zum Höhenflug ansetzen sollte. Um 10.32 Uhr veröffentlichte DaimlerChrysler über die Deutsche Gesellschaft für Ad-hoc-Publizität mbH eine Ad-hoc-Meldung mit der Nachricht über Schrempps Rücktritt und die Nachfolgeregelung zum Jahresende. Nicht zuletzt angesichts der allseits frohen Erwartungen stieg der Aktienkurs in den kommenden Tagen weiter, überschritt am 1. August die 40-Euro-Marke, erreichte zwischenzeitlich einen Spitzenwert von 42,95 Euro und pendelte sich später bei einem Wert um 42 Euro ein.

*

In seiner Klage gegen die DaimlerChrysler AG führte Rotter an, dass das Ausscheiden Schrempps zum 31. Dezember 2005 »nicht nur bereits einige Stunden vor Veröffentlichung der Ad-hoc-Mitteilung am 28. Juli 2005, was im vorliegenden Fall bereits ausreichen würde, sondern bereits Tage beziehungsweise Wochen vorher bekannt war«. Rotter verwies zudem auf die Ermittlungen der Staatsanwaltschaft Stuttgart und der Bundesanstalt für Finanzdienstleistungsaufsicht (BaFin).

Dafür, dass der Aktienkurs seit Jahren so belastet war, machte der Münchner Rechtsanwalt das »Missmanagement des Vorstandsvorsitzenden Jürgen Schrempp« verantwortlich, führte in seiner Klageschrift aber auch die Rolle der Deutschen Bank und des Aufsichtsratsvorsitzenden Hilmar Kopper aus. Die Deutsche Bank »wollte sich bereits seit geraumer Zeit von ihrem Aktienpaket der Beklagten« – also der DaimlerChrysler AG – »trennen. Auf Grund des dauerhaft schlechten Kursniveaus, was auf die Versäumnisse und Fehler der Unternehmensführung zurückgeführt wurde, war ihr dies allerdings nicht möglich«, schrieb Rotter. Schrempps Vertragsverlängerung bis 2008 sei »sowohl für institutionelle als auch private Anleger eine Hiobsbotschaft« gewesen, »die sich demzufolge auch außerordentlich belastend auf den Kurs auswirkte«. Trotz seines erst kürzlich verlängerten Vertrages »erklärte die Beklagte völlig überraschend« in der Ad-hoc-Mitteilung, dass Schrempp sein Amt niederlegen und den Konzern verlassen werde, was eine beträchtliche Kurssteigerung der DCX bewirkt habe.

Rotter zufolge soll die Nachricht für manche allerdings gar nicht so überraschend gekommen sein. Seinen Vorwurf begründet er mit der »Kenntnis von Insidern bereits seit mindestens Mai 2005«. So sei wesentlich, »dass diese äußerst kursrelevante Mitteilung, der Wechsel an der Vorstandsspitze der Beklagten bis zum Jahresende 2005, Konzerninsidern, also den verantwortlichen Vorständen und Aufsichtsräten, bereits Wochen vor der Bekanntgabe, also Wochen vor dem 28.07.2005, bekannt war«. Rotters Schlussfolgerung: »Die Ad-hoc-Meldung vom 28.07.2005 war somit verspätet.«

Im Folgenden wies der Rechtsanwalt auf das Interview hin, das Schrempp dem Magazin *Focus* gegeben hatte und das am 1. August 2005 veröffentlicht worden war. Darin hatte Schrempp gesagt, dass er über seine Rücktrittsgedanken »schon seit einiger Zeit mit dem Aufsichtsratsvorsitzenden Hilmar Kopper gesprochen« habe: »In einem dieser Gespräche haben wir dann festgestellt, dass Ende des Jahres der günstigste Zeitpunkt für einen Führungswechsel ist.« Gleichzeitig hatte Schrempp eingestanden: »So etwas in solch einem großen Unternehmen bis zuletzt vertraulich zu behandeln ist nicht einfach.«

Weiter führte Rotter in seiner Klageschrift aus: »Auch die Staatsanwaltschaft Stuttgart geht davon aus, dass bereits mindestens fünf Wochen vor der Ad-hoc-Meldung« der Abtritt des Vorstandsvorsitzenden festgestanden habe.

Zu guter Letzt bezog sich Rotter auf die Informationen der Kritischen AktionärInnen: »Ferner hat auch der Sprecher des Verbands kritischer Daimler-Aktionäre, Herr Jürgen Grässlin, in den Medien, gegenüber der Staatsanwaltschaft Stuttgart und gegenüber der BaFin versichert, er habe bereits 12 Tage vor der offiziellen Meldung vom 28.07.2005, also am 16.07. 2005, Informationen über den Führungswechsel und den Rückzug von Jürgen Schrempp aus dem Vorstand – aus dem unmittelbaren Umfeld von Herrn Schrempp – erhalten.« Ich solle deshalb als Zeuge im Prozess geladen werden.

*

Wie ein Aufklärer zum Täter gemacht wurde (1)

»Das war keine Entscheidung über Nacht. Wir wurden von der Kursentwicklung selbst überrascht.«
Josef Ackermann, Vorstandsvorsitzender der Deutschen Bank, im September 2005

Die Staatsanwaltschaft Stuttgart schlug mit aller Härte zu. Am 1. September 2005 durchsuchte sie Wohnräume und Arbeitsplätze »von 4 Beschuldigten, darunter 2 Mitarbeiter der DaimlerChrysler AG«.

Zum Dank für die Unterstützung der Ermittlungen der Bundesanstalt für Finanzdienstleistungsaufsicht erhielt auch ich Besuch. Um 9 Uhr an diesem 1. September stellte sich ein Kripobeamter an meiner Haustür vor. Er brachte einen Staatsanwalt, eine Stuttgarter Kriminalbeamtin und zwei Freiburger Kriminalbeamte sowie einen Vertreter der BaFin mit, die mich eineinhalb Stunden lang vernahmen.

Mit der Hausdurchsuchung sollten »sämtliche Unterlagen und sonstige Aufzeichnungen« sichergestellt werden, die Hinweise darüber geben, »wer ggf. von der [...] Insiderinformation wann Kenntnis erlangt und diese an Dritte, insbesondere den Mitbeschuldigten Jürgen Grässlin [...] weitergegeben hat«. Zur Aufklärung dieser Frage nannte ich den Ermittlungsbeamten Gerhard Schweinle als Informanten, der mir gegenüber ausdrücklich erklärt hatte, er stünde als Zeuge zur Verfügung, und informierte sie darüber, was mir über die Geschehnisse bei DaimlerChrysler berichtet worden war.

Spätestens jetzt hätten die Überraschungsgäste wieder gehen können. Stattdessen erhielten die Ermittlungsbeamten in Telefonaten mit Stuttgart die Anweisung, meine beiden Computer zu beschlagnahmen, um sämtliche Daten zu kopieren. Darunter befand sich auch das Manuskript dieses Buches, das bereits einige Textpassagen über die fragwürdige Vorgehensweise der Stuttgarter Staatsanwaltschaft im Fall Schweinle enthielt.

So war aus einem BaFin-Informanten ein Beschuldigter geworden: »Bezüglich des Beschuldigten Jürgen Grässlin besteht der Verdacht, dieser habe am 16.07.2005 Kenntnis von der vorerwähnten Insiderinformation entweder als Journalist berechtigt oder als Dritter unberechtigt durch Mitteilung durch den derzeit noch nicht bekannten Primärinsider erlangt.« Des Weiteren bestehe der Verdacht, so der Durchsuchungsbeschluss, »der Beschuldigte Jürgen Grässlin habe diese Information am 16.07.2005 und später unberechtigt an Dritte weitergegeben«.

Über letzteres hatte ich die Medien wie die BaFin längst unterrichtet: Zusammen mit den anderen Sprechern der Kritischen AktionärInnen hatte ich auf Schrempps Rücktrittsankündigung angestoßen. Der Vorwurf, ich hätte »befugt oder unbefugt« Insiderinformationen weitergegeben und damit das Wertpapierhandelsgesetz (WpHG) verletzt, war jedoch absurd. Wie bereits öffentlich erklärt, hatte ich meinen Aktienbestand von je einer einzigen Daimler-, EADS-, VW- und Deutsche-Bank-Aktie nicht aufgestockt. Auch Dritten hatte ich keinen Hinweis gegeben, dies zu tun.

Im Ermittlungsfieber durchsuchte die Stuttgarter Staatsanwaltschaft gleich noch die Geschäftsstelle des gemeinnützigen Vereins »Ohne Rüstung Leben«, postalische Adresse der Kritischen AktionärInnen DaimlerChrysler (KADC), sowie die Privatwohnung von Paul Russmann – wie ich einer der KADC-Sprecher. Unser Rechtsanwalt Holger Rothbauer verurteilte die Durchsuchung bei den Kritischen AktionärInnen als »völlig überzogen« und »rechtswidrig«. Was die Ermittlungen gegen mich betraf, erklärte Rothbauer: »Hier wird ein Aufklärer zum Täter gemacht.«

Gegen die Hausdurchsuchungsverfügung des Amtsgerichts Stuttgart habe ich durch den Tübinger Rechtsanwalt Holger Rothbauer Beschwerde eingelegt. Die Entscheidung darüber stand bei Drucklegung dieses Buches noch aus.

Für den Münchner Anwalt Klaus Rotter »steht somit fest, dass die relevante Tatsache, der Führungswechsel bei der Beklagten, sogar mehrere Tage beziehungsweise Wochen vor der Bekanntgabe am 28.07.2005 um 10.32 Uhr feststand«. Die Daimler Chrysler AG habe »die unverzügliche Veröffentlichung der Insiderinformation unterlassen«. Denn »bei rechtzeitiger Information der Marktteilnehmer durch unverzügliche Veröffentlichung der Insiderinformation durch die Beklagte hätte der Kläger seine Aktien zu einem Kurs verkauft, der mindestens € 42,69 betragen hätte«, so Rotter.

Rotters Mandant veräußerte seine Aktien in Unkenntnis der

Schremppschen Rücktrittsankündigung in zwei Paketen zu einem Kurs von 31,85 Euro und später für 36,50 Euro, hätte aber Tage danach 42,69 Euro pro Aktie erzielen können. Der »geltend gemachte Schadensersatzbetrag« machte auf Grund der Kursdifferenz laut Rotter bis zu 10,84 Euro pro Aktie aus. Nach § 37 b I Nr. 2 des Wertpapierhandelsgesetzes (WpHG) sei DaimlerChrysler gegenüber seinem Mandanten »zum Ersatz des durch die Unterlassung der zwingend vorgeschriebenen unverzüglichen Veröffentlichung der Insiderinformation zum Schadensersatz verpflichtet. Die Beklagte ist daher antragsgemäß zu verurteilen.«

Dem kann der Tübinger Rechtsanwalt Holger Rothbauer nur beipflichten, denn »mit diesem Sachverhalt wären Insidergeschäften Tür und Tor geöffnet gewesen«. Letztlich sind die Folgen der offensichtlich viel zu spät erfolgten Ad-hoc-Mitteilung für den Konzern gravierend: All die Daimler-Aktionärinnen und -Aktionäre, die ihre Wertpapiere nachweislich zwischen dem 16. und dem 28. Juli 2005 abgestoßen haben, hätten einen wesentlich höheren Verkaufserlös erzielen können, wenn sie mit dem Verkauf ihrer Aktien bis zum frühen Nachmittag des 28. Juli oder gar bis ein paar Tage danach gewartet hätten. Sollte Rotter Recht haben mit seiner Annahme, dass die Ad-hoc-Meldung bereits im Mai hätte erfolgen müssen, würde das die Zahl der Klageberechtigten nochmals enorm erhöhen.

Rotter wartet den 1. November 2005 ab, denn dann tritt das Kapitalanlegermusterverfahrensgesetz in Kraft. Nach Paragraf 1 dieses Gesetzes beabsichtigt er einen Musterfeststellungsantrag zu stellen, »da durch die unterlassene rechtzeitige Veröffentlichung eine Vielzahl von Aktionären getäuscht wurde«.

Insgesamt gibt es rund 1,7 Millionen Daimler-Aktionäre; wie viele von ihnen innerhalb des besagten Zeitraums möglicherweise unter Wert verkauften, wird sich weisen. Finanzexperten zufolge könnten Schadensersatzforderungen auf eine Summe von fünf bis acht Milliarden Euro hinauslaufen.

Rechtsanwalt Rotter sieht »eine gute Chance, dass Daimler-

Chrysler allen Aktionären, die Wochen vor dem 28. Juli 2005 Aktien verkauft haben, und damit zu billig verkauft haben, Schadensersatz bezahlen« müsse.

*

Wie ein Aufklärer zum Täter gemacht wurde (2)

Und wieder schlug die Staatsanwaltschaft Stuttgart mit aller Härte zu – diesmal gegen Gerhard Schweinle. Der hatte von einem Daimler-Beschäftigten die Namen von zwei Topmanagern erhalten und mir genannt, was nach Auffassung des Stuttgarter Gerichts Anlass genug war für eine Durchsuchung wegen des »Verdachts des Verstoßes gegen das Insiderhandelsverbot u.a.« Wahrscheinlich verfolgte die Stuttgarter Staatsanwaltschaft das ernsthafte Interesse, den Namen des Informanten im Konzern zu erfahren, der Gerhard Schweinle über mögliche Insidergeschäfte der beiden Topmanager unterrichtet hatte.

Als Schweinle mit seiner Frau Sigrid am 1. September gegen 18.30 Uhr von einer Tagestour in die neuen Bundesländer zurückkehrte, erwartete sie ein Schlachtfeld: »Bei uns sah es aus, als ob ein Panzer alles platt gewalzt hätte«, beschrieb Schweinle den Zustand seiner Wohn- und Geschäftsräume nach einer zweieinhalbstündigen Hausdurchsuchung durch zehn Ermittlungsbeamte. Beschlagnahmt wurden von den Heilbronner Kripobeamten Computer und Laptop, Flipchart und Aufkleber, Presseberichte und Kalender, Glückwunschkarten und Glückwunschschreiben. Um dem Beschuldigten auf die Schliche zu kommen, wurden Siphons der Waschbecken geöffnet, Kühlschränke aus- und wieder eingeräumt und die Asche aus dem Kamin herausgekehrt.

Gerhard Schweinle reagierte gelassen: »Selbstverständlich

hätte ich vor Gericht als Zeuge ausgesagt. Sollte mich die Staatsanwaltschaft jedoch zwingen wollen, den Namen meines Informanten zu nennen, dann gehe ich eben in Stammheim in Beugehaft. Die Räumlichkeiten kenne ich nach dem Fehlurteil der Stuttgarter Justiz bereits zur Genüge.«

*

Während ich selbst, Russmann und Schweinle vom Besuch der Ermittlungsbehörden überrascht worden waren, war das bei den des Insiderhandels verdächtigen DaimlerChrysler-Managern nicht unbedingt der Fall, denn die *Stuttgarter Zeitung*, die über den anstehenden Besuch informierte, war bereits ab 23 Uhr des Vortags erhältlich. »Daimler-Insider im Visier der Justiz«, stand auf der Titelseite zu lesen. In einem weiteren Artikel führte die Zeitung aus, »man habe Hinweise von der BaFin erhalten und auf dieser Grundlage formelle Ermittlungen eingeleitet«. Mit anderen Worten: Die Manager hätten unter Umständen schon am Abend vorher wissen können, was auf sie zukam.

Den Zeitungsbericht bekam ich vom Stuttgarter Staatsanwalt ausgehändigt – nach erfolgter Hausdurchsuchung und Beschlagnahme, versteht sich.

*

Weder Schweinle noch Russmann noch ich sind Insider, keiner von uns hat Insiderinformationen weitergegeben oder gar sein Wissen genutzt, um mit Daimler-Aktien vom Schrempp-Rücktritt zu profitieren. Was aber tat die Deutsche Bank? War sie über ihren früheren Vorstands- und Aufsichtsratschef Hilmar Kopper über den bevorstehenden

Rücktritt informiert und konnte entsprechend disponieren? Immerhin hatte Schrempp mit dem DC-Aufsichtsratschef Kopper »schon seit einiger Zeit« über seinen geplanten Rücktritt gesprochen.

Am 7. September 2005 verkündete Deutsche-Bank-Chef Josef Ackermann: »Das war keine Entscheidung über Nacht. Wir wurden von der Kursentwicklung selbst überrascht.« Zumindest die erste Aussage traf zu. Der Aufsichtsrat der Großbank hatte wie zufällig am 28. Juli, dem Tag der Rücktrittsverkündigung, in London getagt und den Verkauf von Daimler-Aktien für den Nachmittag beschieden – also nicht über Nacht. Dadurch, dass die Deutsche Bank ihr milliardenschweres Aktienpaket erst am 28. Juli verkaufte, konnte sie einen Buchgewinn von rund 300 Millionen Euro vor Steuern erzielen.

Warum veranlasste die Bundesanstalt für Finanzdienstleistungsaufsicht (BaFin) eigentlich keine Ermittlungen und damit Hausdurchsuchungen bei der Deutschen Bank oder bei Hilmar Kopper oder Personen in seinem persönlichen Umfeld? Hätten sie alle nicht Insidergeschäfte tätigen können? Doch statt Koppers Privatwohnung wurden die Wohnungen des BaFin-Informanten und des Spediteurs Schweinle sowie die Geschäftsräume von »Ohne Rüstung Leben«, der Postanschrift der Kritischen AktionärInnen, durchsucht.

»Das vorgeschlagene Aktienoptionsprogramm
ist auch im Volumen erforderlich, damit DaimlerChrysler
weiterhin für hochqualifizierte Führungskräfte attraktiv bleibt,
und liegt deshalb im Interesse unserer Aktionäre.«
Stellungnahme des DaimlerChrysler-Vorstands
zu den Gegenanträgen der Hauptversammlung 2000

Aktienoptionen – das Selbstbereicherungsprogramm

Für fast alle Beobachter kam Schrempps Votum zugunsten von Dieter Zetsche als Nachfolger überraschend. Auch wenn sich Schrempp hinter dem Argument verschanzte, diese Entscheidung habe »der Aufsichtsrat getroffen«, gestand er doch ein, dass er »die Entscheidung für Herrn Zetsche voll mitgetragen« und den Chrysler-Chef »dem Aufsichtsrat empfohlen« hatte. Laut Schrempp war das eine Lösung, die »für das Unternehmen gut« war. Nicht so gut war sie für Eckhard Cordes, dessen sicher geglaubte Schrempp-Nachfolge quasi über Nacht wie ein Kartenhaus in sich zusammenfiel. Cordes soll erst am Vorabend der offiziellen Verkündung von der Entscheidung gegen ihn erfahren haben.

Eckhard Cordes reagierte schnell und konsequent: Der Mercedes-Chef bat Hilmar Kopper um die Auflösung seines bis Dezember 2008 laufenden Vertrags. Am 29. Juli, nur einen Tag nachdem die Meldung des anstehenden Schrempp-Rücktritts um den Globus gegangen war, löste Cordes außerbörslich Aktienoptionen ein: Zu einem Ausübungspreis von 34,40 Euro erwarb der Mercedes-Chef 92 500 Aktien im Gesamtvolumen von 3 182 000 Euro, die er noch am gleichen Tag vor Börsenschluss zu einem Kurs von 39,58 Euro wieder abstieß. Das Verkaufsvolumen betrug 3 661 150 Euro, so dass Cordes allein mit diesem Optionsgeschäft innerhalb von Stunden einen Gewinn von 479 150 Euro erzielte.

Zusätzlich stand ihm noch ein so genannter Barausgleich zu, der sich aus der Differenz zwischen dem Referenzpreis zum Zeitpunkt des Optionszuspruchs und dem Ausübungspreis errechnete. Da die Daimler-Führungskräfte ihre Optionen zur Hälfte frühestens nach zwei Jahren ausüben durften, diente der Referenzpreis von 2003 als Grundlage. Dieser betrug im Jahr 2003 28,67 Euro, der Ausübungspreis am 29. Juli 2005 lag bei 34,40 Euro, so dass Cordes mit seinen 92 500 Aktien an diesem Tag eine weitere halbe Million Euro per »Barausgleich« aus der Konzernkasse zugesprochen erhielt. Alles in allem kassierte der Mercedes-Vorsitzende an einem einzigen Tag einen Gesamtgewinn von rund 950 000 Euro – eine Summe, für die ein Schichtarbeiter am Mercedes-Produktionsband bei einem Bruttogehalt von durchschnittlich 3000 Euro mehr als 26 Jahre arbeiten müsste. So profitierte Cordes zumindest aus monetärer Sicht von der Schremppschen Rücktrittsankündigung. Da die Optionsgeschäfte zeitnah auf der DaimlerChrysler-Homepage veröffentlicht werden, konnte alle Welt die Informationen kombinieren und das Signal des Noch-Mercedes-Chefs deuten: Ich, Eckhard Cordes, beende meine Tätigkeit bei der DaimlerChrysler AG.

Wenige Tage danach fand der Noch-Vorstandsvorsitzende Schrempp lobende Worte für den Noch-Mercedes-Chef Cordes. Cordes habe »seit Oktober vergangenen Jahres mit seiner neuen Mannschaft einen hervorragenden Job« geleistet. Angesichts der aktuellen Zahlen zeige sich, dass die Wende bei einem operativen Ergebnis von 323 Millionen Euro im zweiten Quartal 2005 gelungen sei. In Cordes' Ohren müssen diese Worte wie Hohn geklungen haben.

*

In den Jahren von 2002 bis 2004 hatte DaimlerChrysler seinen rund 6000 Topmanagern Optionen auf 92,4 Millionen Aktien erteilt. Unter der Voraussetzung, dass der Kurs des Wertpapiers bis zum Zeitpunkt der Ausübung um 20 Prozent gestiegen war, konnte jeweils eine Hälfte der Optionen nach zwei beziehungsweise nach drei Jahren eingetauscht werden. Lag der Referenzpreis der Aktien aus dem Jahr 2003 bei 28,67 Euro, so hatte die Ausübungshürde drei Jahre zuvor auf Grund des damals noch weit höheren Aktienkurses bei 74,76 Euro gelegen, was das Optionsgeschäft unmöglich machte.

Ganz anders in den Tagen nach der Schremppschen Rücktrittsankündigung: Dank des zeitweilig mehr als zehnprozentigen Sprungs der DCX und des zuvor erfolgten leichten Anstiegs wurde die Zwanzigprozenthürde genommen, und die ersten Führungskräfte schlugen zu. Zu den Profiteuren des Schrempp-Zuschlags zählte auch Smart-Chef Ulrich Walker, der sich gleich am 29. Juli seiner Aktienoptionen bediente. Durch den außerbörslichen Aktienerwerb und den anschließenden Verkauf in Frankfurt von 20 000 Wertpapieren sicherte er sich an einem Tag 112 800 Euro. Zuzüglich des Daimler-Barausgleichs verdiente Walker mit diesem Deal rund 225 000 Euro.

*

Aktienoptionen (1): Selbstbereicherungsmentalität von Daimler-Bossen

Directors' Dealings

(Auszug aus der Homepage der DaimlerChrysler AG)

Mit dem Erlass des Anlegerschutzverbesserungsgesetzes wurden die Pflichten zur Meldung und Veröffentlichung von Wertpapiergeschäften bestimmter Personen mit Aktien und Finanzinstrumenten der DaimlerChrysler AG (sog. Directors' Dealings) erheblich verschärft:

Zum einem wurde der Kreis meldepflichtiger Personen deutlich erweitert. Neben den Vorstands- und Aufsichtsratsmitgliedern sind nun zusätzlich Führungskräfte der DaimlerChrysler AG betroffen, die regelmäßig Zugang zu Insiderinformationen haben und zu wesentlichen unternehmerischen Entscheidungen ermächtigt sind. Personen in enger Beziehung zu den vorgenannten Organmitgliedern und Führungskräften sind ebenfalls meldepflichtig. Neu ist, dass auch juristische Personen, sonstige Gesellschaften oder Einrichtungen, bei denen die vorgenannten Personen oder die zu ihnen in enger Beziehung stehenden Personen Leitungsaufgaben oder Kontrollfunktionen wahrnehmen, ihre Geschäfte mit Wertpapieren der DCAG melden müssen. Darüber hinaus müssen nun Geschäfte bereits ab einem Transaktionsvolumen von EUR 5000 innerhalb eines Kalenderjahres gemeldet werden (bisher: EUR 25000 innerhalb von 30 Kalendertagen). Die Ausnahme für Erwerbe auf arbeitsvertraglicher Grundlage oder als Vergütungsbestandteil (z.B. die Zuteilung und Ausübung von Stock Options oder der Erwerb von Mitarbeiteraktien) besteht nicht mehr.

Transaktionen in 2005
(Auszug)

Mitteilung über Geschäfte von Führungspersonen nach § 15a WpHG. Aufgeführt sind Transaktionen im Jahr 2005 mit Aktien der DaimlerChrysler AG / ISIN DE 000 710 000 0. Die Aktien sind auf den Namen lautende Stückaktien mit einem anteiligen Betrag des Grundkapitals von € 2,60. Emittentin ist die DaimlerChrysler AG, Epplestraße 225, 70546 Stuttgart.

Datum	Name	Funktion	Art und Ort der Transaktion	Stückzahl	Kurs/ Preis	Gesamtvolumen
04.08.05	Thomas W. Sidlik	Vorstand	Erwerb von Aktien durch Ausübung von Optionen außerbörslich	25 000	€ 34,40	€ 860000
04.08.05	Thomas W. Sidlik	Vorstand	Verkauf neuer Aktien Frankfurt	25 000	€ 40,65	€ 1016250
01.08.05	Thomas W. Sidlik	Vorstand	Erwerb von Aktien durch Ausübung von Optionen außerbörslich	50 000	€ 34,40	€ 1720000

01.08.05	Thomas W. Sidlik	Vorstand	Verkauf neuer Aktien Frankfurt	50 000	€ 40,52	€ 2 026 000
01.08.05	Harald Bölstler	Person mit Führungs-aufgaben	Erwerb von Aktien durch Ausübung von Optionen außerbörslich	10 000	€ 34,40	€ 344 000
01.08.05	Harald Bölstler	Person mit Führungs-aufgaben	Verkauf neuer Aktien Frankfurt	10 000	€ 40,52	€ 405 200
29.07.05	Herbert Kauffmann	Person mit Führungs-aufgaben	Erwerb von Aktien durch Ausübung von Optionen außerbörslich	20 000	€ 34,40	€ 688 000
29.07.05	Herbert Kauffmann	Person mit Führungs-aufgaben	Verkauf neuer Aktien Frankfurt	20 000	€ 39,63	€ 792 600
29.07.05	Ulrich Walker	Person mit Führungs-aufgaben	Verkauf neuer Aktien Frankfurt	20 000	€ 34,40	€ 688000
29.07.05	Ulrich Walker	Person mit Führungs-aufgaben	Verkauf neuer Aktien Frankfurt	20 000	€ 40,04	€ 800 800
29.07.05	Wolfgang Diez	Person mit Führungs-aufgaben	Erwerb von Aktien durch Ausübung von Optionen außerbörslich	20 000	€ 34,40	€ 688 000
29.07.05	Wolfgang Diez	Person mit Führungs-aufgaben	Verkauf neuer Aktien Frankfurt	20 000	€ 40,20	€ 804 000
29.07.05	Günter Egle	Person mit Führungs-aufgaben	Erwerb von Aktien durch Ausübung von Optionen außerbörslich	15 000	€ 34,40	€ 516 000

29.07.05	Günter Egle	Person mit Führungs-aufgaben	Verkauf neuer Aktien Frankfurt	15 000	€ 39,80	€ 597 000
29.07.05	Dr. Eck-hard Cordes	Vorstand	Erwerb von Aktien durch Ausübung von Optionen außerbörslich	92 500	€ 34,40	€ 3 182 000
29.07.05	Dr. Eck-hard Cordes	Vorstand	Verkauf neuer Aktien Frankfurt	92 500	€ 39,58	€ 3 661 150
28.07.05	Robert G. Liberatore	Person mit Führungs-aufgaben	Verkauf von Aktien New York	7000	$ 48,11	$ 336 790

Stand: 19.08.2005, 16.20 Uhr

Die Aktienoptionsgeschäfte der jeweils letzten Wochen können auf der Homepage der DaimlerChrysler AG eingesehen werden. Siehe hierzu: www.daimlerchrysler.com > Deutsch > Der Konzern > Corporate Governance > Directors' Dealings

Neben Cordes und Walker nutzten weitere Führungskräfte ihre Optionen für Spekulationsgewinne. Wolfgang Diez, Chef der Bussparte bei Mercedes, fuhr mit 20 000 Aktien inklusive Barausgleich einen Gesamtgewinn von 230 600 Euro ein. Auch Harald Böstler, einstiger Chefeinkäufer bei Mercedes und jetziger Leiter der japanischen Nutzfahrzeugtochter Fuso, wusste die Gunst der Stunde zu nutzen. Inklusive Barausgleich machte er mit seinen 10 000 Aktien einen Gewinn von 118 500 Euro. Zu guter Letzt wollten auch Herbert Kauffmann und Günter Egle ihre Einkaufskassen auffüllen. Kauffmanns 20 000 Aktien brachten dem Chef des Konzern-Controllings 219 200 Euro Gewinn und damit um einiges mehr als dem Vertriebsmanager Günter

Egle, der mit seinen 15 000 eingelösten und verkauften Aktien ein Plus von 166 950 Euro einfuhr.

An diesem goldenen Freitag erzielten sechs Daimler-Manager einen Spekulationsgewinn von 782 600 Euro. Zuzüglich des Barausgleichs aus der Konzernkasse in Höhe von 773 550 Euro betrug der Tagesgewinn satte 1,5 Millionen Euro.

Einige Tage danach nutzte ein zweites Vorstandsmitglied seine Optionsrechte. Thomas W. Sidliks Aktiengeschäfte am 1. und am 4. August brachten dem Verkaufsvorstand einen Spekulationsgewinn von 462 250 Euro. Zusammen mit dem von DaimlerChrysler – sprich: den Aktionärinnen und Aktionären – bezahlten Barausgleich durfte sich Sidlik über rund 891 000 Euro in seiner Privatkasse freuen.

Weder die Spekulationsgewinne aus den Aktienoptionen noch der Barausgleich sind rechtlich bedenklich, moralisch aber sind sie fragwürdig, denn keiner der Topmanager, die von dem vor allem infolge von Schrempps Rücktrittsmeldung gestiegenen Aktienkurs profitierten, hatte eine besondere Leistung für diesen Höhenflug des Aktienkurses erbracht. Neben ihrem Hang zur Gewinnmitnahme vermittelten die Topmanager mit der Ausübung ihrer Aktienoptionen noch eine zweite Botschaft: Offensichtlich setzten sie nicht darauf, dass der Aktienkurs in näherer Zukunft weiter steigen könnte.

*

Über Managerqualitäten und -entscheidungen lässt sich trefflich streiten. Im Arbeitnehmerlager hatte sich Cordes durch die stringente Umsetzung des so genannten »Effizienzsteigerungsprogramms« CORE – Cost down, Revenues up, Execution – nicht nur Freunde gemacht. Mit der Einführung der 40-Stunden-Woche im Entwicklungs- und Planungsbereich, der Abschaffung der »Steinkühler-Pause« und anderen Kostensenkungsmaßnahmen sollten bis zum Jahr 2007 drei Milliarden Euro eingespart werden.

Trotz seiner Erfolge bei der Umsetzung dieses Programms

fiel die offizielle Mitteilung des Unternehmens zu den Aufsichtsratsentscheidungen am 18. August 2005 sehr nüchtern aus: »Dr. Eckhard Cordes (54), Leiter des Geschäftsfeldes Mercedes Car Group, wird zum 31. August 2005 nach 29 Berufsjahren auf eigenen Wunsch das Unternehmen verlassen.« Weder Vorstandskollege Schrempp noch Aufsichtsratschef Kopper sahen sich veranlasst, auch nur ein einziges Wort des Dankes an Cordes zu verlieren.

Cordes verließ die DaimlerChrysler AG ohne Abfindung zum 31. August 2005. In einem Brief an die Belegschaft begründete er seinen Weggang: »Es ist meine tiefe Überzeugung, dass Dieter Zetsche freie Hand haben muss, ein Führungsteam zu formen, das mit voller Kraft und in jeder Sekunde konfliktfrei die enormen Herausforderungen der Mercedes Car Group angeht.«

*

Aktienoptionen (2): Kritische Gegenanträge und ignorante Stellungnahmen

Seit der Außerordentlichen Hauptversammlung zum Zusammenschluss der Daimler-Benz AG mit der Chrysler Corporation am 18. September 1998 lehnten die Kritischen AktionärInnen DaimlerCrysler die Aktienoptionspläne des Vorstands in mehreren Redebeiträgen und Gegenanträgen ab. Die Reaktion des Vorstands darauf illustriert das folgende Beispiel:

Gegenantrag des Aktionärs Jürgen Grässlin zur 3. ordentlichen Hauptversammlung der DaimlerChrysler AG am 11. April 2001 in Berlin

»Die Ermächtigung zum Erwerb eigener Aktien wird abgelehnt.

Begründung: Der Dachverband der Kritischen AktionärInnen lehnt den Rückerwerb eigener Aktien ab, mit dem bis 2005 Aktienoptionsprogramme aufgelegt und Optionsrechte für 96 Millionen Aktien gewährt werden. Für Vorstände sind davon 15 Prozent vorgesehen. Während bei Chrysler rund 26000 und bei Mitsubishi rund 9000 Beschäftigte rücksichtslos entlassen werden, plant der Vorstand eine schamlose Selbstbereicherung in Milliardenhöhe. Der Aktienoptionsplan garantiert den Bestverdienenden risikofrei zusätzliches Kapital. Sobald die Aktie ausreichend in die Gewinnzone zurückkehrt, kassieren Vorstände und Topmanagement auf Kosten der betrieblichen Allgemeinheit ab. Dieser Aktienoptionsplan belegt einmal mehr, wie das DaimlerChrysler-Management im Elfenbeinturm des Shareholder Value lebt und soziale Not ignoriert.«

Stellungnahme der Verwaltung:
»Die von der Hauptversammlung im Jahr 2000 beschlossene Ermächtigung zum Rückkauf eigener Aktien hat nach dem einschlägigen Gesetz eine maximale Laufzeit von 18 Monaten und muss daher erneuert werden, wenn dem Vorstand jederzeit Handlungsfreiheit und Flexibilität eingeräumt werden soll. Die Möglichkeit zum Rückkauf eigener Aktien kann für alle gesetzlich zulässigen Zwecke, unter anderem zur Bedienung der Aktienoptionspläne, genutzt werden. Die jährliche Ausgabe von Aktienoptionen ist ein wesentlicher Faktor im weltweiten Wettbewerb um Führungskräfte. Das derzeit gültige Aktienoptionsprogramm wurde von der Hauptversammlung 2000 verabschiedet.«
Stuttgart-Möhringen, März 2001
DaimlerChrysler AG
Der Vorstand

In den Werkshallen wurden die Aktienoptionsgeschäfte der Daimler-Oberen zähneknirschend zur Kenntnis genommen. Denn während Topmanager die Situation ausnutzten, um Kasse zu machen, hatten viele Beschäftigte Angst um ihren Arbeitsplatz. Grund dafür gab es genug, schließlich sollten Schrempps Rücktritt zum Jahresende und Zetsches Amtsübernahme weiteren Arbeitsplatzabbau nach sich ziehen: Mehrere tausend Stellen standen zur Disposition. In Deutschland sollte der Stellenabbau durch das Angebot von Abfindungen oder vorzeitigen Ruhestand erfolgen, da betriebsbedingte Kündigungen bis 2012 vertraglich ausgeschlossen waren.

Vor diesem Hintergrund hatte Jürgen E. Schrempps Verzicht auf die Auszahlung seines Gehaltes bis zum Vertragsende 2008, die er selbst als »nicht für angemessen« erachtete, ehrenwert geklungen. Dass er auf seine Aktienoptionen verzichtet hätte, ist nicht bekannt.

Da die DaimlerChrysler AG die Vorstandsoptionen weder einzeln ausweist noch kommentiert, müssen die Berechnungen über die Höhe dieser Optionen auf der Basis von Vergleichswerten erfolgen. Der Hamburger Wirtschaftsprofessor Michael Adams geht davon aus, dass der Vorstandsvorsitzende rund 20 Prozent der gesamten Vorstandsoptionen zugesprochen bekam, wobei allein dem Vorstand 15 Prozent der insgesamt 86,5 Millionen ausstehenden Optionen zustünden, das wären12,975 Millionen. Da die Laufzeit der Aktienoptionen bei DaimlerChrysler zehn Jahre beträgt, böten sich »astronomische leistungslose Gewinnmöglichkeiten«, kritisiert Adams. Diese erklären sich durch das Einlösen der Aktienoptionen sowie die Sonderregelung eines zusätzlichen Barausgleichs, der im Fall von Eckhard Cordes bei 5,73 Euro pro Aktie lag.

Aktienoptionen waren 2005 ein Auslaufmodell bei DaimlerChrysler, doch Schrempp & Co. profitierten noch von den Optionsscheinen, die in der Vergangenheit von Aktionären heftigst kritisiert worden waren. Auf der Hauptversammlung 2004 verkündete Hilmar Kopper, die Vorstandsgehälter würden sich zukünftig an einem vier Jahre lang laufenden Modell orientieren, das an der Kapitalrendite und an der Umsatzrendite ausgerichtet sei, die im Vergleich zu Konkurrenzunternehmen wie BMW, Volkswagen, Ford, General Motors und Toyota ermittelt würden.

Von derartigen Modellen erhöhter Leistungsorientierung ist Jürgen E. Schrempp nun verschont worden. Nach Berechnungen der *Wirtschaftswoche* erhielte der Ex-Daimler-Chef 79 Millionen Euro für den Fall, dass sich der Wert der DaimlerChrysler-Aktie bis zum Jahr 2011 verdoppeln würde, auch wenn bis dahin einige der Optionen verfallen wären. Sollte sich die DCX bereits 2009 im Wert verdoppeln, so stünden ihm rund 101 Millionen Euro aus seinen Aktienoptionen zu.

»Ich kann versichern, dass ich ein glücklicher Mensch bin«, sagte der Daimler-Vorsitzende anlässlich seiner Rücktrittsverkündung. Schön für ihn.

*

Quo vadis, DaimlerChrysler?

Jürgen E. Schrempp und – der sich noch immer im Amt befindliche – Hilmar Kopper hinterlassen einen Scherbenhaufen, wie er höher kaum sein könnte. Wer immer dem Vorgängerduo Reuter-Kopper völliges Versagen oder überzogene Visionen vorgeworfen haben mag, der muss heute bilanzieren: Jürgen E. Schrempp hat wenig besser und vieles schlechter gemacht als Edzard Reuter.

Die großspurig angekündigte Welt AG DaimlerChrysler blieb im Konzert der Topkonzerne ein deutsch-amerikanisches »Auto AG-le« – so die schwäbische Verkleinerungsform. Nichts könnte diese Stagnation besser zum Ausdruck bringen als die Tatsache, dass DaimlerChrysler nach Angaben der US-Zeitschrift *Automotive News* im Frühling 2005 mit 4,7 Millionen verkauften Fahrzeugen weiterhin auf Platz 5 der Weltautokonzerne dahindümpelt. Das ist zwar an und für sich eine beachtliche Größe, doch nimmt man Schrempps selbstgesetzten Anspruch zum Maßstab, so steht Daimler auch knapp acht Jahre nach der Chrysler-Übernahme noch immer im Welt-AG-Stau.

»Wir wollen die Nummer eins in der Automobilindustrie werden«, hatte der Vorstandsvorsitzende gesagt – auf dem Vormarsch aber sind ganz andere. Toyota beispielsweise. Die global expandierenden Autobauer aus Japan fuhren 2004 mit 6,7 Millionen verkauften Fahrzeugen hinter General Motors (8,1 Millionen) auf den zweiten Platz vor. Daimler parkte dagegen noch hinter Ford (6,4 Millionen) und Volkswagen (5,1 Millionen) ein.

Aber immerhin: 4,7 Millionen verkaufte Fahrzeuge im Jahr 2004 sind beachtliche 300 000 mehr als im Vorjahr. Gehen wir die Sache mit mehr Optimismus an: Würde die DaimlerChrysler AG – vielleicht dank der urplötzlich erreichten weltweit besten Qualität, der urplötzlich angebotenen weltweit günstigsten Preise und des urplötzlich erworbenen weltweit besten Images – bei den Fahrzeugverkäufen Jahr für Jahr stetig zulegen, dann könnte Daimler im Jahr 2006 Volkswagen, 2010 Ford, 2011 Toyota und 2015 General Motors überholen – vorausgesetzt, die Konkurrenten machen ein Jahrzehnt lang Pause.

*

Die Realität sieht anders aus. In nahezu allen Jahren seit der Gründung der DaimlerChrysler AG unter Schrempps Vorstandschaft blieben die Fahrzeugverkäufe hinter den Erwartungen zurück. In den Jahren 1998 bis 2002 sowie 2004 produzierte das Herzstück des Konzerns, die Mercedes Car Group mit Smart und Maybach mehr Fahrzeuge, als sie verkaufen konnte. Nur im Jahr 2003 wurden knapp 4957 Fahrzeuge mehr verkauft als hergestellt. Trotz des neuen Modellanlaufs der E-Klasse im Jahr 2002 war die Gesamtproduktion von 2001 auf 2002 um 3246 Fahrzeuge heruntergefahren worden. Und dennoch produzierte der Konzern im Jahr 2002 immer noch 6593 Automobile mehr, als er absetzen konnte. 2003 fuhr man die Produktion um weitere 26 946 Fahrzeuge herunter, was zu dem einmaligen »Überschuss« von 4957 Automobilen führte.

Hergestellte und verkaufte Fahrzeuge der Mercedes Car Group (MCG) (1997 bis 2004)

Jahr	1997	1998	1999	2000	2001	2002	2003	2004
hergestellte Pkw MCG/ Smart	726 686	947 517	1 097 142	1 161 601	1 249 951	1 238 927	1 211 981	1 246 726
verkaufte Pkw MCG/ Smart	715 055	922 795	1 080 267	1 154 861	1 229 688	1 232 334	1 216 938	1 226 773
Differenz (Überschuss)	+11 631	+24722	+16 875	+6740	+20 263	+6593	-4957	+19 953
Quelle Geschäftsbericht Seite	27	27	26	26	18	18	50	50

In den Jahren 1997 bis 2004 stellte der Daimler-Konzern 101 820 Fahrzeuge mehr her als er verkaufen konnte. Verschärfend kam hinzu, dass der Absatz von Pkw der Mercedes Car Group in Deutschland nach 1999 von 38,6 auf 31,5 Prozent (2004) stetig sank, wobei dieser Anteil ohne die zahlreichen neuen Varianten und Baureihen – von der A-Klasse über die B- und G-Klasse bis zum Maybach und Smart – noch geringer gewesen wäre.

Jahr	Stück in Tausen	Gesamtabsatz weltweit in T.	Prozent am Gesamtabsatz
1998	355	922	38,5
1999	417	1080	38,6
2000	440	1154	38,2
2001	436	1229	35,5
2002	417	1232	33,8
2003	390	1216	32,0
2004	387	1226	31,5

Nicht genug damit, dass wegen des Verdachts auf Insiderhandel gegen DaimlerChrysler ermittelt wird. Im Sommer 2005 weitete die amerikanische Wertpapierbehörde SEC ihre Ermittlungen gegen DaimlerChrysler aus, die dem Verdacht nachgehen, Daimler habe bei Auslandsgeschäften Bestechungsgelder bezahlt. Auch die Vereinten Nationen ermitteln gegen die DaimlerChrysler AG. So soll der Konzern zurzeit des Regimes von Saddam Hussein im Rahmen des Programms »Oil for food« gegen UN-Sanktionen verstoßen haben.

Hinzu kamen die zahlreichen unerfüllten Versprechen des Jürgen E. Schrempp: vom angeblichen »Merger of Equals« mit Chrysler über die Eroberung des asiatischen Marktes mit der Mitsubishi-Allianz und der Hyundai-Beteiligung, seine Maybach- und seine Smart-Versprechen, die Qualitäts- und die Arbeitsplatz-Versprechen, die Umsatz-, die Dividenden- und die Aktienkurs-Versprechen – überhaupt das ganze unerfüllte Welt-AG-Versprechen. Die nahezu täglichen Katastrophenmeldungen ließen viele Beschäftigte des Unternehmens angesichts des jahrelangen Missmanagements des Duos Schrempp-Kopper schier verzweifeln.

*

29. September 2005, die nächste Katastrophenmeldung. Hatten Konzernführung und Betriebsrat im Vorjahr noch einen Beschäftigungspakt geschlossen, der betriebsbedingte Kündigungen bis Ende 2011 ausschloss, offenbarte sich an diesem Donnerstag ein ganz anderes Bild: Auf einer außerordentlichen Betriebsversammlung informierten führende Gewerkschaftsvertreter und der neue Mister Mercedes höchstpersönlich die mehr als 10 000 Beschäftigten in Sindelfingen über die anstehenden Sanierungsmaßnahmen. Damit war Dieter Zetsche der erste Mercedes-Vorsitzende, der jemals an einer Betriebsversammlung teilnahm.

Weltweit sollten 8500 Arbeitsplätze gestrichen werden, davon 3600 in Sindelfingen, 2700 in Bremen und 1100 in Untertürkheim. Prozentual gesehen kamen die Beschäftigten im Bremer Werk am härtesten unter die Räder, denn dort waren 18 Prozent der Belegschaft betroffen.

Diese Entwicklung rief den Gesamtbetriebsratsvorsitzenden Erich Klemm auf den Plan. Das Unternehmen verweise auf Personalüberhänge, die teilweise auf vagen Aussagen bezüglich zukünftiger Rationalisierungsfortschritte beruhten, kritisierte der stellvertretende Aufsichtsratschef. Deshalb habe er dem Stellenabbau im Aufsichtsrat nicht zugestimmt. Damit meldete sich der Arbeitnehmervertreter nach Jahren übergroßer Anpassung auf der Bühne zurück. Und auch IG-Metall-Vize Berthold Huber rief zum Widerstand gegen die Stellenabbaupläne auf: »Wir akzeptierten die 8500 Stellen nicht per se.«

Was Dieter Zetsche als Chrysler-Chef in den USA mit vermeintlichem Erfolg angewandt hatte, versuchte der neue Mercedes-Vorsitzende – gezwungenermaßen in abgemilderter Form – jetzt auf die deutschen Werke zu übertragen. Da betriebsbedingte Kündigungen vertraglich ausgeschlossen waren, unterbreitete die Unternehmensführung den Beschäftigten teure Lockangebote, die vom freiwilligen Ausscheiden über die Frühpensionierung und Sabbatjahre bis hin zu Wechselprämien reichten. Die Abfindungen sollten, je nach Gehalt und Dauer der Betriebszugehörigkeit, zwischen 10 000 und 275 000 Euro betragen.

Was so gut klang, konnte durchaus Nachteile mit sich bringen. Wer einen Aufhebungsvertrag unterzeichnete, verlor seinen Rechtsanspruch auf vollständiges Arbeitslosengeld, denn der Gesetzgeber unterstellt, dass der Betroffene am Entstehen seiner Arbeitslosigkeit selbst beteiligt ist. Zudem werden die Abfindungen besteuert. Was viele Daimler-Arbeiter wunderte, war die Tatsache, dass die Adam Opel AG pro Mitarbeiter mehr Geld gezahlt hatte, als DaimlerChrysler ihnen anbot.

So lukrativ die Angebote klingen mochten, sie waren es nur bedingt. Besser, so Paul Russmann, Sprecher der Kritischen AktionärInnen, wären flexible Arbeitszeitmodelle gewesen. Beispielsweise hätten die Beschäftigen für eine bestimmte Zeit auf bis zu 87,5 Prozent ihrer Arbeitszeit zurückgestuft werden und so Arbeitsplätze gerettet werden können.

Ob das fast 1 Milliarde Euro teure Arbeitsplatzabbauprogramm bei DaimlerChrysler Erfolg haben oder ein Schuss in den Ofen sein wird, zeigt die Zukunft. Die Schlüsselfrage aber ist damit nicht beantwortet: Wie will Dieter Zetsche mit immer weniger Mitarbeitern immer mehr Fahrzeuge in immer besserer Qualität fertigen lassen?

*

Wenn das Unternehmen trotz der katastrophalen Leistungen seiner Vorstände und Aufsichtsräte in den letzten Jahren dennoch schwarze Zahlen schrieb, so hat es das den Hunderttausenden von Mitarbeitern zu verdanken, die in den Forschungs- und Entwicklungsabteilungen sowie in den Werkshallen ihre Frau und ihren Mann standen. Sie haben den Konzern über schwere Zeiten gerettet. Noch so einen Vorstandsvorsitzenden wie Jürgen E. Schrempp und noch so einen Aufsichtsratschef wie Hilmar Kopper aber kann sich Deutschlands größter Konzern kaum noch einmal leisten. Die Frage »Quo vadis, DaimlerChrysler?« verlangt nach einer positiven Antwort.

*

So dramatisch sich die Situation auch darstellt, so günstig ist sie als Ausgangslage für den neuen DaimlerChrysler-Chef. Der Konzern befindet sich in der Krise, Aktienkurs und Börsenwert liegen weit unter den Erwartungen, die Fahrzeugverkäufe sind in vielen Bereichen unzufriedenstellend, das Image ist ramponiert. Die Fakten verlangen nach einem neuen Vorstandsvorsitzenden mit Führungsqualitäten und Sanierungserfahrung, Börse und Beschäftigte rufen mehrheitlich nach dem starken Mann. Der hat weitgehend freie Hand, Richtungsentscheidungen zu treffen, die der alte Vorstand und Aufsichtsrat versäumt haben.

Ist Dieter Zetsche der rechte Mann zur rechten Zeit? Der

Aufsichtsrat der DaimlerChrysler AG hat ihn Ende Juli 2005 zum Nachfolger von Jürgen E. Schrempp bestimmt. Die Aktionärinnen und Aktionäre können sich erst bei der Hauptversammlung 2006 dazu äußern.

In vielem erinnert Zetsches Situation an die seines Vorgängers. Als Schrempp im Mai 1995 das Steuer bei Daimler-Benz übernahm, vererbte ihm Edzard Reuter ein Defizit von 5,73 Milliarden DM. Für 4,18 Milliarden DM – fast vier Fünftel des Reuter zugeschriebenen Jahresfehlbetrags – zeichnete die Luft- und Raumfahrttochter Dasa verantwortlich, deren Vorsitzender bis zum Machtwechsel Jürgen E. Schrempp hieß. Heute befindet sich der Konzern nicht in einer Finanzkrise – die Bilanzzahlen sind im schwarzen Bereich, liegen jedoch deutlich unter Wert.

Sollte der neue Vorstandsvorsitzende in seinen Bemühungen um die Sanierung der angeschlagenen DaimlerChrysler AG scheitern, so droht die massive Einflussnahme und schlimmstenfalls eine Zerschlagung des Konzerns durch Hedgefonds oder eine Raider-Gruppe. Der neue Vorstandsvorsitzende kann und muss schnell, zielgerichtet und konsequent handeln.

Der folgende »Zehn-Punkte-Plan« umfasst einen Maßnahmenkatalog zur Sanierung und Neuorientierung der DaimlerChrysler AG. Alle genannten Punkte können zumeist vergleichsweise kurzfristig realisiert werden.

- Neuwahl der Aufsichtsräte bei der kommenden Hauptversammlung
- Neuwahl der Vorstände durch den neuen Aufsichtsrat
- Koppelung der Vorstandsgehälter an die allgemeine Lohnentwicklung
- Schnellstmögliche Wiederherstellung höchster Fahrzeugqualität
- Schnellstmöglicher sozial verträglicher Ausstieg aus dem Smart-Projekt durch Verkauf
- Schnellstmögliche sozial verträgliche Beendigung der Maybach-Produktion
- Sofortige Anpassung der gesamten Fahrzeugproduktion an

die Bedürfnisse des Marktes und Unterbindung jeglicher Form von Graumarktgeschäften

- Sofortiger Verkauf der EADS-Aktienanteile
- Verbot jeglicher Form von Parteispenden
- Einführung demokratischer Instrumente bei Hauptversammlungen

Mit der Umsetzung dieser Maßnahmen lässt sich der Daimler-Dampfer wieder auf Kurs bringen – zum Wohle seiner Aktionärinnen und Aktionäre, zum Wohle seiner Beschäftigten und zu Gunsten des Renommees der DaimlerChrysler AG.

neun. Offener Brief an Jürgen E. Schrempp

»Ein gebrochenes Versprechen
ist ein gesprochenes Verbrechen.«
Erich Fried

Lieber Jürgen Erich Schrempp,

ich schreibe Ihnen diesen Offenen Brief, weil Sie nach viereinhalb Jahrzehnten beim Daimler jetzt den Bettel hingeworfen haben und sich Ihrer Familie widmen wollen – was Ihnen und Ihren Lieben gegönnt sei. Aus diesem Anlass will ich dieses Schreiben erst einmal mit einem Rückblick und einer Würdigung Ihrer früheren Arbeit beginnen. Immerhin haben Sie es geschafft, nach Ihrer Ehrenrunde auf dem Rotteck-Gymnasium bei der Freiburger Mercedes-Niederlassung unterzukommen. Das alte Rotteck und die frühere Niederlassung gibt es schon lange nicht mehr, aber Sie haben sich beim Daimler vom Kfz-Lehrling ganz nach oben durchgeboxt.

Wissen Sie noch, wie ich Sie in den Landgasthof Reckenberg eingeladen habe und wir uns beim Abendessen recht nett unterhalten haben? Nicht nur beim anschließenden Spaziergang habe ich Sie als humorvollen und umgänglichen Menschen kennen gelernt. Als wir uns beim letzten Buchprojekt mehrfach unter vier Augen trafen, da war ich von Ihrer offenen Art, Ihrem klaren Blick und Ihrer stringenten Argumentation beeindruckt.

Sie kennen nur »weiß oder schwarz«, wie Sie mir an Hand Ihrer Schulzeit beschrieben haben. Entweder man ist für oder gegen Sie, dazwischen kennen Sie nichts. Zwischenzeitlich war ich wohl auf der weißen Seite verbucht, mit der Publikation der Biografie aber haben Sie den Kontakt abgebrochen und mich wieder auf »schwarz« gesetzt. Irgendwie haben Sie das mit ganz vielen Menschen so gemacht. Wer »weiß« war, der wurde was in Ihrem Laden. Wer »schwarz« war, der durfte gehen oder wurde gegangen – und das, obwohl Sie wiederholt betont haben: »Was ich nicht laufend um mich brauchen kann, sind Jasager.«

Scheinbar aber doch, denn das Ergebnis Ihrer Schwarz-Weiß-Malerei ist unübersehbar: Jahrelang haben Sie sich mit Anpassern umgeben, die Sie richtig schlecht beraten haben. Ich gehe mal davon aus, dass der Einkauf all der tollen Unternehmen, mit denen Sie Ihre so genannte Welt AG schaffen wollten, nicht allein Ihre Idee war. Aber wenn Sie Ihre kritischen Ratgeber »freistellen«, dann bleiben eben nur die braven Abnicker übrig.

Als Daimler-Benz- und DaimlerChrysler-Chef sind Sie ein richtig wichtiger Mann geworden und haben sich mit den Großen dieser Welt getroffen: mit George W. Bush, Nelson Mandela, Gerhard Schröder und wie sie alle heißen. Als ich die Biografie über Sie schrieb, fragte ich Sie, ob Sie eines Tages nicht selbst Bundeskanzler werden wollen. Wissen Sie das noch? Sie haben gelacht und geantwortet, dass Sie lieber »etwas bewegen« wollen. Das ist Ihnen gelungen, anfangs sogar richtig erfolgreich.

Aber dann hat Sie wohl der Größenwahn gepackt, Sie wollten mit dem Daimler unbedingt die Nummer eins in der Autowelt werden. Damit haben Sie Ihren Teil dazu beigetragen, dass der Verkaufsdruck auf Ihre Niederlassungsleiter und Händler derart wuchs, dass sie ihrerseits freie Händler ansprachen und in Graumarktgeschäfte verwickelten.

Na ja, vieles ist nicht so gelaufen, wie Sie sich das vorgestellt, und schon gar nicht so, wie Sie es uns Aktionären und Ihren Beschäftigten wieder und wieder versprochen haben. Herr Schrempp, wenn Sie sich selbst Versprechen geben, die Sie nicht einhalten, ist mir das egal, aber mit uns Aktionärinnen und Aktionären dürfen Sie das nicht machen. Mit Ihren falschen Prognosen zum Aktienkurs haben Sie eine Menge einfacher Menschen um ihr wohlverdientes Geld gebracht. Zugleich haben Sie sich – auch dank der uneingeschränkten Unterstützung Ihres Duzfreundes Hilmar Kopper – mit exorbitanten Gehaltssteigerungen schamlos aus unserer Konzernkasse bedient.

Und da sind wir auch schon beim eigentlichen Grund meines Schreibens: In diesem Offenen Brief will ich Ihnen Ihre eigenen großspurigen Ankündigungen und Ihre leeren Versprechungen ins Gedächtnis rufen, mit denen Sie bei so vielen Menschen große Erwartungen geweckt, Zehntausende von Beschäftigten um ihren Arbeitsplatz und mehr als eineinhalb Millionen Aktionärinnen und Aktionäre um ihr Geld gebracht haben. Dass der werte Herr Kopper und seine Mannen all Ihre Fehlentscheidungen im Aufsichtsrat einstimmig durchgewinkt haben, entschuldigt nichts.

Aber jetzt zu Ihren Versprechungen und den Realitäten:

1. Ihr Merger-of-Equals-Versprechen

Wörtlich haben Sie uns 1998 bei der Außerordentlichen Hauptversammlung zum Zusammenschluss der Daimler-Benz AG und der Chrysler Corporation ein Unternehmen »aus zwei gleichberechtigten Partnern« versprochen. Oder sollte Chrysler nicht doch zu einer »Abteilung« degradiert werden, wie Sie zwei Jahre später im Interview mit der *Financial Times* verraten haben? Vergleichen Sie einfach die Zahl der US-Vorstände damals und heute, dann erübrigt sich jeder Kommentar.

2. Ihr Mitsubishi-Versprechen

Wörtlich haben Sie uns im Frühjahr 2000 einen »ausgezeichneten Partner« versprochen, der »hervorragend aufgestellt« sei. Ihre Versprechungen gipfelten in der Behauptung: »Diese Allianz hat zwei klare Gewinner.« In Wirklichkeit aber hatte diese Allianz zwei klare Verlierer, und Sie haben mit der Mitsubishi-Beteiligung Unsummen an Aktionärsgeldern verpulvert. Zum Glück sind Vorstand und Aufsichtsrat im April 2004 – endlich – Ihren ursprünglichen Forderungen nach weiteren Milliardensubventionen für Mitsubishi entgegen getreten.

An dieser Stelle spare ich mir weitere Ausführungen zum 20-prozentigen Umsatzziel in Asien – 2004 lag der dortige Umsatz der DaimlerChrysler AG bei 8 Prozent.

3. Ihr Smart-Versprechen

Wörtlich haben Sie uns schon im Sommer 1995 zum Smart versprochen: »Wir werden einen Markt schaffen, und wir haben überhaupt keine Zweifel, dass hier tatsächlich sich ein Markt aufbauen wird.« Fünf Jahre danach, als die vielen bunten Smarties in den Show-Towers vor sich hin vegetierten, haben Sie anlässlich des Mitsubishi-Deals behauptet: »Diese neue Allianz hilft DaimlerChrysler dabei, die Marke Smart in absehbarer Zukunft auszubauen.« In Wirklichkeit waren und sind die Smart-Verkaufszahlen katastrophal, in keinem einzigen Jahr wurde die Produktionskapazität von 200 000 Fahrzeugen im Werk Hambach auch nur annähernd erreicht. Im Januar 2005 mussten Sie die Karten auf den Tisch legen: Die Roadster-Produktion muss eingestellt und die Pläne einer Geländewagenvariante auf Eis gelegt werden, 700 Beschäftige verloren in der Böblinger Zentrale ihren Arbeitsplatz. Alles in allem wurden mit dem Smart Milliarden Euro vernichtet – das Geld Ihrer Aktionärinnen und Aktionäre.

4. Ihr Maybach-Versprechen

Kommen wir vom Bonsai-Benz zum Bonzen-Benz: Wörtlich haben Sie uns bei der Hauptversammlung versprochen: »Die Jahresproduktion 2003 ist bereits vollständig mit Aufträgen belegt.« Das Produktionsvolumen der Maybach-Manufaktur liegt bekanntlich bei zirka 1500 im Jahr, in zwei Jahren dementsprechend bei 3000. In Wirklichkeit wurden im gesamten Geschäftsjahr 2003 lediglich 600 und 2004 sogar nur noch 500 dieser Dinosaurier in den Markt gepresst. Stehen die restlichen Fahrzeuge in Showrooms oder auf Halde oder wurden sie dem Recycling zugeführt?

5. Ihr Qualitäts-Versprechen

Wörtlich haben Sie uns bei der Übernahmehauptversammlung von Chrysler versprochen: »Die Automobile mit dem Stern bleiben einzigartig. Es bleibt unser Prinzip: Qualität geht vor Quantität.« In Wirklichkeit mussten wir im Frühjahr 2005 eine der größten Rückrufaktionen der Firmengeschichte miterleben: 1,3 Millionen Fahrzeuge verschiedener Mercedes-Klassen wurden wegen Qualitätsmängeln in die Werkstätten zurück beordert. Nahezu zeitgleich landete die E-Klasse in den USA in der Zuverlässigkeitsskala auf dem letzten Platz aller getesteten Fahrzeuge.

6. Ihr Arbeitsplatz-Versprechen
Wörtlich haben Sie uns anlässlich des Daimler-Chrysler-Zusammenschlusses 1998 versprochen: »Beide Unternehmen sind höchst profitabel. Wir werden keine Fabriken schließen und keine Arbeitsplätze abbauen.« In Wirklichkeit aber sind allein bei Chrysler sechs Werke geschlossen und 26000 Arbeitsplätze abgebaut worden. Im Jahr 1999 beschäftigte unser Unternehmen 466938 Mitarbeiterinnen und Mitarbeiter, 2004 waren es nur noch 384723. Und kurz nach seinem Amtsantritt als neuer Mercedes-Chef musste Dieter Zetsche im Herbst 2005 auf einer Betriebsversammlung die Streichung weiterer 8500 Stellen begründen.

7. *Ihr Umsatz-Versprechen*
Gemeinsam mit dem zeitweiligen Co-Chairman Robert J. Eaton haben Sie uns im September 1999 versprochen: »Durch drei klar auf Fahrzeugmarken ausgerichtete Geschäftsfelder werden wir noch erfolgreicher als bisher unsere Produkte positionieren und die jetzt erreichten Rekordzahlen bei Absatz und Umsatz noch übertreffen.« In Wirklichkeit konnten Sie den Absatz vor allem durch Zukäufe steigern. Der Umsatz verminderte sich von 148,2 Milliarden (1999) auf 142,0 Milliarden Euro (2004).

8. Ihr Aktienkurs-Versprechen
Wörtlich haben Sie uns bereits auf der Außerordentlichen Hauptversammlung 1998 versprochen: »Mit dem vorgeschlagenen Zusammenschluss von Daimler-Benz mit Chrysler stoßen zwei der traditionsreichsten Automobil- und Transportunternehmen der Welt in eine neue Dimension vor – zum Nutzen unserer Kunden, Aktionäre und Mitarbeiter.« Zwei Jahre danach ver-

sprachen Sie uns: »Unser Konzept wird sich auch wieder im Aktienkurs niederschlagen.« Selbst als der Aktienkurs sank und sank und sank, haben Sie uns Aktionären eine weitere Wertsteigerung versprochen. Ihr Konzept ist gescheitert. In Wirklichkeit ist der Aktienkurs von 95,45 Euro am 27. April 1999 auf 36,50 Euro am Morgen des 28. Juli 2005 gefallen. Ihr bester Beitrag zur Wertsteigerung des Unternehmens war Ihre Rücktrittsankündigung, die innerhalb von zwei Stunden zu einem Kursanstieg von mehr als 3 Euro und einer entsprechenden Steigerung des Unternehmenswertes führte. Dafür sei Ihnen gedankt.

9. Ihr Dividenden-Versprechen
Wörtlich haben Sie uns – auch dies auf der Außerordentlichen Hauptversammlung 1998 – versprochen: »Wir werden Ihnen, den Eigentümern auch des neuen Unternehmens, eine deutlich höhere Ausschüttung bieten.« In Wirklichkeit ist die Dividende von 2,35 Euro in den Jahren von 1998 bis 2000 auf 1,50 Euro von 2002 bis 2004 gefallen. 2001 lag sie sogar bei nur 1 Euro.

10. Ihr Vorstandsgehälter-Versprechen
Wörtlich haben Sie im September 1998 angekündigt: »Der Manager soll durchaus spüren, wenn das Geschäft nicht sehr gut geht.« Trotz des von Ihnen mit zu verantwortenden desaströsen Aktien- und Börsenwertverlusts sowie des Abbaus Zehntausender von Arbeitsplätzen haben Kopper & Co. Ihr Vorsitzendengehalt vervielfacht. In Wirklichkeit haben Sie mit Ihrer Forderung nach einer Amerikanisierung der Vorstandsgehälter Fakten geschaffen. Wenn es nach Ihrer Leistung ginge, müssten Sie Ihr Gehalt vollständig zurückzahlen und auf jegliche Aktienoptionen verzichten.

All Ihre weiteren Schönwettervorhersagen, Behauptungen und Versprechungen – von der Nummer eins der Autowelt und was Sie sonst noch so in unschöner Regelmäßigkeit von sich gegeben haben – will ich uns ersparen und zum Kern des Problems kommen:

11. Ihr Welt-AG-Versprechen

Sie wollten die Welt AG DaimlerChrysler schaffen und haben dabei ziemlich forsch losgelegt. Wir entscheiden »heute über die Bildung der ersten Welt AG«, haben Sie uns bei der Übernahme-Hauptversammlung im September 1998 mitgeteilt. Damals haben Sie uns versprochen: »DaimlerChrysler wird das innovativste, profitabelste und das weltweit am besten aufgestellte Unternehmen seiner Branche werden.«

Ihr persönliches Problem besteht darin, dass Sie bis heute – und womöglich bis zu Ihrem Lebensende – durch die Gegend jetten und aller Welt die Mär vom Erfolg der Welt AG eintrichtern wollen. Dass diese gescheitert ist, Abermilliarden in Chrysler, Mitsubishi und Hyundai verpulvert worden sind, liegt an Ihnen – aber nicht an Ihnen allein. Wären Sie zu Ihren Fehlern gestanden, dann hätten Ihnen zwei Drittel der Menschheit – auch ich – wenigstens für Ihre Bemühungen gedankt. Stattdessen hinterlassen Sie uns einen Scherbenhaufen und behaupten in Ihrem Abschiedsbrief an die Daimler-Mitarbeiter: »Wir sind auf dem besten Wege.«

Herr Schrempp, für wie dumm halten Sie Ihre Aktionäre, Ihre Kunden und die Öffentlichkeit?

Da Sie jetzt DaimlerChrysler verlassen, frage ich mich, warum Sie Ihren Intimus Hilmar Kopper nicht gleich mitnehmen. Der werte Herr Kopper hat doch das ganze Daimler-Desaster maßgeblich mit zu verantworten, das hauptsächlich Sie angerichtet haben! Im Februar 1998 haben Sie mir bei einem unserer Vier-Augen-Treffen gesagt: »Das Problem ist, dass man nach fünf bis sieben Jahren den Drive und die Kreativität verlieren kann.« Stimmt. Alles in allem waren Sie rund 17 Jahre Vorstandsvorsitzender: erst von Mercedes-Benz in Südafrika (MBSA), dann der Dasa und zuletzt der Daimler-Benz- beziehungsweise der DaimlerChrysler AG. Ihr Freund Hilmar Kopper residiert seit 15 Jahren im Daimler-Aufsichtsratssessel. Offensichtlich klebt Kopper – wie Sie – zu sehr an der Macht. Aber Ihrer *beider* Zeit ist gekommen, und nicht nur die Ihre. Seien Sie so gut, telefonieren mit dem guten

Mann und sagen ihm einen schönen Gruß von mir: Er soll gleich mit Ihnen gehen!

Herr Schrempp, zum Schluss noch etwas in eigener Sache: In letzter Zeit sind Sie ganz schön dünnhäutig geworden. Dass Sie mir wegen einiger eingestandenermaßen frecher Formulierungen in Funk und Fernsehen gleich Ihren Berliner Rechtsanwalt mit drei Unterlassungserklärungen auf den Hals gehetzt haben, das finde ich – verzeihen Sie mir – schlichtweg erbärmlich. Wie souverän haben Sie in früheren Jahren reagiert, als ich Sie auf Aktionärstreffen wegen Ihrer Rüstungsexportpolitik bei der Dasa als »Deutschlands größten Waffendealer« beschimpfte und Sie der »Beihilfe zum Massenmord« beschuldigte. Damals sind Sie nach Versammlungsende vom Podium zu uns Kritischen Aktionären herab gestiegen und haben mit uns weiter diskutiert. Dafür habe ich Sie bewundert, heute empfinde ich Ihr Verhalten schlichtweg als feige. Warum nennen Sie mir nicht einen Ort und einen Zeitpunkt Ihrer Wahl, an dem wir – wenn Sie wollen, vor laufender Kamera – ausdiskutieren, ob Ihre Entscheidungen großartig waren oder eklatant falsch? Statt dessen reagieren Sie beleidigt und drohen mir mit der juristischen Keule wegen der Verletzung der »Persönlichkeitsrechte des Unternehmens« – was soll denn das sein? – »und von Herrn Schrempp persönlich«. Himmel, hilf, was ist nur aus Ihnen geworden? Sie waren doch derjenige, der öffentlich gesagt hat: »Wenn ich nicht akzeptiere, dass man mich kritisiert, dann bin ich der falsche Mann für den Job.«

Über eine inhaltliche Antwort auf diesen Offenen Brief würde ich mich freuen. Noch schöner wäre, wenn wir – trotz mancher Meinungsverschiedenheit – z' Friburg mol wieder e Viertele schlotze würde, Sie haben ja jetzt richtig viel Zeit.

Bis wir uns wieder sehen, wünsche ich Ihnen und Ihrer Familie Gesundheit und alles Gute. Grüßen Sie mir die Impalas am See vor Ihrem Rundhaus in Südafrika.

Beste Grüße,
Ihr Jürgen Grässlin

Nachwort: Die Ära Schrempp-Kopper – eklatante Fehlentscheidungen, dubiose Geschäfte

Daimler-Benz war und DaimlerChrysler ist ein Unternehmen, das solche Führungskräfte wie Jürgen Schrempp und Hilmar Kopper nicht verdient hat.

Auch wenn die Bilanz insgesamt negativ ist, gab es doch auch freudige Nachrichten, positive Entwicklungen und beeindrukkende Erfolgsgeschichten, allen voran die Ergebnisse im Nutzfahrzeugbereich oder bei Chrysler nach der milliardenteuren Sanierung. Zuweilen haben Schrempp und Kopper mit ihrem Engagement zu solch positiven Ergebnissen beigetragen, zuweilen wurden sie ohne ihr maßgebliches Zutun durch die Leistung anderer bewirkt.

Jürgen E. Schrempp hat die öffentliche Auseinandersetzung mit mir bislang gemieden wie der Teufel das Weihwasser, denn er weiß wohl, dass er der größte Kapital- und Arbeitsplatzvernichter in der mehr als hundertjährigen Firmengeschichte ist. Wenn Schrempp von seiner »Erfolgsbilanz« spricht, verweist er gerne auf die Milliardenüberschüsse der Jahresbilanzen. Dabei vergisst er, dass die Übernahme von Chrysler durch Daimler und der gescheiterte Versuch, eine Welt AG zu schaffen, Milliarden verschlungen haben, die der Cash-Cow Mercedes genommen wurden und am Ende bei der Qualitätssicherung gefehlt haben. Letztlich stellt sich die Frage, wie viel Geld mit der Daimler-Benz AG verdient worden wäre, wenn ihr die Abenteuer DaimlerChrysler-Mitsubishi-Hyundai erspart geblieben wären.

Der Vorstandsvorsitzende Jürgen E. Schrempp hat mit seiner Vorgabe, die Nummer eins der Autowelt zu schmieden, eine mit den üblichen Verkaufsmethoden schier unerreichbare Marge gesetzt. Wird Dieter Zetsche frühere Graumarktgeschäfte schonungslos aufklären? Im Oktober 2005 legte Zetsche die Karten auf den Tisch und gestand ein, dass er und andere Führungskräfte Kenntnis von den ein wenig zwielichtigen Graumarktgeschäften hatten: »Davon wussten alle – mich eingeschlossen.« Aber hat der frühere Vertriebsvorstand Zetsche wirklich nur davon gewusst? Der Deal zwischen Zetsche und Gerhard Schweinle, bei dem acht CL-Limousinen den Besitzer wechselten – und bei dem man sich kaum vorstellen kann, dass er tatsächlich in »drei Minuten am Rande eines Formel-1-Treffens« erfolgt sein soll, spricht eine andere Sprache.

Trotz der jahrelangen Überproduktion von Fahrzeugen und trotz der Graumarktgeschäfte konnten die gewünschten Verkaufszahlen nicht erzielt werden, blieben die Bilanzen weit unter den geweckten Erwartungen. Auch die vermeintliche Trumpfkarte, ohne die Beteiligungen wäre Daimler-Benz von einem anderen Konzern übernommen worden, sticht nicht, denn unter dem Duo Schrempp-Kopper verlor DaimlerChrysler rund 50 Milliarden Euro an Wert. Daimler-Benz allein hingegen hätte aller Wahrscheinlichkeit nach mit der einst weltweit besten Automarke Mercedes deutlich mehr an Wert gewonnen, Jahr für Jahr Rekorde eingefahren und neue Arbeitsplätze in großem Umfang geschaffen. Für die DaimlerChrysler AG ist die Gefahr, übernommen und zerschlagen zu werden, heute weitaus größer als vor der so genannten Fusion.

Mit Schrempp geht der Manager des Misserfolgs, und mit ihm muss auch Kopper gehen. Je früher er geht, desto besser für das Unternehmen. Kopper bis 2007 im Amt zu belassen, ihn gar als geehrten Aufsichtsratschef zu entlassen, hieße denjenigen zu belohnen, der zusammen mit Schrempp das Daimler-Desaster zu verantworten hat.

Vieles konnte in diesem Buch nicht behandelt werden, unter anderem weil – wie im Falle des Graumarktskandals – eine Vielzahl von Strafverfahren erst angelaufen ist und manche Recherchen noch nicht abgeschlossen sind. Hierzu zählt auch der Korruptions- und Betrugsskandal in mehreren Ländern, der die US-Aufsichtsbehörde SEC zu umfangreichen Ermittlungen veranlasst hat. Auch die Untersuchungen der Kommission der Vereinten Nationen in der Frage, ob es im Zusammenhang mit dem

»Öl-für-Lebensmittel-Programm« für den Irak unter Saddam Hussein zu Bestechungen gekommen ist, sind erst angelaufen.

*

Lange Jahre konnten die Beschäftigten stolz darauf sein, »beim Daimler« und »beim Benz« zu arbeiten. Ihnen ist zu wünschen, dass der Konzern unter der neuen Führung zu dem wird, was Schrempp und Kopper versprochen und nicht gehalten haben: zu einem Unternehmen, das die schönsten, qualitativ hochwertigsten und ökologisch innovativsten Fahrzeuge mit anständigen Methoden auf den Markt bringt, zu einem Unternehmen, das damit Werte schafft und Arbeitsplätze sichert.

Jürgen Grässlin
Freiburg, im Dezember 2005

Persönliches Nachwort: Der Konzern und seine Republik

Seit Jahren recherchiere ich über die Machenschaften von Managern in der deutschen Rüstungs- und Automobilindustrie und publiziere hierzu Bücher (siehe www.juergengraesslin.com). So verfasste ich 1995 ein mehr als 500-seitiges Taschenbuch mit dem Titel *Daimler-Benz. Der Konzern und seine Republik.* Darin vertrat ich die Ansicht, dass die eigentliche Macht nicht in der Bundeshauptstadt Bonn liege, sondern dass die Daimler-Benz AG in Stuttgart-Möhringen und die Deutsche Bank in Frankfurt am Main die Schaltzentren der Macht seien. Die Bundeshauptstadt heißt mittlerweile Berlin und der Konzern DaimlerChrysler, ansonsten hat sich an den Machtverhältnissen nichts geändert.

Bereits bei früheren Werken habe ich während des Recherchierens und der Arbeit am Manuskript die Erfahrung gemacht, dass ein anderes Unternehmen Telefonate abhören und mich von Detekteien überwachen ließ. Im Fall eines Buches verdichtete sich die Vermutung zur Tatsache, wie mir einer der renommiertesten deutschen Wirtschaftsjournalisten telefonisch mitteilte, dem entsprechende Unterlagen gegen Geld zur Veröffentlichung angeboten worden waren.

Die Arbeit an dem vorliegenden Buch war von drastischen Umständen begleitet. Im Rahmen einer meines Erachtens juristisch unhaltbaren Hausdurchsuchung wurden mein PC, mein Notebook, letzteres mit größeren Teilen des Manuskripts dieses Buches, sowie wichtige Notizen von der Stuttgarter Staatsanwaltschaft beschlagnahmt und die beiden Festplatten kopiert. Auf Grund ihres Verhaltens in verschiedenen Verfahren, von denen einige auch Gegenstand dieses Buches sind, muss sich die Stuttgarter Staatsanwaltschaft den Vorwurf einer übergroßen Nähe zum DaimlerChrysler-Konzern gefallen lassen.

Am 7. September 2005 erhielt ich den Anruf eines Informanten, der mir mitteilte, dass einer der in meinem Buch kritisierten

Daimler-Manager – nicht einmal einer auf höchster Ebene – »gegenüber einem Bekannten geäußert hat, er kenne bereits Teile des Buches von Jürgen Grässlin«. Bis zu diesem Tag hatte ich keine einzige Textpassage per E-Mail verschickt und ausnahmslos alle Teile des Manuskripts auf meinem vom Netz unabhängigen Notebook verfasst, das ich auf keiner meiner Recherchereisen mitgenommen habe. An der Aussage meines Informanten hege ich keine Zweifel. Die Schlussfolgerungen möge jeder für sich selbst ziehen.

*

Vom fortgesetzten Versuch, den Autor mundtot zu machen

Im November und Dezember 2005 erreichten die juristischen Auseinandersetzungen von Jürgen E. Schrempp und Dieter Zetsche sowie der DaimlerChrysler AG gegen mich einen weiteren Höhepunkt. Der noch amtierende Vorstandsvorsitzende Schrempp verklagte mich zum Jahresende 2005 wegen meiner Meinungsäußerungen im Zusammenhang mit der Ankündigung seines Rücktritts, da ich mich weigerte, meine Aussagen zu widerrufen und die geforderte Unterlassungserklärung abzugeben. Die öffentliche Verhandlung vor dem Hamburger Landgericht wurde auf den 27. Januar 2006 terminiert.

Der kommende Vorstandsvorsitzende Dieter Zetsche verlangte über seinen Berliner Rechtsanwalt die Unterzeichnung einer Unterlassungserklärung. Ich sollte meine Erklärungen zu Zetsche widerrufen, die ich bei der Pressekonferenz zur Publikation dieses Buches geäußert hatte. Ich habe auch die Unterzeichnung dieser Unterlassungserklärung abgelehnt.

Jürgen Grässlin
Freiburg, im Dezember 2005

Dank

Hinter mir liegen eineinhalb Jahre Recherche- und Schreibarbeit. Ich möchte mich zuallererst bei meiner Ehefrau Eva und unseren beiden Kindern Sandra und Philipp bedanken. Aufzuzählen, was Eva alles gemacht und geleistet hat, würde ein eigenes Buch ergeben. Zu jeder Stunde und in jeder Beziehung hat sie mir ihre uneingeschränkte Unterstützung zukommen lassen. Sandra hat neben vielem anderem Internetrecherche betrieben und Texte gegengelesen, Philipp hat Interviews eingescannt und sämtliche Computerprobleme gelöst, zudem hat mein Bruder Stefan bei der Lösung technischer Fragen geholfen. Meine Familie war mir in jeder Beziehung eine große Hilfe und eine liebende Gemeinschaft.

Bedanken möchte ich mich auch bei meinen Freunden, die in dieser Zeit zu mir gestanden sind und mich auf verschiedenste Art und Weise unterstützt haben. Genannt seien an dieser Stelle ausdrücklich Sönke Braasch, Ingeborg und Lothar Beck, André Maertens sowie Martin Jung.

Mein Dank gilt auch den vielen Mitarbeiterinnen und Mitarbeitern der DaimlerChrysler AG, die mir interne Informationen zukommen ließen. Sie können an dieser Stelle aus verständlichen Gründen nicht genannt werden.

Anhang

Verzeichnis der Infokästen im Text

Verzeichnis der Abkürzungen

BaFin	Bundesanstalt für Finanzdienstleistungsaufsicht
BGH	Bundesgerichtshof
CEO	Chief Executive Officer
COO	Chief Operating Officer
CORE	Kostensenkungsprogramm »Cost down, Revenues up, Execution«
Dasa	Deutsche Aerospace, später Daimler-Benz Aerospace
DAX	Deutscher Aktienindex
DB AG	Daimler-Benz AG (bis 1998)
DC	DaimlerChrysler
DC AG	DaimlerChrysler AG (ab 1998)
DCVD	DaimlerChrysler Vertriebsgesellschaft Deutschland
DCX	DaimlerChrysler-Aktie
DSW	Deutsche Schutzvereinigung für Wertpapierbesitz
DWS	Fondsgesellschaft der Deutschen Bank
EADS	European Aeronautic Defence and Space Company
GM	General Motors
HV	Hauptversammlung
IAA	Internationale Automobilausstellung
JVA	Justizvollzugsanstalt
KADC	Kritische AktionärInnen DaimlerChrysler
MCC	Micro Compact Car GmbH
MCG	Mercedes Car Group
MIFF	Mine-Flach-Flach
MLRS	Multiple Launch Rocket System
MMC	Mitsubishi Motors Corporation
MUSPA	Multi-Splitter-Passiv-Aktiv-Mine
SdK	Schutzgemeinschaft der Kapitalanleger
TDA	TDA – Armaments SAS
TS	TS-Speditions-GmbH der Schweinle-Gruppe
VDA	Verband der Automobilindustrie
WpHG	Wertpapierhandelsgesetz

Bildnachweis

dpa Picture-Alliance/ Harry Melchert S. 1
dpa Picture-Alliance /Bernd Weissbrod S. 2 oben/Norbert Försterling S. 2 unten
dpa Picture-Alliance/Arne Dedert S. 3 oben/ Ralf Hirschberger S. 3 unten
dpa Picture-Alliance/Imaginechina Cheng Ming S. 4 oben; SV-Bilderdienst/A. Kaiser S. 4 unten
dpa Picture-Alliance/Norbert Försterling S. 5 oben/ Frank Rumpenhorst S. 5 unten
dpa Picture-Alliance/Bernd Weissbrod S. 6 oben; Jürgen Grässlin S. 6 unten
dpa Picture-Alliance/Harry Melchert S. 7 oben/ Norbert Försterling S. 7 unten
dpa Picture-Alliance/Wolfgang Kumm S. 8

Adressen

DaimlerChrysler AG
HPC 0324
70546 Stuttgart
Investor Relations
Tel.: 0711 / 179 22 61
Fax: 0711 / 179 41 09
Homepage: www.daimler chrysler.com

DaimlerChrysler Corporation
Auburn Hills, MI 48326-2766
USA
Tel.: 001 / 248 - 576 57 41
Homepage: www.daimler chrysler.com

EADS Deutschland
Kommunikation
81663 München
Tel.: 089 / 60 73 41 13
Fax: 089 / 60 73 41 10
E-Mail: ir@eads.com
Homepage: www.eads.com

Kritische AktionärInnen DaimlerChrysler
(KADC)
Arndtstraße 31
70197 Stuttgart
Tel.: 0711 / 60 83 96
Fax: 0711 / 60 83 57
E-Mail: orl-russmann@gaia.de

Dachverband der Kritischen Aktionärinnen und Aktionäre
Ebertplatz 12
50668 Köln
Tel.: 0221 / 599 56 47
Fax: 0221 / 599 10 24
E-Mail: dachverband@kritischeaktionaere.de
Homepage: www.kritische aktionaere.de

Verzeichnis ausgewählter Literatur

Appel, Holger, und Christoph Hein: *Der DaimlerChrysler-Deal*, Stuttgart 1998

Feldenkirchen, Wilfried: *»Vom Guten das Beste«. Von Daimler und Benz zur DaimlerChrysler AG.* Band 1: *Die ersten 100 Jahre (1883–1983)*, München 2003

Grässlin, Jürgen: *Daimler-Benz. Der Konzern und seine Republik*, München 1995

Grässlin, Jürgen: *Jürgen E. Schrempp. Der Herr der Sterne*, München 2000

Vlasic, Bill, und Bradley A. Stertz: *Taken for a Ride. How Daimler-Benz Drove Off with Chrysler*, Chichester, New York (u.a.) 2000

Waller, David: *Die Stunde des Strategen. Jürgen Schrempp und der DaimlerChrysler-Deal*, München 2000

Zitate von Jürgen E. Schrempp, DaimlerChrysler-Vorständen und -Aufsichtsräten in diesem Buch basieren auf eigenen Interviews, Gesprächsmitschriften sowie Berichten in folgenden Zeitschriften und Zeitungen: *Badische Zeitung, Berliner Zeitung, Bild am Sonntag, Business Week, Capital, Der Spiegel, Detroit News, die tageszeitung, Die Welt, Welt am Sonntag, Focus, Forbes, Financial Times, Financial Times Deutschland, Frankfurter Allgemeine Zeitung, Frankfurter Allgemeine Sonntagszeitung, Frankfurter Rundschau, Handelsblatt, manager magazin, Mannheimer Morgen, Neues Deutschland, stern, Stuttgarter Nachrichten, Stuttgarter Zeitung, Süddeutsche Zeitung, Südwest Presse, Tagesspiegel, US Today, Wall Street Journal, WirtschaftsWoche* u.v.a.m.